U0176123

"明州茶论"系列丛书

茶与人类美好生活

——2021年
"明州茶论"研讨会文集

宁 波 茶 文 化 促 进 会
宁 波 东 亚 茶 文 化 研 究 中 心　　组编
浙 江 大 学 茶 叶 研 究 所
《农业考古·中国茶文化专号》编辑部

竺济法 编

中国农业出版社
北　京

图书在版编目（CIP）数据

茶与人类美好生活：2021年"明州茶论"研讨会文
集／宁波茶文化促进会等组编；竺济法编．—北京：
中国农业出版社，2021.5
　　ISBN 978-7-109-27121-0

Ⅰ.①茶…　Ⅱ.①宁…②竺…　Ⅲ.①茶文化—中国
—学术会议—文集　Ⅳ.①TS971.21-53

中国版本图书馆 CIP 数据核字（2020）第 133658 号

茶与人类美好生活
CHA YU RENLEI MEIHAO SHENGHUO

中国农业出版社出版
地址：北京市朝阳区麦子店街 18 号楼
邮编：100125
特约专家：穆祥桐
责任编辑：姚　佳
版式设计：杜　然　　责任校对：刘丽香
印刷：北京中兴印刷有限公司
版次：2021 年 5 月第 1 版
印次：2021 年 5 月北京第 1 次印刷
发行：新华书店北京发行所
开本：700mm×1000mm　1/16
印张：20.5
字数：402 千字
定价：78.00 元

茶文化系美好生活之重要元素

郭正伟

2019 年 11 月，茶界发生了两件大事：

一是 11 月 5 日，国家主席习近平和夫人彭丽媛，与前来参加第二届中国国际进口博览会的法国总统马克龙和夫人布丽吉特，在上海豫园玉华堂茶叙。习主席说，我和夫人选择在豫园款待总统先生和夫人，希望你们能领略中华园林之美和中国的传统文化。文化艺术表现形式不同，但带给不同国家民众的心灵体验是相通的，不同文化可以和谐共生。中法作为东西方两大文明代表，应该相互尊重，交流互鉴，各美其美，美美与共。这是习主席自 2014 年以来，第 12 次与外国元首茶叙。

二是 11 月 27 日，联合国确立每年 5 月 21 日为"国际茶日"，以赞美茶叶的经济、社会和文化价值，促进全球农业的可持续发展。"国际茶日"主要由中国推动，在世界三大无酒精饮料中，目前仅有"国际茶日"，具有里程碑意义。

两件大事，都不约而同说到茶文化之美，这说明茶文化已成为人类美好生活之重要元素。

发乎神农氏，闻于鲁周公。茶文化历史悠久，从过去"柴米油盐酱醋茶"，到当今发达地区小康社会"琴棋书画诗酒茶"，对茶文化需求，已从生活层面转为精神层面。当下城镇现代化茶城、茶叶市场、中高档茶馆、茶庄林立，很多单位、家庭配备了茶室，茶文化已成为美好生活之重要元素。

茶文化是美的文化，中国历史上美好茶事不胜枚举，宁波亦如是，"唐宋元明清，自古喝到今"，这一俗语道出了宁波悠久的茶文化历史，留下了诸多优美茶事佳话。

茶园生态美、茶乡旅游美、诗文佳作美、书画歌舞美、茶艺茶道美、茶器琳琅美、身心精神兼美……为了充分展示茶与人类美好生活，礼赞茶文化对人类的重大贡献，自 2019 年 5 月开始，宁波茶文化促进会与宁波东亚茶文化研究中心、浙江大学茶叶研究所、《农业考古·中国茶文化专号》*编辑部一起，原定在 2020 年 5 月上旬第十届中国宁波国际茶文化节暨"中绿杯"名优茶评比期间，联合举办"2020 明州茶论——茶与人类美好生活"研讨会，并向海内外公开征文。因疫情推迟，将在合适时间举办研讨会。衷心感谢海内外专家、学者，提供了丰富多彩的相关论文，从不同角度、多元展示了茶文化之美，相信读者读后会大有裨益。

序于 2020 年 4 月谷雨节

（作者系宁波茶文化促进会会长、宁波市人大常委会原副主任）

目录

茶文化系美好生活之重要元素 ……………………………………… 郭正伟

辑四　诗文之美

辑一

特稿

饮茶与健康

陈宗懋

茶为国饮，有益健康。茶叶与健康，由来已久，公元 7 世纪起，茶叶就被认为是一种可以保健和预防人体疾病的"药"。日本和韩国的僧侣来中国就以"药用"的名义将茶树带回国。有许多传说宣传了茶叶的神奇药用功效，当时在欧洲，茶叶是在药房里买的，间接证明茶叶是"药用"的。

2016 年 1 月，陈宗懋院士在中国茶叶学会主讲"饮茶与健康"公开课

一、茶与健康研究的总体进展

1. 在实验动物模型上确定了茶叶对多种人体疾病具有预防和抑制效应。

陈宗懋（1933—），浙江海盐人，生于上海。中国工程院首位茶学院士，著名茶学家。曾任中国农业科学院茶叶研究所所长、中国茶叶学会理事长。现任中国农业科学院茶叶研究所研究员、博士生导师、中国茶叶学会名誉理事长。

2. 阐明了茶叶对人体疾病功效的活性成分及其在人体中的代谢、转移和生物利用。

3. 关注茶多酚的安全性及其人体安全阈值。

二、饮茶对人体有何益处

随着人们对茶的关注逐渐增加，茶与健康的相关研究也在大幅提升。早在2012年，世界与茶相关研究就多达 1 500 余篇，而茶与健康相关研究占到了50％以上。

那么问题来了，当前科学研究结果如何，茶到底有哪些功效呢？

（一）抗氧化

科学研究表明，2 杯红茶的抗氧化能力相当于 225 毫升红葡萄酒、5 个洋葱、6 个苹果、12 杯啤酒。不同茶类之间的理化成分不同，抗氧化活性略有差异，其中绿茶＞乌龙茶＞红茶。

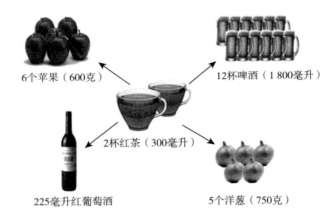

6个苹果（600克）　　　　12杯啤酒（1 800毫升）

2杯红茶（300毫升）

225毫升红葡萄酒　　　　5个洋葱（750克）

（二）提高人体免疫力

1. 血液免疫。提高白细胞和淋巴细胞数量。

2. 肠道免疫。增加有益细菌（双歧杆菌）数量，减少有害细菌数量。

粗老的茶叶，茶多酚含量相对较高。

六大茶类中，黑茶是典型的"粗茶"。

（三）降压、降血脂、减肥、预防心血管疾病

现代生活节奏紧张，家庭、事业压力越来越大，过量饮酒、摄入太多食物脂肪、缺少必要的运动，加之环境污染，雾霾严重，这些因素直接导致人体新陈代谢速度减慢，血液流速减慢，血黏度迅速升高，造成心脑供血不足，引发心脑血管疾病。

饮茶可以有效降低血液中的胆固醇含量，研究表明，饮茶量越大，血清中的胆固醇含量越低。

每天饮用 10 杯以上的绿茶，比每天饮茶少于 4 杯的人，患高血压的概率要低 14％。

每天服用 500～600 毫克儿茶素，连续 12 周，可降低体脂约 1.5 千克，相当于消耗能量 43 900 千焦。换算到每一天，相当于平均每天消耗 3 660 千焦的能量，大约相当于散步 45 分钟。

（四）防龋齿

我们经常看到各种茶保健的牙膏，它的原理是什么呢？蛀牙一般是这么形成的：人口中有大量细菌，牙齿细菌会分泌一种酶——葡聚糖，分泌乳酸，乳酸会腐蚀牙齿，从而形成蛀牙。高氟含量的牙膏会起到坚固牙齿的作用，但小孩子用的牙膏一般不能含氟（容易误吞食），就可以用茶保健牙膏。茶叶中的茶多酚，一方面能够杀死龋齿细菌，另一方面能够抑制葡萄糖转移酶的活性，使得龋齿细菌难以黏附在牙齿表面，从而起到预防龋齿的作用。

（五）杀菌抗病毒

茶叶中的有效成分具有较强的杀痢疾菌以及流感病毒的能力，同时还能杀死多种皮肤病真菌。

（六）抗过敏

口服儿茶素（EGCG）可以抑制过敏症。儿茶素是茶叶中的主要成分之一。

关于饮茶对过敏的影响，据日本山本万里 2001 年研究，樱花花粉过敏曾一度困扰日本，直至科学研究发现，饮茶能够有效减轻过敏症状的发生。茶叶中的儿茶素等成分可以抑制肥大细胞的活化，从而抑制组胺的释放，削弱免疫反应。

（七）预防神经退化性疾病

研究发现，饮茶可以有效缓解心理疲劳，特别是帮助中老年人抵御抑郁症。研究表明，每天喝 4 杯绿茶，可以使一般人患抑郁症的概率降低 20％，而对中老年人来说，每天饮用 4 杯绿茶，比不喝茶的患抑郁症的概率要低 44％。

（八）抗癌

日本学者曾对 8 522 人做过一个长达 10 年的跟踪调查，结果表明，男性每日饮茶 10 杯，癌症的发生时间平均可延迟 3.2 年，而女性饮茶的效果更为明显，癌症的发生时间平均可延长 7.3 年。

三、如何科学饮茶

饮茶三忌：过浓的茶不饮，临睡前不饮茶，进餐前不饮茶。

四季饮茶

春秋季：宜饮性平的花茶、发酵程度适中的乌龙茶或黄茶。

冬季：宜饮性温的红茶，或发酵程度较重的乌龙茶。

夏季：宜饮性凉的绿茶、白茶。

不同人群如何科学饮茶？

体虚者：红茶适当加糖和奶，增加能量又营养。

年轻人：绿茶。

妇女：花茶，疏肝解郁、理气调经。

肥胖者：黑茶、乌龙茶、沱茶，有助降脂减肥。

食肉多者：经发酵后的紧压茶，如砖茶、饼茶，有助于消化。

脑力劳动者：名优绿茶，保持精神饱满，增强思维能力。

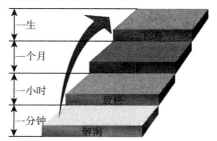

饮茶一分钟能够解渴，一个小时令人放松，一个月使人健康，一生使人长寿。

茶不仅仅是文人的生活，也是大众的生活。

饮茶可以预防和减轻许多人体疾病，可以作为调节剂增强体质、提高抗病性，但茶不能完全替代药物作用。

（注：本文根据陈宗懋院士 2016 年 1 月公开课整理）

基于健康中国的茶业机会

刘仲华

一、中国健康水平大数据

（一）中国健康大数据惊人

1.2 亿：脂肪肝患者约 1.2 亿人。

10 秒：每 10 秒左右就有人确诊为癌症。

30 秒：平均每 30 秒就有一人罹患糖尿病，至少有一人死于心脑血管疾病。

（二）中国疾病发生日益年轻化

22%：中国 22%的中年人死于心脑血管疾病。

七成：七成人有过劳死的危险。

76%：白领亚健康比例高达 76%。

中青年女性易得妇科疾病，中青年男性面临猝死、过劳等问题。

慢性病患病率已达 20%，死亡数已占总死亡数的 83%。

肥胖人口已达 3.25 亿人，未来 20 年将会增长一倍，腰围只要增长 2.5 厘米，血管就会增长 10 厘米，患癌风险高 8 倍。

美国《保健食物》杂志报告：中国人的腰围增长速度将成为世界之最。

中国成人和儿童的超重率高，居民营养过剩状况明显。成人超重率 30.1%，成人肥胖率 11.9%，6～17 岁儿童青少年超重率 9.6%，6～17 岁儿童青少年肥胖率 6.4%。

刘仲华（1965—），湖南衡阳人，中国工程院院士，湖南农业大学教授、博士生导师，国家植物功能成分利用工程技术研究中心主任，教育部茶学重点实验室主任，湖南农业大学茶学学科带头人。

（三）中国人口老龄化严重

2020 年，中国进入老龄化严重阶段。

中国 60 岁及以上人口占比：2010 年 12.5%，2020 年 16.6%；预计 2030 年 23.3%，2040 年 28.0%，2050 年将达到 30.0%。

中国阿尔茨海默病患者约占全世界的 1/4，平均每年增加 30 万的病例。帕金森病已经成为继心脑血管病、肿瘤之后的中老年第三大"杀手"，并呈年轻化趋势。中国目前有 300 多万帕金森病患者，而且每年以 10 万人的速度递增。

2018 年，中国人均预期寿命 77 岁，但据调查发现中国人均健康预期寿命仅为 68.7 岁。

（四）中国城乡居民心血管疾病死亡率不断提高
（五）癌症患者增多

中国每天约有 1 万人确诊为癌症，每 10 秒左右就有人确诊患癌。

（六）健康中国

《"健康中国 2030"规划纲要》是为推进健康中国建设，提高人民健康水平，根据党的十八届五中全会战略部署制定。

健康中国，是十九大报告中提出的发展战略，人民健康是民族昌盛和国家富强的重要标志，要完善国民健康政策，为人民群众提供全方位全周期健康服务。

《健康中国行动（2019—2030 年）》，是 2019 年 6 月底前由国家卫生健康委负责制定的发展战略。2019 年 7 月 9 日，国务院成立健康中国行动推进委员会，负责统筹推进《健康中国行动（2019—2030 年）》组织实施、监测和考核相关工作。

二、茶的健康属性

茶与健康的现代研究成为国际热点。

茶与健康研究在 20 世纪 80 年代初起步，茶与人类健康的研究成果驱动了全球茶的消费增长。

（一）延缓衰老

衰老是指与年龄相关的机体的形态、结构和生理功能的逐渐退化的总现象，衰老的主要表现有：

容颜表观衰老：皱纹、色斑、老年斑。

神经性衰老：记忆力衰退、睡眠下

茶的主要保健作用

降、阿尔茨海默病、帕金森病、精神抑郁。

代谢性衰老：消化、吸收、代谢、排泄功能下降，血液循环系统问题。

研究表明：

饮茶可延缓皮肤衰老。

EGCG，甲基化 EGCG 通过抑制羰氨交联反应阻止脂褐质的形成。

绿茶可抑制紫外线 UVB 诱导的光老化。

绿茶可修复紫外辐射对成纤维细胞 L929 的损伤。

茶黄素抑制患阿尔茨海默病小鼠的脑神经细胞凋亡。

EGCG 可保护脑神经元细胞而延缓衰老。

EGCG - 3″Me 可抑制脑细胞的蛋白质集聚而延缓衰老。

茶氨酸可改善慢性应激大鼠的抑郁行为。

绿茶提取物儿茶素预防认知障碍。

茶氨酸可在热应激、氧化应激条件下延长线虫寿命。

红茶提取物可在热应激和紫外胁迫下延长线虫寿命。

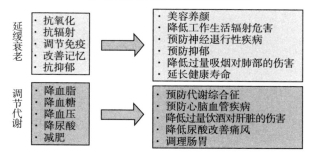

茶的健康功能要点：延缓衰老和调节代谢

（二）调节人体代谢

代谢综合征是多种代谢成分异常聚集的病理状态，包括：

（1）腹部肥胖或超重。

（2）血脂异常：高甘油三酯（TG）、高密度脂蛋白胆固醇（HDL - C）低下。

（3）高血压。

（4）胰岛素抗性及/或葡萄糖耐量异常。

（5）微量白蛋白尿、高尿酸血症及促炎状态。

这些成分聚集出现在同一个体中，使患心血管疾病的风险大为增加。

近年来的研究得出：

儿茶素 EGCG 可以调节细胞脂肪积累。

绿茶 EGCG 预防代谢综合征的临床效果较好。

高儿茶素茶饮料可降低肥胖和超重人群腹部脂肪和代谢综合征风险。

儿茶素可以降血糖。

EGCG 能促进人体胰岛 b 细胞的胰岛素分泌和合成；EGCG 可改善胰岛素抵抗。

红茶茶黄素可以降脂减肥。

茶黄素通过抑制 EGF 受体/PI3K/Akt/Sp－1 信号通路，降低脂肪合成酶 FAS 活性抑制细胞内脂肪的生成；茶黄素通过诱导 ROS 产生，激活 LKB1/AMPK 通路，有效地抑制乙酰辅酶 A 羧化酶活力及脂肪酸合成酶表达，刺激脂肪酸氧化，抑制脂肪酸积累。

绿茶对心脑血管疾病有预防作用。

儿茶素可健壮骨骼肌以延缓衰老。

儿茶素调节骨骼肌葡萄糖代谢和脂质代谢，儿茶素 ECG 可提高成肌细胞分化活性，ECG 能显著降低肌管黏附力、刚度、杨氏模量。

（三）对癌症的预防作用

绿茶儿茶素是抑制 PD－L1 表达和肺肿瘤生长的免疫检查点抑制剂。

Theaphenon E 预防高脂诱导的脂质过氧化循环 DNA 加合和突变。

EGCG 纳米递送系统用于癌症治疗。

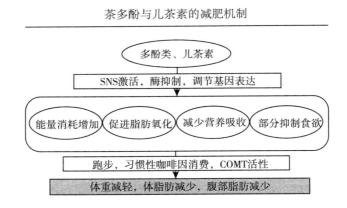

茶多酚与儿茶素的减肥机制

三、健康中国与大健康时代的茶业机会

大健康是围绕着人的衣食住行以及人的生老病死，关注各类影响健康的危险因素和误区，提倡自我健康管理，是在对生命全过程全面呵护的理念指导下提出来的。

大健康追求的不仅是个体身体健康，还包含精神、心理、生理、社会、环境、道德等方面的完全健康。提倡的不仅有科学的健康生活，更有正确的健康消费等。

　　大健康概念也进一步延伸到以人为中心的人类健康、动物健康、植物保护、环境友好等领域。

（一）科学选茶

　　饮茶养生，远离亚健康。

　　饮茶是一种生活方式，饮茶不是为了治病。

　　饮茶是为了养生、预防亚健康。

　　科学了解饮茶保健的量效关系。

　　正确理解六大茶类的共同健康属性与效果差异。

（二）饮茶时间轴

　　六大茶类，健康属性各有所不同，建议交替喝。

　　一天之中，早中晚由轻氧化（发酵）喝到重发酵。

　　一年之中，春夏秋冬由轻氧化（发酵）喝到重发酵。

　　一生之中，随着年龄增大由轻氧化（发酵）喝到重发酵。

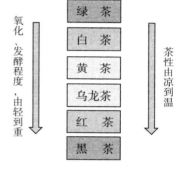

（三）茶的健康产品

　　已开发或可开发茶天然药物、茶饮料、茶酒、茶食品、茶保健品、个人护理品、动物健康品、植物农药、空气清新剂等。

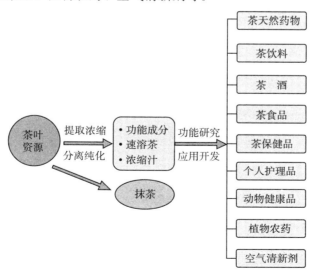

茶天然药物

茶（功能）饮料

茶酒

茶食品

（本文摘自刘仲华 2019 年 11 月 7 日在杭州第六届中华茶奥会"以茶入食与健康"高峰论坛演讲）

茶让生活更美好

王岳飞

摘要： 茶作为中华民族的举国之饮，是中华传统文化的集中体现，也是彰显健康生活的民生产业。如今，中国茶在新时代的脉络下展现了蓬勃的生机与活力，迎来了发展的黄金时代。本文从茶产业、茶文化、茶科技和茶健康等角度全方位论述中国茶的影响、地位、贡献和前景，解读茶让人民生活更美好的时代愿景。

关键词： 茶产业；茶科技；茶文化；茶健康；美好生活

悠悠万事，民生为大。"人民对美好生活的向往就是我们的奋斗目标""绿水青山就是金山银山"……习近平总书记治国理政实践中的这些"金句"是立足中华民族五千年文明和中国共产党近百年历史成就的智慧展现。回望刚刚过去的一年，我们国家坚持"以人民为中心"，扎实做好民生保障工作，持续改善人民生活，交出了厚重温暖的民生答卷，进一步提升了人民群众的获得感、幸福感、安全感。党的十九届四中全会将"坚持和完善统筹城乡的民生保障制度，满足人民日益增长的美好生活需要"作为中国特色社会主义制度建设的重要内容，强调"增进人民福祉、促进人的全面发展是我们党立党为公、执政为民的本质要求"，深刻体现了中国共产党人坚定不移为中国人民谋幸福，为中华民族谋复兴的初心使命。

茶具有悠久的历史和深远的中华文化基因，是彰显人民美好生活的重要体现。办好中国茶学教育，弘扬好中国茶文化，提升中国茶科技实力，发展好中

王岳飞（1968—），浙江天台人，博士，教授。国务院学科评议组成员，全国首席科学传播茶学专家，浙江大学茶叶研究所所长，浙江省茶叶学会副理事长。主要从事茶叶生物化学、天然产物健康功能与机理、茶资源综合利用等方面的教学与研究。

国茶产业，让中国人民的生活在茶的伴随下更加美好，是我们所有茶人的初心和使命！

一、茶产业之美，地位至尊冠世界

茶是中国对人类、对世界文明所作的重要贡献之一。今天，茶作为一种世界性饮料，维系着中国人民和世界各国人民的深厚情感，是东方对世界的重大贡献。

当今世界上有 64 个产茶国，2018 年世界茶叶产量为 589.7 万吨，中国 261.6 万吨，居世界第一；2018 年世界茶叶总面积为 488 万公顷/7 320 万亩*，中国 303 万公顷/4 545 亩，居世界第一；2018 年世界茶叶出口量为 185.4 万吨，中国 36.5 万吨，居世界第二；2018 年中国茶叶出口金额为 17.81 亿美元，居世界第一；2018 年世界茶叶消费量 557.1 万吨（包含茶饮料深加工用量）和 520.6 万吨（直接饮用量），中国 211.9 万吨，居世界第一。

也就是说，中国茶业对世界茶业影响巨大，中国茶园面积居世界第一、中国茶叶产量居世界第一、中国茶消费量居世界第一、中国茶出口量居世界第二、出口金额排名世界第一。

2018 年全球茶叶产销概况

单位：万公顷，万吨，亿美元

名次	茶园面积 488	茶叶生产量 589.7	茶叶消费量 520.6	茶叶出口量 185.4	茶叶出口金额	茶叶进口量 173.8
1	中国 303.0	中国 261.6	中国 211.9	肯尼亚 47.5	中国 17.81	巴基斯坦 19.2
2	印度 60.1	印度 133.9	印度 108.4	中国 36.5	肯尼亚 13.78	俄罗斯 15.3
3	肯尼亚 23.4	肯尼亚 49.3	土耳其 24.6	斯里兰卡 27.2	斯里兰卡 13.57	美国 13.9
4	斯里兰卡 20.3	斯里兰卡 30.4	巴基斯坦 19.2	印度 25.1	印度 7.43	英国 10.8
5	越南 13.4	土耳其 25.2	俄罗斯 16.2	越南 12.6	越南 2.19	埃及 9.0

中国国际茶文化研究会会长周国富认为，当今，尤其值得国人自傲的是，在中国农业经典产业中：惟有中国茶和茶文化无论从种子种苗、地域条件、茶园生态，还是制作工艺、茶叶品类、业态发展等具有世界特色优势。惟有中国茶和茶文化在历史渊源、丰厚底蕴、跨越历史、穿越国界、融入人民生活、融进中华文化和世界文明等具有独特文化优势。惟有中国茶和茶文化富有融"喝茶、饮料茶、食茶、用茶、玩茶、事茶"于一体的六茶共舞、三产交融、跨界拓展、全价利用等具有创新发展的产业潜力优势。

中国茶，冠世界！

---

* 亩为非法定计量单位，1 亩＝1/15 公顷。——编者注

二、茶发展之美，迎来黄金大时代

周国富说：中国是世界产茶大国，也是世界茶消费大国。茶和茶文化日益成为经济产业、民生产业、生态产业、文化产业和富民惠民产业，是国家的重要国计民生，并与精准扶贫、乡村振兴、健康中国、一带一路、供给侧结构性改革、高质量发展等党和国家的重大发展战略高度融合，成为人民日益增长的美好生活需要的重要内容。当前，中国茶和茶文化已全面进入盛世兴茶、再创茶业强国辉煌的新时代。

近年来，中国茶产业飞速发展，正在由传统茶业向现代茶业快速转变，并对世界茶叶产业产生了深远的影响。2018 年中国茶园面积占全球茶园面积的 62.56%，中国茶叶产量占世界茶叶产量的 44.89%，中国茶叶消费量占世界茶叶消费总量的 38.1%，中国茶叶出口量占世界茶叶出口的 19.8%。可见，中国在世界茶叶经济中的综合地位非常高，中国的茶园面积、茶叶产量和茶叶消费总量都名列世界第一，出口量稳居世界前二。

可以这么讲，中国茶迎来了最美好的时代！

第一，中国茶产业迎来产值过 5 000 亿元将拥抱 10 000 亿元时代。2000 年前后，中国茶业总产值还不到 100 亿元，到 2019 年，中国茶产业总量为 6 000 亿～8 000 亿元，增长速度惊人。几年内，中国茶产业规模将达到 1 万亿元以上，打造万亿中国茶产业已是中国茶人很快可以实现的小目标。

第二，中国茶叶已迎来人年均消费量 1.5 千克时代。盛世喝茶，乱世喝酒。1996 年，中国人均茶叶消费量约 250 克，而当时全球人均茶叶消费量近 500 克。2019 年，全球喝茶人口约 30 亿，全球人均茶叶消费量 700 多克，而中国，2017 年喝茶人口约 5 亿，人均年茶叶消费量约 1 500 克。2010 年后中国出现了很有意思的现象——人均茶叶消费量年增加 50～100 克，这样的增长势头还会持续，预计到 2030 年，中国喝茶人口将从 2018 年的 4.9 亿人增加到约 7 亿人，人均年茶叶消费量也有望达到 2 500 克。

2000—2016 年世界和中国茶叶消费数据

年　份	世界茶叶 消费量/万吨	中国茶叶 内销量/万吨	世界茶叶年人均 消费量/克	中国茶叶人均 消费量/克
2000	288.1	约 41.8	472	约 325
2001	299.5	约 42.8	485	约 335
2002	302.5	约 44.4	483	约 346
2003	317.5	约 48.0	501	约 371

（续）

年　份	世界茶叶 消费量/万吨	中国茶叶 内销量/万吨	世界茶叶年人均 消费量/克	中国茶叶人均 消费量/克
2004	320.6	52.5	500	404
2005	344.0	64.8	530	496
2006	357.3	74.1	544.	563
2007	371.6	87.6	559	663
2008	382.1	90.0	568	678
2009	389.7	100.0	572	749
2010	413.7	110.0	601	820
2011	440.9	118.0	633	876
2012	451.3	130.0	641	960
2013	465.5	146.4/153.2	653	1 076
2014	476.5	164.5/179.1	661	1 203
2015	499.9	181.2	688	1 317
2016	520.6	192.4	708	1 391
2017	557.1	205.1	742	1 475
2018	576.6	211.9	759	1 519

　　第三，中国到了人人都想学茶的时代。多年前，听茶课者都为来自茶馆、茶店等茶行业内的人。现在的茶讲座课堂中，大部分只是对茶感兴趣的茶友。

　　中国茶产业的黄金时代到了，中国茶叶迎来了最美好的时代，我们要做好茶科技和茶文化普及和宣传工作。正如中国国际茶文化研究会会长周国富先生所言：茶运连着国运。当前，中国茶产业和茶文化发展正处在盛世兴茶的历史机遇期。我们要遵循"创新、协调、绿色、开放、共享"的发展理念，认真思考和谋划茶文化茶产业科学发展的主攻方向和重大举措，特别要大力推进"喝茶、饮茶、吃茶、用茶、玩茶、事茶"六茶共舞，三产交融，跨界拓展，全价利用，充分发掘茶和茶文化的物质价值和精神价值，科学推进茶和茶文化的全面、持续、健康发展。

三、茶影响之美，精神食粮富民生

　　茶圣陆羽在其《茶经·一之源》中写道："茶之为用，味至寒，为饮最宜精行俭德之人。"当代茶学大家庄晚芳先生将中国茶道思想归纳为以"廉、美、和、敬"为精髓的中国茶德，具体可解释为"廉俭育德，美真廉乐、合诚处事、敬爱为人"。饮茶可以舒缓身心、净化心灵，促进家庭幸福、社会和谐。茶对精神健康的调节主要表现在茶对中国传统文化的贡献以及由此对人们行为举止的约束，进而对维系民族社会稳定做出的贡献。

"盛世饮茶，乱世饮酒"，饮茶对于维系社会稳定、民族团结起着积极作用。通过"丝绸之路"和"海上丝绸之路"，茶叶和丝绸、瓷器等物品不远万里运往世界各个角落，联结着五大洲，推广着东方文明。

历经千年，茶已经渗透到中国人生活的各个层面。当今遍布五大洲64个国家或地区种茶，30个国家或地区能稳定出口茶叶，150多个国家或地区常年进口茶叶，160多个国家和地区已经有喝茶习惯。世界上约有50%人（约30亿人）每天饮用茶叶，中国大约近5亿人喝茶。全世界一天喝茶超过30亿杯。可以说，茶叶这个行业举世瞩目，且几千年来经久不衰。

欧美人也觉得："茶是一种可以让人产生智慧的饮料"，"饮茶对思考问题进行写作乃至朋友间交谈时保持良好的气氛都有帮助"，"茶是思考和谈话的润滑剂"，"饮茶可以让人作深切长久的思考"等。

中唐以后，茶为人家一日不可无之生活必需品。历经千年，茶已经渗透到中国人生活的各个层面。如今，茶已从"柴米油盐酱醋茶"的生活茶，转换为"琴棋书画诗酒茶"的精神茶。客来敬茶，以茶待客成了中华民族的一个传统礼俗和风尚。对很多人而言，茶不仅是一种饮料，更多的是一种清静、静心的精神象征，茶已成为人们的精神食粮，成为一种修养，一种人格力量，一种境界。

茶是最典型的中国文化符号，也是实施国家战略的重要推手。

2017年5月，中共中央总书记、国家主席习近平对杭州召开的首届中国国际茶叶博览会所致贺信中指出：中国是茶的故乡，茶叶深深融入中国人生活，成为传承中华文化的重要载体。从古代丝绸之路、茶马古道、茶船古道，到今天丝绸之路经济带、21世纪海上丝绸之路，茶穿越历史、跨越国界，深受世界各国人民喜爱。

自2014年以来，习主席6年12次与外国元首茶叙，7次出访8次说到茶文化，充分说明茶事外交已成常态化。习主席之经典茶语"品茶品味品人生""清茶一杯，手捧一卷，操持雅好，神游物外"等，意蕴深厚，体现了物质与精神、人文与自然的完美融合，将茶文化作为中华文化之优秀代表，推向了崇高境界。这是茶映射高雅精神生活的写照，也是茶对人们美好生活的引领。

茶叶在中国已形成一个产业，也是山区人民重要经济收入来源之一。茶让人民更富足，中国有20个产茶省约1 085个产茶县，涉及3 000多万茶农。按茶园面积计亩产值约5 000元。做强中国茶产业，是推进农业供给侧结构性改革的重要内容，是助力脱贫攻坚的重要途径，是发展现代农业的重要任务。

茶是产业扶贫、精准扶贫的重要抓手。好山好水出好茶，美了环境、兴了经济、富了百姓。真正体现了"绿水青山就是金山银山""一片叶子富了一方百姓"。

四、茶成分之美，神奇之叶特珍贵

茶是"中国国饮"，是天然保健饮品，是 21 世纪世界饮料之王。

截至目前，茶叶中经分离、鉴定的已知化合物有 700 多种，其中包括初级代谢产物如蛋白质、糖类、脂肪，还有茶树中的二级代谢产物如多酚类、色素、茶氨酸、生物碱、芳香物质、皂苷等。在茶叶的干物质化学成分中，蛋白质占 20%～30%，糖类 20%～25%，多酚类 18%～36%，类脂约 8%，生物碱 3%～5%，有机酸约 3%，氨基酸 1%～4%，色素约 1%，维生素 0.6%～1.0%，芳香物质 0.005%～0.03%。

茶叶的特殊物质也就是茶叶的特征性成分，主要是茶多酚、咖啡因以及茶氨酸。

茶氨酸，具有焦糖香味以及类似味精的鲜爽味，其健康功效主要有：显著提高机体免疫力；抵御病毒侵袭；抗疲劳；神经保护作用；镇静作用，可抗焦虑、抗抑郁，茶氨酸被称为 21 世纪"新天然镇静剂"；拮抗咖啡因引起的副作用（如兴奋、失眠）；还具有增强记忆，增进智力；改善女性经前综合征（PMS）和改善女性经期综合征；增强肝脏排毒功能，可减轻酒精引起的肝损伤等。

咖啡因（咖啡碱）：咖啡因、可可碱和茶碱是茶叶中最主要的三种生物碱，属于嘌呤类生物碱。咖啡因的生理作用主要有：影响神经系统；强心作用；利

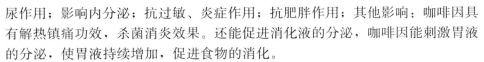

尿作用；影响内分泌；抗过敏、炎症作用；抗肥胖作用；其他影响：咖啡因具有解热镇痛功效，杀菌消炎效果。还能促进消化液的分泌，咖啡因能刺激胃液的分泌，使胃液持续增加，促进食物的消化。

茶多酚的健康功效主要有：抗氧化，抗衰老，免疫调节，抗肿瘤，保护心脑血管，抗菌、抗病毒；其他作用：抗过敏、保肝护肾、保护神经、抗辐射等。

五、茶功效之美，万病之药寿众生

茶与健康研究在 20 世纪 80 年代再次出现高潮。日本科学家富田勋（Fujiki M）在 1987 年最早报道了茶多酚能抑制人体癌细胞的活性。

自 20 世纪 90 年代以来，茶叶与健康受到科学界的广泛关注。特别是在 4 个科学领域已形成深厚积累：减少有害物质在体内积累；预防癌症：至少已获得预防十类癌症证据；预防代谢性疾病：糖尿病、高血脂、肥胖；预防神经退行性疾病。

茶，之所以能够被称作"万病之药"，与其丰富的功效成分密不可分。在茶叶中内含 700 多种成分，包括茶多酚、氨基酸、生物碱等，它们各有各的功效，同时组合在一片茶叶中，又可以起到协同增效的作用，如同一帖配伍完善的中药。因此也有人把茶树称作合成珍稀化合物的天然工厂。

浙江大学杨贤强教授等证明了茶多酚对人体罹病的罪魁祸首——过量的自由基具有极强的清除能力，是活性氧的克星。主要通过四个途经：抑制氧化酶，与诱导氧化的过渡金属离子络合，直接清除自由基，对抗氧化体系的激活（激活自由基的清除体系）。基于其卓越的抗氧化活性，茶多酚也被认为是茶中最主要、最精华，对人体最有用的物质成分。

（一）茶可延年益寿

饮茶可养生，能起到延缓衰老的作用。茶界多寿星，如当代茶圣、著名农学家、农业经济学家、社会活动家吴觉农（1897—1989）活到 93 岁，茶学家、茶学教育家、中国茶树栽培学科的奠基人庄晚芳（1908—1996）活到 89 岁，茶学家、茶业教育家、制茶专家陈椽（1908—1999）活到 92 岁，茶学家、茶学教育家、茶叶生化专家王泽农（1907—1999）活到 93 岁，茶学家、制茶和审评专家张天福（1910—2017）活到 108 岁……

喝茶有益、以茶养身、老有所乐、健康长寿。我们将从事茶文化、茶行业工作抑或是非常喜茶、爱茶和饮茶人，因长期养成品茶习惯的长寿者称为"茶寿星"。2010 年上海世博会期间，联合国副秘书长阿瓦尼·贝南在联合国馆内亲自为 30 名中国茶寿星颁奖，展现了中国茶对健康生活的促进作用。

杭州茶文化界专家、学者2018年为百岁人瑞王家扬（1918—2020）先生祝寿

　　作用机理方面，果蝇试验发现饮用茶儿茶素制剂的果蝇的寿命要比不饮茶的果蝇有很大的提高。家蝇的寿命试验表明，茶多酚对家蝇的平均寿命比对照延长了36.1%～49.9%，并可明显提高家蝇脑内SOD的活性和降低脂褐素（与阿尔茨海默病有关）的含量。

茶儿茶素制剂对果蝇生存实验的影响

茶儿茶素制剂浓度（%）	半数死亡时间（天）		平均寿命（天）		平均最高寿命（天）	
	雄	雌	雄	雌	雄	雌
普通对照	39	46	40±12	46±13	62±8	70±4
0.01	41	46	42±13	47±12	65±5	71±5
0.02	41	48	42±12	48±13	65±4	71±2
0.06	43	48	44±14	49±12	70±4	72±2
0.18	43	55	45±12	56±10	70±4	76±2

　　临床观察茶多酚对肿瘤、心脑血管病、糖尿病、玻璃体浑浊、白内障等老年人的易发病，具有良好疗效，对脑损伤和神经退化性疾病（如帕金森病、阿尔茨海默病等）有明显预防效果和疗效。同时，对"明目"也有良好的作用。

　　另外，喝茶还可以促进家庭和睦、社会和谐。据统计，饮茶风气浓厚的地区离婚率要较喝茶少的地方低一些。茶不仅可以起到保健的作用，同时可以起到修身养性的作用，对于增进夫妻感情具有积极意义。

（二）茶对心血管疾病的影响

截至目前，探讨茶叶对人体保健效应的大量研究中，心血管疾病研究领域已经获得最令人信服的结果。

大量流行病学研究和动物、临床试验研究结果表明，饮茶或服用茶叶功效成分对于人体心血管健康具有保护作用，与预防心血管疾病呈正相关。

茶叶对心血管健康具有积极的保护作用。从理论基础和科学依据上，都能保证"饮茶""利用茶叶有效成分"预防人体心血管疾病的可行性。

（三）茶叶的抗癌作用

癌症严重威胁人类健康和生命，已成为世界性科学难题。从 1987 年日本富田勋最早报道茶叶提取物可以抑制人体癌细胞起，全世界发表了 4 000～5 000 篇关于茶叶抗癌的研究论文。

动物试验研究、细胞试验研究和流行病学研究都证实了绿茶及其提取物儿茶素对各种癌细胞的生长有很好的抑制作用。日本在 1999 年启动一个用饮茶预防全民癌症的计划，结果表明，女性每天饮茶 10 杯，癌症的发生时间平均可以延迟 7.3 年，男性可平均延迟 3.2 年。流行病学研究表明，长期饮用绿茶可以减少多种癌症的发生，包括前列腺癌、胃癌、肺癌、食道癌、肝癌、肠癌、乳腺癌、皮肤癌等。

茶叶的抗癌作用机理主要包括：抗氧化；调控致癌过程中关键酶的活性；抑制基因表达；阻滞信号传递；抑制肿瘤蔓延；调节转录因子和诱导癌细胞凋亡和细胞周期改变等。

此外，茶叶在抗辐射、防治糖尿病、神经保护、调节免疫、保护脑损伤、美容养颜祛斑、预防肥胖、有助骨骼健康等方面的功效均有翔实的研究，其突出效果使得喝茶者可能拥有更年轻的生理年龄。

六、茶科技之美，创造美好新生活

科技创新是茶产业发展的源动力，是提升茶叶产量品质与价值的重要抓手，主要包括：高产优质的品种资源，高效低耗的栽培技术，绿色安全的病虫防控，先进独特的加工技术，跨界增值的综合利用等，使得茶叶更加高产、优质、安全、低耗、增值。如在茶园生产与管理领域，主要有茶树资源良种化、茶树栽培生态化、茶树植保绿色化、茶园耕作机械化、鲜叶采摘机械化和茶园管理信息化等方面的科技创新；在茶叶加工技术领域，主要有清洁化与机械化、自动化与智能化、标准化与多元化等方面的科技创新。

叶果两用茶树创新栽培模式及茶叶籽油产品研究开发

在茶深加工和茶终端产品研究开发领域的科技创新，主要基于两点：一是茶叶中有什么物质（成分）值得研究开发，二是消费者需要什么样的产品。其科技产品创新可以分为以下几类：

1. 利用茶之全成分研究开发茶产品：如抹茶、茶爽、速溶茶及其衍生产品。

2. 利用茶氨酸类产品研究开发茶产品：可开发缓解疲劳、增强免疫、改善睡眠、治疗抑郁症、改善儿童多动症、对抗更年期综合征等功能性食品或药品，重点是研究开发改善睡眠、增进智力和经前综合征茶产品，适宜人群是小孩、女性和睡眠不好者。

3. 利用咖啡因可研究开发茶产品：主要有因血管扩张而引起的头痛药、提神醒脑药、抗忧郁药、控制体重药品、促进消化药、利尿药、改善便秘、止痛药、增强身体敏捷度、降低得胆结石的药和预防男性脱发的。最适宜人群有驾驶员、便秘者、结石者、脱发者和皮肤有问题者。

4. 利用茶多酚类产品研究开发茶产品：减肥药、抗肿瘤药、抗药性逆转剂，治疗和预防肾脏疾病、前列腺疾病、心血管系统疾病、贫血、重症肌无力、甲状腺肿和甲状腺功能亢进、过敏、帕金森病、亨廷顿氏症等的药物或辅助药物，以及抗菌抗病毒、抗寻常性痤疮等相关药物。

5. 叶果两用茶树创新栽培模式及茶花、茶籽产品研究开发：将茶树花烘干做成茶树花茶，将其开发为洗护用品；榨取茶籽油等。

6. 其他茶深加工产品：如研究开发防晒霜、脱毛膏、精华露、洗面奶、面膜、牙膏等日化产品。除此之外，应用茶叶提取物所具有的抗氧化、护色、保鲜、防臭等效果将其应用于纺织服装等领域，方便大众生活。

总之，随着时代的发展茶被赋予了丰富的物质文明特性与精神文明特性，与当今社会人们生活的关系愈发密切，渐渐成为人民美好生活的必需品。

参考文献

宛晓春，2008. 茶叶生物化学：第三版. 北京：中国农业出版社.

王岳飞，徐平，2014. 茶文化与茶健康. 北京：旅游教育出版社.

中国茶叶流通协会，2019.2019 中国茶叶行业发展报告. 北京：中国轻工业出版社.

周国富，2019. 试论茶业强国建设中的三大关键问题.2019 衡山论茶主题论坛.

六茶共舞　三产融合
——茶产业高质量发展为美好生活添彩

毛立民

摘要： 浙江在中国茶产业发展中拥有重要地位，本文从休闲茶业、茶园综合体、第六产业、共享经济等方面，围绕如何利用浙江丰富的茶资源优势打造多产交融的新型业态，分析了浙江茶产业三产融合的建设思路和成功经验，探索了中国茶产业高质量发展可行路径，并为如何使茶为人民对美好茶生活的需求添彩提供了典型的践行案例。

关键词： 茶旅融合；休闲茶业；三产融合；茶园综合体；第六产业；共享经济

中国是茶叶的故乡，是世界上唯一有着"红、绿、黑、白、青、黄"六大茶类生产的国家，也是世界茶文化的发源地，茶是传统文化最贴切地表达元素之一，一直滋养并造福着中国人和全人类。茶叶传播到不同地区之后，与当地社会文化相结合，发展出新的茶文化形态，如韩国的茶礼、日本的茶道、英国的下午茶文化等，丰富了不同国家地区人们的物质与精神文化生活；茶也蕴含着人类对历史和文明的敬意与温度，小到民生，大到国运。"开门七件事，柴米油盐酱醋茶"，茶已经成为百姓生活不可分割的一部分。茶还可以与民族、国家的命运相关联，关乎国运，中国、英国和美国的近代发展史都曾与茶有着不解之缘。

毛立民（1967—），浙江象山人。茶学博士，国际茶叶标准化技术委员会联合秘书、中国茶产业联盟首届轮值理事长、浙江省茶叶产业协会会长、中国茶叶流通协会副会长、浙江省茶叶集团股份有限公司董事长。

茶叶是我国古老的传统贸易商品，在不同的社会发展过程和经济建设时期中发挥着重要的作用。作为"两山理论"发源地的浙江，其茶叶历史底蕴深厚，是中国茶叶生产和出口的主要省份之一，在中国茶业经济中占有十分重要的地位。这些年来，浙江茶人坚定不移走"绿水青山就是金山银山"的产业发展路子，茶产业蓬勃发展，已成为乡村振兴、农民增收的支柱产业，改善生活品质的民生产业、建设生态农业的绿色产业。一片叶子兴了一个产业，富了一方百姓，美了一片环境。

一路走来，茶一直与我们老百姓的生活休戚相关。随着我国经济的发展，新时代我国的社会主要矛盾也发生了新的变化，演变成人民日益增长的美好生活需要和不平衡不充分的发展之间的矛盾，是从"物质生活"到"精神文明"的升级转变，这是茶作为消费品亟须转型升级的内生动力。正是人们从生存到生活、从物质到精神、从注重产品的功能到重视身心体验等需求的提升，推动了从"柴米油盐酱醋茶"等"物质需求"到"琴棋书画诗酒茶"等"美好精神文化生活需要"的消费转型升级。这便需要我们本着"创新、协调、绿色、开放、共享"的发展理念，努力践行"六茶共舞、三产融合"的茶产业高质量发展思路，为人民美好茶生活添彩。

"六茶共舞、三产融合"的理念可以从两个层面去理解。一是从产业层面出发，我们既要用心做优做精茶叶，提质增效，使"红、绿、黑、白、青、黄"六大茶品类各展特色、充分满足消费者的多元化、差异化的需求，营造一个六大茶类各领风骚、欣欣向荣的产业氛围；二是从精神、文化层面出发，突破以茶论茶的传统思想，打破传统"六大茶类"格局，引入"互联网"思维，通过新科技、新选择、新途径，采取"整合""结合""融合"策略，扩大产业范围，从而拓展、丰富人们美好茶生活的范畴，更好地发挥茶和茶文化富民、惠民、娱民的重要作用，这又是一条中国茶产业发展的特色之路。"六茶共舞"重在"三产交融"，而"三产交融"则需跨界拓展、全价利用，茶产业方能长袖善舞地可持续发展。

纵观浙江茶产业近年来的发展态势，茶已渗透越来越多的领域，丰富着现代人文化和精神生活。

一、加强茶旅融合，打造茶产业转型升级新样本

居民生活水平提升给茶产业带来新空间。国际上常用恩格尔系数来衡量一个国家和地区人民生活水平的状况，也反映一个国家居民可自由支配收入的多少。联合国根据恩格尔系数的大小，对世界各国的生活水平有一个划分标准，即一个国家平均家庭恩格尔系数大于0.6为贫穷，0.5～0.6为温饱，0.4～0.5为小康，0.3～0.4属于相对富裕，0.2～0.3为富足，0.2以下为极其富裕。据统计，2019年，中国居民恩格尔系数为0.282，且连续八年下降，达到国际上一般认为的"富足"水平。人民日益增长的美好生活需要有更丰富的内涵和更高远的形式与之相匹配，消费升级的趋势也成必然，表现在民众更趋向于追求文化和休闲的消费，借此来修身养性、享受生活，体现生命的价值。

茶旅融合是以茶生态为本，茶文化为魂，通过茶叶生产、茶耕文化与旅游文化、养生文化的深度结合；是"绿水青山就是金山银山"新理念和现代生态农业绿色发展新举措的高度融合。它将生态茶文化旅游理念融入经济社会发展全局中，充分发挥茶产业自身横跨三产业的行业特点，构建以茶促旅、以旅带茶、茶旅互济，互促共生的一体化发展新格局。如打造乡村茶旅精品线路、以生态茶园为载体开发的制茶体验、茶生活美学度假酒店、茶山养生、茶道交流、茶民俗、茶民宿、茶餐厅，拓展"雅、俗、尚、乐"情趣的茶空间等，来丰富多姿多彩的茶旅体验活动，迎合城乡居民多层次的旅游休闲和健康养生的消费新要求。游客们怀揣着对绿色茶园的向往，通过旅游过程欣赏和感受到与茶相关的旅游产品服务，追求了安全、健康、品质的茶生活，身临其境地体验了源远流长的中华茶文化的魅力，陶醉在博大精深的茶文化历史长河里，从而获得了物质、环境和精神的多元需求和绿色享受。

浙江的特色茶园民宿经济作为茶旅融合的新载体，这些年蓬勃发展。茶园民宿不是一种简单的住宿业态替换普通的旅游产品，它已然成为丰富多彩的浙江茶文化的展示窗口和延续中华文脉的重要节点。正是形形色色不同地域的茶园风光、人文资源以及传统的农业生产经营活动，造就了风格迥异、千姿百态的特色茶园民宿，形成了一个个具有生态美、茶园绿、设施全的观光、休闲、旅游、度假、养生、养老的胜地。茶生活以食用、药用、美容、日用、艺用等形式更多地进入旅游休闲、养心养生、保健康复等诸多新领域，给人民提供更加丰富的品质、健康茶生活，为茶助身心健康开拓更为广阔的美好前景。美丽茶园、诗画浙江，以文化滋养，充分挖掘"积淀茶资源"和茶文化内涵，打造有人文魅力的栖息之所，使闲置、废弃的涉茶资源涅槃重生，形成"茶园民宿＋非遗""茶园民宿＋书籍""茶园民宿＋传统村落"等业态布局。这不仅培育了农村经济新增长点，也促进了农村经济的繁荣振兴和城乡文明的融合。

浙江茶园民宿从无到有，从小到大，从弱到强，形成了全域发展到集聚发展再到品质发展的过程。宁海民宿一张床收入胜过 10 亩地的产出，莫干山一家民宿连续 5 年上缴税收超百万元的例子举不胜举，业态方兴未艾。截至 2018 年，浙江省公安在册登记的民宿有 16 286 家，总床位相加已经超过星级酒店的总规模，年营业收入超过 50 亿元，直接就业超 10 万人。浙江茶园民宿成为乡村产业兴旺、农民增收致富的新增长极，助力"乡村振兴"战略的重要载体。

二、打造茶业特色小镇（茶园综合体），发挥茶产业集聚效应

特色小镇是聚合资源、提升特色产业的新载体，是谋划大项目、集聚创新要素的新平台，是打造品牌、展示形象的新景区。在促进地方经济转型发展、服务供给侧改革、优化生产力布局、破除城乡二元结构壁垒、推动新型城镇化建设等方面具有非常重要的现实意义。

打造茶业特色小镇（茶园综合体），使其成为集现代农业、休闲旅游、茶园社区为一体的特色小镇和乡村综合发展模式，形成具有创新、创业氛围的环境，需依托小镇特色茶产业和特色环境，合理整合地域资源，将茶叶产业与生活服务体系、旅游及配套服务体系、农林产销体系联系在一起，发挥茶产业集聚效应，集聚各类创新要素和多元经济元素，融合生产、生活、生态三大功能的复合体，形成产业簇群，发展成为新时代茶产业经济发展的发动机。通过特色小镇打造形成的巨大市场潜力，吸引社会资本大量进入，带动休闲产品、时尚产业、装备制造业、房地产业的发展，促进传统产业的转型升级和一、二、三产的融合发展。同时为人们提供一种"有价值、有意义、有梦想"的生活方式，让小镇在原有的"茶"特色资源基础上，变得"宜居"，从而优化当地人居生态环境、人居文化环境和人居经济环境，满足人民群众对美好生活的向往。

浙江还通过茶业强镇建设，集聚行业龙头企业与尖端人才，促进茶业发展。重点产茶市县区将茶山、茶园之美和乡村之美相结合，互相衬托，形成美丽茶乡的经典范式。杭州的梅家坞茶文化村，是西湖龙井茶五大一级核心产区之一，拥有3 000亩茶园，主道两旁皆是一座座精致而质朴的农家茶楼与民宿，四季茶韵飘香适合休闲品茗。例如坐落于梅家坞2号的浙茶梅坞庄园，将传统元素与轻奢时尚融为一体，集合了生产加工、体验消费、培训服务、文化交流等功能，不仅能向游客展示西湖龙井加工全过程，更为消费者提供一个了解茶叶、交流茶艺、品味茶生活的空间，熏陶了龙井茶的历史和文化；列入首批特色小镇创建的龙坞茶镇是西湖龙井最大的产区，素有"万担茶乡"之称。茶镇核心区的九街于2018年正式开街，这是中国首个茶主题文化产业小镇，总建筑面积约10万平方米，涵盖了精品茶叶销售、茶叶研究、科学饮茶、茶衍生品销售、茶学培训等茶主题业态。目前，九街已入驻联合国粮农组织政府间茶叶工作会议世界茶叶市场分析和贸易促进工作组、中国茶产业联盟杭州办事处等一批有重大影响力的茶机构。同时，数十家茶界龙头企业和品牌也落户于此。2017年5月18日，首届中国国际茶叶博览会在杭州开幕，并永久落户杭州，未来规划在龙坞茶镇举办，这一经典特色小镇成为弘扬茶文化、发展茶产业的世界之窗，使杭州"茶为国饮，杭为茶都"愈加名副其实。

至此，农家乐业态成功实现了从点上萌芽向产业集聚，从单一吃住向多元经营，从各自为战向抱团发展，最终形成产业集聚到茶业特色小镇的转型升级。

三、"接二连三"，催生"茶叶第六产业"新业态

"第六产业"由日本学者今村奈良臣于20世纪90年代首次提出，是指

通过延长农业产业链，实现一、二、三产业的融合互动、组合重叠而自育、集成、衍生出来新的综合性新业态；尽管"1＋2＋3"等于6，"1×2×3"也等于6，但"第六产业"更注重倍增效益，从而有效提升农产品附加值。培育"第六产业"，发挥茶产业自身的累加、乘数效应，实现中国茶产业"几何级"裂变，以释放更新、更巨大的能量。"接二连三"，延伸产业链，一、二、三产融合发展，并通过三产融合，提升茶产品附加值，使得茶产业变身为综合性产业。催生"茶叶第六产业"新业态，是彰显茶产业特色、提升价值链的根本所在。目前，"第六产业"发展理念已经成为激活茶经济的新利器。

位于余杭径山的浙江省茶叶集团股份有限公司茶产业博览园，依托"中国·奥地利有机茶示范茶园"项目，精选茶园核心示范区500亩、辐射区3 000亩，引进奥地利乃至欧洲先进有机农业生产技术，实行茶园智能化管理。博览园通过文创区演示、TryBar互动体验，弘扬宋式点茶和径山茶文化传承和发展，使得中华民族传统的"吃茶"文化得以继承和发扬，用行动实现了让抹茶"认祖归宗"。自开放以来，园区已接待了省内外数万名访客，包括各级政府机关、院校、科研单位、企业等，园区还成为浙江省农业"两区"建设暨产业发展大会现场参观样板点。

四、"共享经济"新理念引领茶产业合作新发展

现代共享经济（分享）的概念是建立在互联网的基础之上，以获得一定报酬为主要目的，通过在线平台，整合、分享海量的基于陌生人且存在分散化、

闲置资源使用权暂时转移，满足多样化需求的经济活动总和。其本质是整合线下机构或个人的闲散资源，有偿让渡使用权给他人，分享者利用分享自己的闲置资源创造价值。共享经济概念最早由美国得克萨斯州立大学社会学教授马科斯·费尔逊（Marcus Felson）和伊利诺伊大学社会学教授琼·斯潘思（Joel Spaeth）于 1978 年率先提出，其核心五个要素分别是：闲置资源、使用权、连接、信息、流动性。通过共享经济，人们可以公平享有社会资源，各自以不同的方式付出和受益，共同获得经济红利。

尽管共享经济的成功案例乏善可陈，但其理念值得借鉴。本着"创新、协调、绿色、开放"的发展理念，通过当下现代共享经济平台，实现社群共享、资源渠道共享、产品共享、促进可持续发展，消费者可以更好地融入茶生活中来，这是茶业共享模式的一大特色。比较典型的有三种方式：一是 F2C 茶园，采取"茶园到消费者"模式，提供茶叶产出、旅游度假、高端社群等服务，实现将土地资源转移并附加增值服务的"共享价值"；二是 C2C 媒体平台，采取"消费者面向消费者"模式，搭建网络茶社群，让人人都成为茶叶的交流者、消费者、销售者、创作者，如"人人茶"；三是"TO LET"模式，崇尚食品安全的今天，直接把大茶园切块分小，租赁给有兴趣的消费者，让他们在空余的时间里直接参与到茶叶生产过程中来，真正体现了当今的消费理念，用户说了算。

五、文化传承、产品创新成为美好茶生活的新载体

美好茶生活，需要有品质的茶品。从食药同源到茶之为饮，从团茶、散茶到形态各异的多品类共荣，从喝茶品茶到六茶共舞、三产融合，从穿越历史跨越国界到世界文化多元，无不呈现了这杯茶及其文化传承、创新

的和谐乐章。

　　抹茶起源于魏晋，发展于隋唐，兴盛于两宋。自宋代起，抹茶从径山传播到日本，几乎成了日本茶的代名词。近年来，抹茶因天然、营养的健康食茶方式，功能利用广泛，衍生产品丰富，符合当前社会快节奏生活方式，受到广大年轻消费者的喜爱和追捧。抹茶"认祖归宗"的趋势日趋明显，生产量和消费量呈现快速增长的发展趋势，市场前景广阔，已成为茶产业高质量发展的重要载体。

　　与传统名优绿茶相比，抹茶生产对茶园基地建设要求高，茶厂机械设备投入大，对茶树品种、栽培措施、农残要求、遮阳覆盖、加工装备、贮运包装、市场竞争都有更高的要求。这就更需要创新发展理念，智慧牵引茶工业文明，

整体推进生态茶园、"机器换人"和全产业链建设。

浙江省茶叶集团股份有限公司旗下浙江骆驼九宇有机食品有限公司是国内首家成功开发抹茶系列化产品的企业。率先引进日本茶树良种，高标准建设碾茶生产流水线和抹茶设备，引进国内首台瞬时高温高压茶叶杀菌处理设备，打造十万级抹茶洁净加工车间，结合先进技术和传统工艺，保障抹茶的品质与口感。2017 年 11 月，牵头制定抹茶的国标，规范中国抹茶生产、加工的标准化，并研制突出个性、引领时尚的抹茶深加工产品，加快成果转化和市场拓展，有效延伸抹茶产业利用链。开发抹茶类的系列产品，比如抹茶蛋糕、抹茶冰激凌、抹茶牛轧糖、抹茶面膜等，以时尚元素获得年轻人的青睐。此外，依托茶博园，以宋代径山禅茶文化为载体，复兴"仿宋点茶"盛事，实现茶旅融合。智慧牵引茶工业文明，以茶工业文明梳理、展陈与示范、现代制造、工业体验和茶旅为脉络，使得抹茶成为美好茶生活的新载体。

浙江省 2019 年《政府工作报告》中提到，要加快乡村产业振兴，推进一、

二、三产融合。浙江茶产业将立足本省、面向全国、放眼世界，以"创新、协调、绿色、开放、共享"的发展理念为指导，"六茶共舞、三产融合"，推动茶产业高质量发展，使得茶产业成为富民强业的催化剂，从"柴米油盐酱醋茶"的"茶"转变为"琴棋书画诗酒茶"的"茶"，满足新时代人民对美好茶生活的需求，为美好物质生活和精神生活添彩！让我们共同期待输出一个中国乃至世界茶业中特色样板的"浙江茶产业发展模式"。

辑
二

茶
与
美
学

论中国式审美与中国茶文化

施由明

摘要：审美即对美的取向和追求。不同的生活环境和文化传承等会形成人对美的不同感知和认知。中国国民的审美，由于受特定生活环境和文化传统的影响，有着中国的特点，这就是温柔敦厚与内敛的特点，我们可称之为中国式审美。中国茶文化是中国式审美的表现与成果，中国茶文化的各个组成部分都显示了这一点。

关键词：审美；中国茶文化；温柔敦厚；内敛

中国茶文化是美的文化，一千多年来滋养着中国国民的心灵，陶冶着中国国民的性情，美化着中国国民的生活。中国茶文化之所以成为中国特色的文化，其深层原因是中国国民的审美特点决定了中国茶文化的特色。本文试着就传统的中国式审美与中国茶文化的关系，做些探讨。

一、中国式审美的特点

审美即对美的取向和追求。不同的生活环境和文化传承等会形成人对美的不同感知和认知，如东西方的审美取向就存在很大差异，学者们的共识认为中国文化是"乐感文化"（李泽厚语），西方文化是罪感文化。这种美学理念的不同正是由于不同的生存背景和不同的文化传承所形成。关于中国人对美的认识

施由明（1963—），江西南康人。江西省社会科学院历史研究所所长，《农业考古》主编，研究员。

历程的演变及其与西方审美的不同，有不少的研究，本文不一一赘述①。本文认为，中国思想史、文学艺术史和社会发展史等都显现出中国式审美特点，是温柔敦厚与内敛式审美。

在上古社会，原始的生活，人们在大自然中觅生存，上古的人们审美有过狂野、奔放、神怪，这也是必然的。从青铜器的造型、上古神话传说、遗存的岩画反映了这一点。

成都三星堆出土的青铜面具和青铜大立人，江西新干县大洋洲出土的青铜面具及玉羽人都反映出中国上古人们审美趣味的怪异与神秘性。

一些岩画（如花山岩画），显示上古人们审美的狂野与神秘。

上古神话传说如女娲补天、后羿射日等显现出上古人们审美的大气与奔放。但是，即使在上古时期，中国也有诸多出土器物显示出了后世不断传承并强化的快乐、祥和、静雅的审美趣味，李泽厚先生在《美的历程》中对下列仰韶文化遗址出土的具有代表性的陶器的解读是：这里还没有恐怖、神秘和紧张，而是生动、活泼、纯朴和天真，是一派生气勃勃、健康成长的童年气氛。实际上，在中原文化中，这类上古出土物有很多，反映中原地域原始审美的趋向，与后来的文化发展的一致性。

仰韶文化遗址出土陶器（引自李泽厚《美的历程》，广西师范大学出版社 2001 年版第 6 页）

到春秋战国时期，以黄河中下游地域文化为代表的中国文化走入了温柔敦厚与内敛式的审美状态，无论是以孔子和孟子为代表的儒家还是以老子和庄子为代表的道家，其审美趣味都是如此。孔子所谓的"克己复礼""仁义""孝

---

① 关于中国国民审美历程的演变，李泽厚先生曾出版过两本著名的著作，就是《美的历程》和《华夏美学》（插图珍藏本，由广西师范大学 2001 年出版），这两本专著对不同时段的中国审美特点有较深入的分析。

悌""礼乐""智者乐水，仁者乐山"等，都是内敛式的，温柔敦厚的。孔子和孟子都是着眼于构建社会和谐模式来论述伦理道德和人的行为与情感规范。与孔子不同的老子和庄子，着眼于个体和谐和安详去阐述其对美的追求，形成了其温柔敦厚与内敛式审美，如老子所谓"上善若水，水利万物而不争""致虚极，守静笃""万物负阴而抱阳，冲气以为和"等，庄子所谓："逍遥游""天地有大美而不言"等，都是内敛式、温柔敦厚式审美。儒道两家奠定了中国两千多年的文化心理、文化人格和审美取向，如李泽厚先生所说：没有把中国国民的文化心理导向外在的神的崇拜和宗教的迷狂。

最能反映春秋战国时期中原地域（国家根文化的产生地）审美特色的是《诗经》。春秋战国时代黄河中下游地区人们的农耕生活、思想情感等形象生动地显示在动人诗篇中。其所显示的审美特点就是内敛式、温柔敦厚式的，如《礼记》所说："温柔敦厚，诗教也！"即是说，《诗经》的作用，能让人们的性情和美学趋向温柔敦厚。如《诗经》的开篇《关雎》一诗，表达出男女之间情感的内敛与温柔敦厚：男子对女子的思念仅仅在床上辗转反侧，不去大胆地行动和热烈地追求。此外，还有很多诗篇都反映出男女之间温馨而纯真的情感，如《召南》中的《江有汜》，《卫风》中的《木瓜》，《陈风》中的《东门之杨》等。

《诗经》作为中国古代士子们学习的重要读本，与儒家、道家的经典著作一起对中国国民有过重要影响。

从春秋战国而下，中国社会是以儒家思想为主导的社会，儒家思想规范着人们的行为和思想情感，虽然有过魏晋时代文人们的放浪形骸，盛唐时代以李白、张若虚等为代表的青春之音，明后期文人们的率性而行，在那些时段，文人们似乎不那么压抑情感的宣泄，但是都不超出内敛式审美、温柔敦厚式审美。如晋末的陶渊明，他抛下了世俗的功名追求，"不为五斗米折腰"，沉湎于山、水、草木，其审美的取向是无比的温柔敦厚与内敛。再如李泽厚先生极为推崇的张若虚的《春江花月夜》，展现了一幅深沉、寥廓、宁静的境界："江天一色无纤尘，皎皎空中孤月轮；江畔何人初见月，江月何年初照人？人生代代无穷已，江月年年只相似；不知江月待何人，但见长江送流水；白云一片去悠悠，青枫浦上不胜愁！"其审美境界仍然是内敛的和温柔敦厚的。明代中后期，阳明心学启发了文人们自主独立的个性，文人们在文学上主张"独抒性灵"，在生活个性、行为个性上主张"率性而行"。但不管他们是怎样地豪宕不羁、放诞风流、适情适性地追求生活情趣，他们仍然还是在内敛式和温柔敦厚式的审美范围内。

除了上述这些时段，其他时段的历史背景多为情感压抑的时代，两汉是经学时代；唐代中后期经"安史之乱"之后，文人们走入了个人小天地的时代，再也没有了盛唐时代的豪情壮志；宋元时代是理学内省时代；明代前期和清代前期都是政治高压时代。在这样一些历史背景下，思想情感不内敛也得内敛。即使表示佛教、道教，其审美取向也是温柔内敛的，如弥勒佛的造型，这是中国化的佛教，这种放下了世俗执念的笑容，这种大肚能容天下难容之事的造型，显示了内敛的审美情感。再如河南龙门石窟的大佛造型，显现了安详、智慧、内敛、透彻一切的形象，都是中国式审美。

产生于中国本土的道教人物形象，有的似乎不那么温柔敦厚与内敛，而是凶狠毕现，如天师道祖师张天师和净明道祖师许逊的形象。

这种后人塑造出的人物形象，反映的是斩妖除恶的正义力量，是正义人格的表现，仍然是内含着温柔敦厚与内敛的美。

温柔敦厚与内敛式审美的产生，与中国农业社会的生活环境及产生于这个环境的文化影响有着根本的关系。在农业社会环境里，人们面对着山、水、田地、庄稼，以及脸朝黄土背朝天地辛勤劳作，会使一个人的性情变得温和、宽厚、内敛，而不是像游牧民族那样，面对广阔的草原、成群的牛羊，而变得豪放、粗犷、野性，也不像海洋民族那样，面对广阔无边的海洋而常常陷入深沉的忧郁或生活在阳光灿烂的岛国而欢乐开朗。地理环境与生存条件对人的性情、性格、特质无疑具有决定性作用，法国学者丹纳在他的名著《艺术哲学》中对希腊人所分析：由于希腊岛国永远的夏天风景、温暖的空气、柔和的阳光、碧蓝的海水，形成了希腊人那种欢乐和活泼的本性："这些民族都活泼、轻快、心情开朗。残疾的人也不垂头丧气：他看着死神缓缓降临；在他周围一切都笑靥迎人。荷马与柏拉图的诗篇所以有那种恬静的喜悦，关键就在于此。"

而产生于中国农耕社会环境中的儒家、道家和中国化的佛教，都是在不断地强化这种温柔敦厚与内敛式审美的国民性格。

二、中国茶文化是中国式审美的表现与成果

审美是人的情感活动，但人的行为、语言和文字等会表达和显示这种情感活动，同样，人类情感活动的成果，如诗歌、散文、小说、绘画、雕塑、戏剧等文学艺术作品和理论论著、生活习俗等在某种程度上是人类审美的表现与成果。

中国茶文化是中国国民在茶中审美的成果与表现，中国国民不仅通过饮茶的行为，如以茶待客、以茶为礼等表达了对茶的赞美，更多的是通过诗歌、散文、小说、绘画、戏剧等文学作品，表达对茶的美的感受。

我们只需要通读中国茶文化的相关作品，如与茶有关诗词、散文等，及中国茶书中对品茶环境创设和书中所载茶人的饮茶感受，还有茶画中所呈现的品茶境界，我们可以发现，中国茶文化正是温柔敦厚与内敛式审美的表现与成

果。关于这些方面，我认为不必赘述，专家学者们都会有共识的，本文重点要讲的是，中国茶文化理念是如何引导和塑造中国茶人温柔敦厚与内敛式审美。

中国茶文化理念，也就是人们对茶叶、茶艺、饮茶等的看法：美或不美，怎样才美，其作用是什么，达到什么样的目的和境界等，这种茶文化理念也就是茶文化思想，是赏茶人或饮茶人的理性思维。

最早从理论上提出明确的饮茶理念者，毫无疑问是茶圣陆羽在《茶经》中提出的"精行俭德"，这是在中国茶文化史上第一次明确提出了对饮茶者品格的要求，第一次举起了中国茶文化核心思想的大旗，对其后一千多年中国茶文化的发展影响巨大，为其后的中国茶人树立了一杆品格标杆。关于"精行俭德"的含义，学术界有不同的观点，在此不多述。本人认为，所谓"精行俭德"，应当是指人的品德、品行高洁而不低俗、有节俭的品德和品行，还有内敛与善于节制乃至低调的处世特性与行事风格，如老子所说"上善若水，水利万物而不争"。只有具有这些品德与品行、情趣的人，才能真正体会出茶是那样的美，从茶树、茶叶、茶园到采茶、制茶、茶艺、品茶等都是那么美。

在陆羽之后，重要的茶文化理念或者茶文化思想，有宋徽宗赵佶在《大观茶论》中提出的"致清导和""韵高致静"。

陆羽提出的"精行俭德"是对中国茶人品格和道德的要求及目标追求，而宋徽宗提出的"致清导和"和"韵高致静"则分别是品茶或饮茶的境界追求和格调追求。"致清导和"指的是人们通过品茶或饮茶或玩赏茶与茶艺之后的一种身体和心灵的感受和可达到的境界。这种感受是清爽、轻松、柔和、和谐、愉快，可达到的境界是心灵的放松和对俗世的超越，可放下尘世的不快而进入非常愉悦的审美境界。宋徽宗在《大观茶论》中指出："至若茶之为物"，"祛襟涤滞，致清导和，则非庸人孺子之可得而知矣"；紧接着又指出："冲淡简洁，韵高致静，则非遑遽之时而好尚矣。"即是说：在平和淡定的心态下和简单与雅洁的环境中品茶，可以达到韵味高深而心境宁静的境界，这种感受和境界绝非在匆忙之间和惶恐不安的状况下能体会得到的。所以，"韵高致静"指的是品茶可将人们带入的一种超尘脱俗的感受、状态、境界与格调。

关于饮茶可达到的美好境界和超尘脱俗的格调，以及作为茶的爱好者品茶应当追求的境界和格调，在宋徽宗之前尚无人从理论上作论述。仅仅有些茶人茶家们谈到了或用诗歌表达了品茶达到的"清"与"和"的感受，如顾况的《茶赋》、裴汶的《茶述》、皎然的《饮茶歌诮崔石使君》、卢仝的《走笔谢孟谏议寄新茶》等。宋徽宗则从理论上总结出了茶这种物品，通过品尝，可以带给人们"致清导和""韵高致静"这样一种美妙的感受，及可以将人们带入这样一种心灵境界，但他并没有要求人们在品茶时一定要这样去追求此感受和境界。宋徽宗从理论上指出品茶的这种功效之后，使茶人们玩赏茶、品茶、饮茶等有了一种自觉的追求，即一种目标上的指向，从而使"致清导和""韵高致静"与"精行俭德"成为中国茶文化三项重要的思想。

中国茶文化第四项重要的思想是"茶禅一味"。这项思想源于中国，后与禅宗东传日本，在日本得到发扬光大，形成了日本茶道，成为日本茶道的核心要义。20世纪90年代，中国茶文化和中国茶艺创意兴起新的热潮，"茶禅一味"思想重新引起中国茶人和茶文化研究者的重视，并成为中国茶艺和中国茶人的一种追求，及中国文化研究的一项重要内容。

关于"茶禅一味"四字真诀源于何处何人？至今是中国文化史中的一桩公案。有认为源于赵州从谂禅师"吃茶去"禅林法语，也有认为出自夹山和尚善会之"夹山境地"，很多人则相信出自宋代高僧圆悟克勤手书"茶禅一味"，由日本弟子带回了日本；甚至日本学者认为出自日本茶道创立者村田珠光。但不管出自何人，"茶禅一味"是一种审美体验，这是没有疑问的。

禅宗是以静虑和高度冥想或顿悟作为超度救世的法门。禅是一种审美和一种生命体验。禅宗的美学是一种活生生的生命美学，它始终在感悟活生生的人的生命活动的美好，始终在寻求体验任运自适、去妄存真、圆悟圆觉、圆满具足的生命美好境界，是一种非常美好的人的存在方式。

品茶如参禅，是一种人的生命活动的美好体验。品茶始终在寻求感受一种古朴、典雅、淡泊的审美情趣，一种恬淡、清静、和美、韵高的禅的境界。正如佛说："日日是好日！"品茶悟禅的日子，云淡风轻、心无挂碍、安静闲适、虚融淡泊，多么美好的一种审美体验！这正是自古至今那么多文人高士沉醉于茶的重要原因，他们在茶中真切地感受到了生命的美好！秋菊的淡雅、修竹的疏影、月色的柔美、白云的飘逸、钟鼎的古朴、翰墨的流香、文人的雅致等，这种茶禅境界，如何让人不沉醉！所以，周作人在《喝茶》中说：在瓦屋纸窗下，清泉绿茶，素雅的陶瓷茶具，二三人共饮，得半日之闲，可抵十年尘梦！这是对茶禅境界的深刻体验！正如赵朴初先生《吃茶》五绝对禅悦之境的经典体验："七碗受至味，一壶得真趣；空持百千偈，不如吃茶去！"

中国茶文化第五项重要思想是诚敬以礼，即以茶为礼物表达诚心和敬意。中国自汉代以来就有以茶待客的习尚，后又发展了以茶敬客、以茶留客、以茶赠客寄客等习尚，成为中华民族作为"礼仪之邦"的重要标志之一。

上述五项中国茶文化理念或者中国茶文化思想，一千多年来引领着中国国民饮茶、赏茶、以茶为礼等，对中国茶文化的演变与发展产生重要影响。无论是"精行俭德"，还是"致清导和""韵高致静""茶禅一味"或"诚敬以礼"，所培养、所塑造出来的国民审美取向，都是温柔敦厚与内敛的，是融合了儒道佛三家的核心思想，所以，中国茶文化是中国式审美的表现与成果。

三、简短结语

　　中国茶文化是美的文化，但是在国民教育中从来没有自觉地用之为陶冶心灵、完善心灵的手段，中国古代的教育很重视礼乐训练，但是这种训练是以伦理道德为中心，缺少心灵的培养。同样，我们现当代的教育，也迫切需要培养学生心灵的完美，对真善美的感知，对美的自觉追求，中国茶文化可以和其他艺术形式一起，从娃娃抓起，让他们感知与享受中国茶文化温柔敦厚与内敛式的美，让中国茶文化的美陶冶青少年的心灵。

参考文献

蔡定益，2009."精行俭德"一词研究综述．农业考古（5）．
陈刚俊，2018."精行俭德"考释．农业考古（5）．
丹纳，2007．艺术哲学．傅雷，译．天津：天津社会科学院出版社．
李泽厚，2001．美的历程．桂林：广西师范大学出版社．

以茶为名的生活审美

朱红缨

人的各种行动带来了生活的各种意义，这些意义的总体构成了生活境界，反过来投射到行动的生活方式。不同的人们可能做同样的事情，但是他们对这些事情的认识和自我意识不同，因此这些事情对他们来说，意义和生活方式也都不同，比如饮茶的行为。借鉴冯友兰先生的人生境界觉悟四分法，我们也大致将人们对于饮茶的态度分作这样的四类：天然的"自然型"饮茶，讲求实际利害的"功利型"饮茶，"正其义，不谋其利"的"道德型"饮茶，超越世俗、自同于大全的"天地型"饮茶。从冯先生的"天地境界"论述，与审美境界旨趣是相近的，审美价值即是走向人生的自觉自由境界达到自同于大全。因此，以饮茶的具体行为，如何演化为更为自觉自由的价值意义，从而影响生活方式，而获得人生意义的满足呢？这是本文试图讨论的话题。

一、饮茶审美概述

美，是自由的存在。它包含三层意思。第一，美是一种实在，它具有客观性。美是事物本身的属性，有其不以人的意志而转移的规律性，它具体实在地存在于社会之中。第二，美具有生命感，它是人们意志的自由表达，属认识论的范畴。审美体系一直试图跨越真与善之间的鸿沟，以"美"来赋予和完善人的认识领域的活泼生命。"万物并作、吾以观复"，美的生命感与其说是启发于审美客体，不如说审美主体更为迫切的意愿表达。第三，美是人类追求自由的必然途径。美在无功利境界中给人以安慰、欢乐，给人以生命的信心，审美目

朱红缨（1967—），女，浙江杭州人。浙江树人大学现代服务业学院院长、教授，世界茶联合会秘书长，著有《中国式日常生活：茶艺文化》等。

的与人的终极目的是合一的，"它通过个体的天性去实现全体的意志"，是人性完善、走向自由王国的通道。

饮茶方式，是从对接受不完美的日常生活行为训练开始的。接近完满地精心泡制一杯茶，依旧改变不了茶汤苦涩的滋味；犹如人生，百般努力下总体会到欠缺，但当我们将这杯茶汤仔细饮下，喉底涌上的是让人心动的甘甜滋味。啜苦咽甘，本属于茶的滋味，通过每日诱发的饮茶仪式，人们以同理心感悟到生命历程的平衡：苦与甘、琐碎与整齐、精致与平凡、焦虑与宁静、完美与不完美，最终都在接受这一杯茶汤中实现完满，帮助个体建立自我的生活态度和审美境界。饮茶作为生活方式的对象审视，具有以下特征：

1. 一段规划时空的训练。仪式化的发生与敬畏感有关，认真细致的要求延长了饮茶的时间和空间，使个体有足够的心理准备，有序规划原本琐碎焦躁的日常生活。心技一体的反复训练，使人们在这一段时空里栖神物外、静照忘我。

2. 超越功利性的情感酝酿。饮茶的发生是为了解渴、健康、享受美味等功利目的。随着仪式化发生，饮茶的日常习作将对象化的敬畏感逐渐移情到个体的意义态度之中，表现出超越功利性目的，在始终属于主体存在的日常生活空间里自我酝酿，一种自由、愉悦的心情，逐渐培植起主体意识与生活方式融合的审美情感。

3. 审美力的文化属性与普遍化。饮茶方式从形式到内容具有一致性，个体通过实践—意识—实践建立起审美信仰，并发挥了仪式化的团结作用。历代茶人都自觉将中国哲学思想和文化精髓，濡化在伴随社会生产发展的饮茶仪式化的实践之中，使饮茶方式带有强烈的文化归属感，以饮茶为载体的审美能力，从个体到群体乃至社会性的生活方式教育成为可能。

当饮茶行为经历了仪式化的过程，从形式到内容，从意义到态度，从个体到社会性，构建了表达情感的、有具体规范的、可复制性的、有传播力的饮茶审美形态，这样的审美形态也称之为茶艺。

二、饮茶生活的审美范畴

饮茶生活的审美范畴，集中表现为茶艺的形态，是中国儒、释、道思想在日常生活艺术中的投射，体现了人们在日常生活中试图建立起为追求自由的秩序、为克服琐碎的精致、为排除焦躁的宁静，来实践天人合一的情怀和境界。

（一）仪式感

饮茶生活的仪式感大致属于优美的审美范畴。优美是一种单纯、静默、和谐的美，表现着长时期的耐性和清明平静的温柔，比如像拉斐尔的圣母画、莫扎特的音乐。茶艺的仪式感是以优美为情感表征的审美。

茶艺的仪式感，在审美形式上强调有节奏的礼仪与特别规定的程序。茶艺的核心特征是基于崇拜日常生活俗事之美的一种仪式，这种仪式感是日常生活节奏美的提炼：礼仪在应答之间的节奏、规定的流程在节奏中——呈现、技艺的气韵生动更是对生活节奏的表达等。茶艺的仪式感，表达出所有的规定性要求审美情感的静默内化与温柔和谐。这种仪式不是咄咄逼人的、不是慷慨激昂的、也不深邃，它像静静流淌着月光的小溪、像晨曦中悠然唱歌的小鸟，像"莫扎特的灵魂仿佛根本不知道莫扎特的痛苦"在难以成就的人生中企图一种温良，以宁静、清凉的仪式感照亮日常生活，即便只在此规定的境象。

茶艺的美感不另外存在，它就在一招一式的仪式之中。

（二）朴实

茶艺审美的朴实来源于茶艺特殊的审美对象：茶汤。由茶汤造就的味觉、视觉、嗅觉、听觉、触觉等多样感官的愉悦，在一定的场景中满足了人生最重要的本能的自然欲求，正如古人在讲到"心觉""心悦"时说："理义之悦我心，犹刍豢之悦我口"（孟子·告子上），将理义打动人的心灵所获得的愉悦感，同美味作用于人的味觉快感进行类比，这在中国文化中是一种特别普遍的现象。心灵所感受到的美虽然有理性的成分，但它实质上是一种生命的充实感，在这一点上与人生理上的味觉感受有类似之处，因此可以互相比附类推。因此，茶艺审美对象虽然是茶汤，是一种身体的"享受"活动，同时也是一种内心的体验活动，茶艺美学的这种重视味觉等"享受"器官的特点，就使美与人的欲望、享受建立了密切的联系，这就从人们普通的日常生活中发掘出了高雅的审美情趣，从而使日常的世俗生活带上了文化与审美的意义，这是一种"充实"的审美范畴。孟子说"充实之谓美"，大凡美的东西一定要有充实的内涵才是真美；如同孔子所说"文质彬彬"，外美与内质"适均"，从茶汤之味美到汤之心之美，茶艺的朴实美首先是充实感。

茶艺的朴实美表达出朴素的美。茶一直被作为精行俭德、清心养廉的代表而流传，在历朝历代都赋予茶艺或饮茶这样的文化秉性，也上升到饮"茶"有"道"的高度。老子论"朴"："无名之朴"，"朴"即"道"，以"道"之朴素净化人的心灵。饮茶虽起于对茶汤的品鉴，最终目的却脱离了茶之实相，通过无味之味的升华，"味"的极致，便是"味"的本身。"味无味"，就是全神贯注地去体味和观照美的最高境界，获得最大的美的享受，正是茶艺审美的重要基础。

（三）人情化

人情化的审美有两层意思，一是宇宙的人情化，也称比情，二是艺术的人情化。茶艺比情的核心是天人合一的文化哲学，在茶艺审美活动中，把人的生命活动外化在与茶艺关联各种物性中，通过茶艺的物性观照到人的生命活动，实现自然之道（天）与人的情感的合一。这种比情又与比德紧密联系，在茶艺中实现"君子比德于茶"。陆纳、桓温以茶示俭、以茶比德；陆羽提出饮茶惟"精行俭德"之人最宜，寄托了中国茶人的精神；刘贞亮的饮茶"十德"，表达了茶人的价值取向和与茶交融的情怀；同样，茶艺待客历来被视为君子之礼。茶艺还表现为"君子习茶育德"。茶艺是进行礼法教育、道德修养的仪式，于是茶人们在日常生活中也努力保持在茶艺境象中的风雅态度。杨万里有诗句云："故人气味茶样清，故人风骨茶样明"，茶成了高尚情操的象征，因而饮茶与有德之人相并行。

茶艺的人情化，是茶艺审美最为重要的领域。茶艺将日常生活的艺术化，凸显了日常生活的规矩礼节和温良情怀，起到了对生活的示范，使之更贴近人情，"分享"情感之美。分享美味，茶艺的审美对象是茶汤，茶汤的美味非一日之功能成就的，需要精益求精的态度和锲而不舍的追求；分享美景，是茶艺的艺术鉴赏力体现，是茶艺师的宇宙情怀和生活趣味的艺术表达；分享尊重，在茶艺中来认真地思考人与人关系，思考人在宇宙中的地位，给予人彼此间的尊重和理解。茶艺分享的人情化，也造就它能丰富地存在于生活之中"客来敬茶""以茶为聘""以茶祭祀""清茶四果""和尚家风"等饮茶风俗和表现一直延续至今，吃茶订婚、茶与婚姻的各类仪式，象征着美好愿望；用茶艺来表达民众欢快情感的更多，白族三道茶、傣族竹筒香茶、回族的罐罐茶、藏族的酥油茶等，艺术表现形式欢快热爱、充满人情。茶艺作为艺术实践一直没有与日常生活分开，形成了大众的"诗意"。"诗人不做做茶农"，在今天的中国，最能真切地享受到饮茶情趣的可能还在于民间大众，体会饮茶"其乐融融"之风尚也更为动人。

日常生活的茶艺是一种审美化的仪式，是仪式化的生活艺术，这种伴有极大参与性和历史意蕴仪式的艺术，深刻地影响着人们日常生活审美取向，也传达出中国文化理想的圣人情怀。

三、饮茶形态的境象之美

作为东方文化的生活美学，饮茶的审美形态（茶艺）试图消弭形式与内容的对立，建构出超越形式和内容的另一个"情景交融"的直觉境象。

（一）境象

境象之美是艺术的灵魂放置于时空的感受。中国传统美学将实体划分为"道""象""器"或者"神""气""形"称之"一分为三"的模式。"象"不是事物本身，不是我们对事物的知识或者事物在我们的理解中所显现出来的外观。"象"是事物的兀自显现、兀自在场。"象"是"看"与"被看"或者"观看"与"显现"之间的共同行为。庞朴认为艺术的道—象—器或意—象—物的图式，"象"是这一分为三模式中艺术的灵魂。"境"是消灭质料形式而放情纵横的时空感。美完全只能为感性的人提供一种纯粹的形式，纯粹的形式是"艺术大师通过形式来消灭质料；质料越是自行其是地显示它自身的作用，或者观赏者越是喜欢直接同质料打交道，那么，那种坚持克服质料和控制观赏者的艺术就越是成功"（席勒）。"境"就是这里所谓的纯粹的形式，它即是一种实在，又不囿于实在，是一种境外之境，是超越于实在场景或形式的时空对象。正如《论语》中音乐的魅力可以"三月不知肉味"脱离现实的欲望一样，在"境"的审美时空中，在"象"的审美心灵中，欣赏者感受到物我同一，感受到蓬勃生气，感受到内心的和谐。

茶艺的境象中包括了场景、意境和气象。茶艺首先有符合审美的逻辑形式，茶艺有"茶、水、器、火、境"客观元素以及具有规律性组合的存在，这个规律性在满足茶艺仪式要求的同时，也必须有审美的形式要求，构成了客观呈现的具体场景。茶艺蕴涵意境，是内容、意义层面的理解，它呈现出情景交融的形象系统，诱发和开拓审美想象空间，意境与主体审美经验相呼应。茶艺气象依附于审美主体，人与人之间的情感起到主要作用。人们往往从茶艺的表现形式中照应到自己内心的感动，由"气"育成之"象"，驻留心中的片刻唯觉得自由和纯粹。场景、意境、气象三者相辅相成，构成茶艺的境象。

（二）境象的审美移情

茶艺的境象之美，其核心是实现了审美移情。茶艺的审美移情有四种：一是统觉移情，即茶艺师（或泛指一切饮者，主体）赋予对象（指茶以及饮茶所有的物质实在，即茶、水、器、火、境等客体）以自己的生命，对象在主体的统一感受之中成为活的形象，茶汤不再是植物的内容，而寄寓了饮者体会生命的形象；二是经验移情，即主体把对象拟人化，以"从来佳茗似佳人"为感受，通过茶艺师对茶汤的技艺诠释，把自己的感受经验投射在对象上，使难以言传的感受呈现为可感的形象；三是气氛移情，即主体将自己的一种整体气氛的感受渗透在客观景象中，茶艺师依据自己的感受和情感投射在有程式的茶艺作品中，有情感地表现作品，通过茶汤的观照、"啐啄同时"的默契，铺展情感流动的空间；四是表现移情，即主体把自己的价值理想寄托于客观事物，茶人们通过日复一日的饮茶方式训练，将价值信念贯穿在日常生活的修养之中，并借此关怀生命、寄寓理想。

袁枚在《随园食单·茶酒单》描述了"杯小如胡桃，壶小如香橼……先嗅其香，再试其味，徐徐咀嚼而体贴之……释躁平疴，怡情悦性"的茶艺实践与欣赏过程，涉及了多感官的多样调和，最终与精神价值相关联，表达了参与茶艺审美活动时极为敏感细腻、丰富豁达的情感。鲁迅在《喝茶》的文章中也说道："有好茶喝，会喝好茶，是一种'清福'。不过要享这'清福'，首先就须有工夫，其次是练习出来的特别感觉。"喝茶不是目的，直至会品茶、至有特别感觉，才到达享受清福的境界，"清福"从中国文化的理解也即为"无目的"的愉悦情感享受，所以饮茶的生活方式被许多中国文人艺术感地接受，发出"天育万物皆有至妙，人之所工但猎浅易"（陆羽）之感叹。茶人们更以饮茶为契机抒发了悲天悯人、顾念天下苍生百姓的襟怀、追求趋于天地境界的圣人情怀等理想信念，比如卢仝的《走笔谢孟谏议寄新茶》、皎然的《饮茶歌诮崔石使君》等，带着这样的价值认同，饮茶艺术传承至今仍钟情所至、历久弥新。

茶艺自被界定以来就不再是纯自然的饮茶行为了，它作为"第二自然"被体会、创作，被享受、欣赏，结果是"无心于万物"又"情系天下"。

（三）"味无味之味"的境象之美

茶艺的境象之美，是表演者和欣赏者在面对艺术化的饮茶活动时，在心灵照亮下刹那间呈现出一个完整的、充满意蕴的、充满情趣的感性世界。因此，茶艺在逐渐堆砌质料的同时又要逐渐消弭质料：它要消灭茶汤滋味的质料，虽然茶艺的本意是沏一杯好茶；它要消灭茶席精致的质料，虽然茶艺师颇费心机地造就了美轮美奂的饮茶环境；它要消灭茶技高超的质料，虽然茶技的精准、流畅、生动已足以达到炫耀的程度；它要消灭茶礼敬重的质料，虽然表演者和欣赏者为此日夜修行。这时，看不见茶汤、看不见茶席、看不见茶艺师，只有一个完全呈现的愉悦、和谐、明朗的时空状态，表演者不再表演、欣赏者不再欣赏，在这片刻的时空里获得自在、自由、纯粹的生命气息，美是自由在现象中唯一可能的表现，如同其他艺术作品一样，茶艺以它的境象感受进入了自由的王国获得超越的美。

茶艺的境象之美发生在日常生活之中。由于饮茶是人们须臾不离的活动、一种生活方式，茶艺的广泛意义包括了茶艺师日常吃、穿、住、行的生活体系，一个真正的茶艺师，他的艺术境界存在于日常生活之中，四季更迭、睡起清供、幽坐徜徉、佳客茶僮、精舍茅屋，都是喝茶会心的好时节、好去处，或以"吃茶去"，或"饭疏食饮水，曲肱而枕之"，从饮茶艺术化到生活艺术化。借以饮茶观照心灵、化入万物，体味"大象"的浑茫无限，造就了独特的饮茶生活方式，使如同饮茶般的日常生活具有高妙的审美价值和玄远的生命意味。

茶艺源于茶汤之"味"，在茶艺的表达过程中，人们不再被实在的"味"羁绊，感觉到了"无味之味"的审美自由，茶艺的日常生活特性，让茶汤之"味"又无所不在，体会"味无味之味"之美。

四、饮茶审美的艺术类型

由审美反映的茶艺活动，所获得的不是抽象的概念，而是具体生动的审美意象，它本身就是有形式的。茶艺的形式是日常自然的饮茶形态，是自古以来，以唐陆羽《茶经》为标志，茶人们不断地进行艺术实践经验所积累而形成的。因此，当茶艺作为一个作品呈现时，必然是有自然形态的样本，有可感知的规范形态，有直觉上的认同感。但是，感知直接是非常个别化的，如何将原始感知的规范形态进一步概念化，实现可推广、可教育而具有普遍性，惟超越一般日常饮茶，归类于一般艺术形式。茶艺在生活艺术实践中，形成了相对稳定的形式特征。以艺术形态的物质存在方式与审美意识物态化的内容特征为依据，茶艺是实用艺术、造型艺术和表演艺术相结合的综合艺术。

（一）实用艺术：为沏好一杯茶而存在

茶艺作品呈现首先维系在其实用的目的上，具体表现在：依据科学原理、"色、香、味、形"俱佳美的茶汤；功能合理、赏心悦目的茶具；符合人体工学、符合泡茶逻辑的合理结构；由仪式化反映的日常生活示范等。

茶艺作品首先要符合茶的科学性，达到物尽其用。茶叶的基础类别分为六大类，不同类别的茶各自有千变万化的茶形、茶性、茶名，都有不同的特征，选择与之适配的器、水、火、境，在不同的组合下便呈现出千姿百态的表现手法。围绕茶叶基本特性的要求，选择合适的沏泡技艺来体现茶汤的特征，完成饮茶的活动。

茶艺作品的表达形式是可及的、分享的。茶艺源于日常生活，并始终是日常生活艺术，是可以模拟的生活。反映饮茶生活艺术化的过程，是这些形式和流程呈现了特定的技术、规则、规范，可以存在于生活之中，可以为普罗大众分享，不同风格的茶艺作品，在其适合的群体生活中实实在在地存在，建构文化习性。

茶艺的实在性，是茶艺师在日常生活的基础上，按照其审美理想对体现饮茶方式的材料加以艺术概括、提炼、加工，进行艺术创造的结果。它不仅充分显示饮茶生活的外在状态，而且揭示出生活的深层本质，表现出人类永恒的情感体认，使经过艺术创造的茶艺作品能够让欣赏者觉得与现实的生活更加贴近。

（二）造型艺术：呈现组合与空间结构

造型艺术是以可视的物质材料表现形象，它存在于一定空间中，以静止的形式表现动态过程，依赖视觉感受，所以又被称为空间艺术、静态艺术、视觉艺术。茶艺在仪式化的过程中，严格规定了动作、位置、顺序、姿势、路线的行为要素，由行为与空间的结构关系提出了审美的需求。茶艺造型艺术即指器物各要素空间组织的艺术性，通过这样的组合，实现茶艺静态部分具有独立的审美形态。

茶艺的造型艺术主要指茶席的设计艺术。"茶席就是茶道（或茶艺）表现的场所，它具有一定程度的严肃性，茶席是为表现茶道之美或茶道精神而规划的一个场所"，茶席，即茶艺结构存在的空间。茶席设计的核心层面是指茶、水、器、火、境五大元素依循茶艺规范，构成具有审美的、静态的空间组合与造型。扩大的层面还包括茶艺师的静态介入以及品饮者的席位布置，与茶艺元素的造型组合相映生辉，达到审美效果。茶席作为造型艺术，具有造型性、空间性和直观性的审美特征，创作者将其的审美旨趣和饮茶态度表现在茶席设计中，在遵循茶艺规范与传统审美的基础上，运用茶艺元素等客观事物的线条、形状、色彩、光影进行艺术造型，通过这一直观的视觉空间，从茶艺器具、空间的形构、铺垫及各种充满日常生活情感的器物的利用，带给欣赏者具体、鲜明、生动的美感享受，从静态的物质基础层面来显示茶艺的思想魅力与艺术水平。

由于茶席的艺术形象是一种静态的视觉艺术，相比茶艺活动，茶席在反映客观对象及传播方面具有优越性，茶席设计风格也能指向生活方式的选择偏好，还提出了除茶叶产业外更广泛的茶具及其衍生物的文化产品需求。因此，现代茶席以造型艺术的范式大胆创作和展示，越来越受到艺术家和产业界的重视。

（三）表情艺术：塑造形象、传达情感

茶艺作品最动容的形式归属是表情艺术，它承载了仪式文化的温良感知，糅合了实用性与造型性的艺术形式，最大限度地呈现日常生活之中生动的、美好的、畅想的情感追求和表达。

茶艺表演的核心是表现情感。茶艺师以其娴熟的技法和艺术修养，将神圣感与生活情感恰好地表达在沏茶、饮茶的过程中，传达以饮茶为契机的人情感。比如，人情感以客体为对象，怜惜而精进地呈现一碗茶汤；人情感以人与人的关系为对象，日常生活的饮茶礼法进一步得以敬重而体察。茶艺师需要有足够的能力来控制作品呈现的色彩、形构、表情动作、节奏、韵律等艺术符号，和谐地统一到沏茶饮茶的规定时空中，来诠释作品表达的情感和形象。同样一件作品，由于茶艺师的表演不同，就会出现不同的艺术效果，因此，茶艺也是茶艺师二度创作的艺术。

茶艺过程是由茶艺师与欣赏者共同创造的。仪式化的属性，造就了茶艺过程的全体仪式。茶艺师从开始沏茶，欣赏者（饮者）便跟随着茶艺师呈现茶汤的每个步骤，不由自主地控制着自己的呼吸，目不转睛，直至茶汤在饮者的手中，由饮者来完成作品的最后一幕，作品才得以圆满。他们同时是艺术创造者，又同时是艺术欣赏者，二者浑然一体。茶艺是一个动态的艺术，茶艺师在茶席的空间中展开表演，在一定时间内来完整地塑造艺术形象，茶事在沏茶、饮茶、欣赏、相互问候之间进行，艺术在逐一创作的同时也在逐一地消失，因此它在时间上的流动性超过了空间上的造型性。

饮茶的审美形态（茶艺）"为沏好一杯茶而存在"，最先接触并引起审美愉快的艺术形式是茶席、茶具、场景等静态的造型艺术，随着茶艺活动的开展，茶艺师的情感表达、仪式节奏及日常生活特征，唤起了观众生活记忆和审美经验的宣泄，现场有着凝神屏气的压力，沏茶者、茶、饮者之间搭起了共同的节奏，直至将茶碗奉至饮者捧起茶碗而饮的片刻，释放了现场的压力感、获得不可名状的自由欢畅，同时"味无味"的又一层审美感迎面而来，喝茶既实在又不实在，因为品尝到的已不仅仅是茶汤原本的味道，而是我们内心被照亮的一个感性世界、一个渴望着的气象万千之美。以茶为名的生活，讲的是一种日常生活审美的活泼力量，归结在人类不朽的精神领域。

参考文献

蔡荣章，2011. 茶席·茶会. 合肥：安徽教育出版社.
林少雄，1996. 中国饮食文化与美学. 文艺研究（1）.
庞朴，2004. 浅说一分为三. 北京：新华出版社.
彭锋，2011. 全球化视野中的美的本质. 天津社会科学（3）.

隽永之美
——茶艺术的美学观照

潘城

摘要： 长期以来茶文化学术界对茶与艺术领域的研究，往往是对以茶为题材的各种艺术作品的收集，从而进行历史学角度的研究。涉及茶美学方面的研究又往往停留在诸如"精行俭德""廉美和静"等茶文化的精神内核与道德范畴上。实际上，茶文化的艺术是茶美学的外在表现，而茶美学也正是茶千百年来始终成为经典艺术主题的内在原因。本文在将茶文化艺术分为书画、音乐、雕塑、建筑、戏剧、文学、影视、茶席、茶器九个大类后，通过解读茶艺术作品来探讨美学的特质。

关键词： 茶艺术；茶美学

"隽永"一词，被解释为"形容艺术形式所表达的思想感情深沉幽远，意味深长，耐人寻味……"而陆羽《茶经》中的"隽永"是一个名词。《茶经·五之煮》："其第一者为隽永，或留熟以贮之，以备育华救沸之用。"《茶经·六之饮》中又说："但阙一人而已，其隽永补所阙人。"若是从茶饮来理解，今人已无法尝到茶圣的那碗"隽永"了。而在精神层面，特别是在美学的层面细细的赏析、品读茶艺术作品，其风雅与优美，正可给人生以"育华救沸"之用。茶艺术这碗"隽永"也永远都在补给"所阙之人"。

美学属于形而上的哲学范畴，谈论茶的美学实际上已经进入了"茶道"的

潘城（1986—），浙江嘉兴人。学者、作家，浙江农林大学、汉语国际推广茶文化传播基地副秘书长，日本神奈川大学历史民俗学博士，中国茶叶学会理事、茶艺专业委员会委员。著有《茶席艺术》《隽永之美：茶艺术赏析》《药局》等。

领域。但是如果不谈茶的美学，就无法从审美上去观照茶艺术的作品。本文是对茶审美范畴内的一点思考与认识做一个漫笔式的陈述。

一、中和之美：中华茶艺术的核心

几大古文明中，唯一不曾中断的中华文明，在其源头，就与茶共生。因此，茶的美学气质深深地根植于中华民族的精神品格之中，就是"中和"。茶从各个通道吸收文化，儒家以茶规范礼仪道德；道家以茶超然养生；佛家以茶渐修顿悟；艺术家以茶吟诗作画；鉴赏家以茶赏心悦目……茶又将儒、释、道各家三味一体，使人类精湛的思想与完美的艺术得以融合。

儒家侧重人与人、人与社会之间的关系；道家注重人与自然宇宙之间的关系；佛家关注人与自心、自性之间的关系。三者在中华文明史上，冲突融合，难舍难分，共同构建起中华文化审美意识中的"中和之美"。

第五届茅盾文学奖获奖作品《茶人三部曲》是当代茶文学长篇小说的经典之作。这部作品分为《南方有嘉木》《不夜之侯》《筑草为城》，共 120 多万字，其后作者还有一部《望江南》尚未完成。这样一部茶文学史诗作品，其审美的核心即是以"平和"的形式表达一个"和平"的主题。

作品就是把握住了茶的"中和之美"，而成为小说自身的艺术形式、中心思想，甚至是价值取向。茶几乎与任何事物都能够协调搭配在一起，茶有一种改良世界的气质，而不主张推倒一切、破坏一切的方式。茶人也往往兼备这样的一种气质，用最大的胸怀，去拥抱世界。茶与人类和平，茶与社会和谐，茶与人性自我之间，如此构成了深刻而本质的关系。

二、天人合一：人的自然化与自然的人化

茶艺术的美往往表现为"感官愉悦的强形式"和"伦理判断的弱形式"。茶艺术作品，尤其是茶席艺术，品茶本身给予我们的感官愉悦要比日常更强有力。但当我们欣赏茶艺术的内在精神时，追求的往往是茶所表现出来的清、静、和、雅、淡、廉、自然、质朴、精行俭德等，这些就是"伦理判断的弱形式"。强弱相生，茶艺术的"内弱外强"也符合美感的一般规律。

人之所以会爱茶，并通过茶这个文化符号创作出形形色色的茶艺术作品，内在的原因就在于"人的自然化"。人有一种通过艺术追求自然的需要。茶是自然之物，人们爱茶，在审美上有亲近自然的愿望。通过茶，人类得以更好地感受自然之美。个体常常通过冲泡一杯绿茶来满足自己强烈的获得大自然的需要，这种间接的方式比直接去大自然中更简便易行，甚至也更受喜爱。

茶给我们带来的这种"人的自然化",也包含在中国人古已有之的"天人合一"的理念之中。中国台湾周渝的紫藤庐茶艺馆、茶席乃至他的书法作品,就是在这样的审美观照下展开的。他在审美本源上从汉民族的崇尚自然、天人合一、天人同构精神出发,提出"从一口茶中品出山川风光与大自然精神",每一片茶叶、每一方茶席都是一个小小的"自然道场"。由此他又进一步提出"茶气"的概念,以及"自然精神的再发现,人文精神的再创造"。

另外,茶艺术之所以美,其本质就在于"自然的人化"。现在有茶人提出,要彻底回归茶本身,回归自然生态,空洞的强调所谓"返璞归真",实际上是绕开或弱化了茶的"人化"与"艺术化"的能力。正如苏东坡所说的"从来佳茗似佳人"。可以说,茶艺术之美是一个"自然的人化"的过程,也可以理解为"茶的艺术化"的过程。

三、精行俭德:高超艺术技能之后的品格

茶圣陆羽在《茶经》中写道:"茶之为用,味至寒,为饮最宜精行俭德之人。"这里,陆羽提出了以"精行俭德"来作为品茶精神,通过饮茶陶冶情操,使自己成为具有美好行为和高尚道德的人。后人认为,这"精行俭德",便是陆羽对茶道和茶人精神的实际诠释。凡是茶人,无人不说"精行俭德"四字,可见这种茶人精神是深入人心的。而这四个字中其实也包含了很深的审美意蕴。

"俭德"并不仅仅是俭朴、简素的德行,而是一切美德的综合,至少可以理解为"俭朴而高贵"的内在修养。相对于"俭德",决不能忽视了"精行"。"精行"的要求我认为不仅包含着如何将美好的内在修养呈现、表达出来的礼仪、技巧与能力,还包含了艺术表现的能力。

扬州八怪的郑板桥,一生嗜茶,写了许多茶诗、茶联、茶书法,还有不少以茶为内容的画作。他在《题靳秋田素画》中,把劳苦之众在寒舍饮苦茶视为"安享",他说:"三间茅屋,十里春风,窗里幽竹……惟劳苦贫病之人,忽得十日五日之暇,闭柴扉,扣竹径,对芳兰,啜苦茗。"这才是"天下之安享人也"。他的茶艺术作品"大俗大雅",其目的就是为了"大慰天下之劳人",而不仅仅只是文人茶艺术的一点闲情与雅致。

四、变与不变:"万变不离其宗"与"以不变应万变"

中国的茶几千年来不断演变,也演变了丰富多彩的茶艺术作品。唐宋时期茶传到日本,更演变出了东方另一个茶美学的世界。

日本茶人描述日本茶道的条目众多,综合来看,日本茶道是以吃茶为契机

的综合文化体系，以身体动作为媒介的室内艺能，它包含了艺术因素、社交因素、礼仪因素和修行因素，通过人体的修炼达到陶冶情操、完善人格的目的。其内核是禅。

简素的精神是日本民族审美的关键，特别集中地体现在茶道之中。日本茶道美感的出发点是"侘"，这是一个表现茶道美的专用词。可以用一组词汇来表现它的概念：贫困、困乏、朴直、谨慎、节制、无光、无泽、不纯、冷瘦、枯萎、老朽、粗糙、古色、寂寞、破旧、歪曲、浑浊、稚拙、简素、幽暗、静谧、野趣、自然、无圣。这种美感与禅宗思想有直接的关系，它是对世俗普遍意义的美的否定。

冈仓天心《茶之书》中认为是元代的蒙古铁骑踏碎了中国人唐宋的饮茶方式，明代建立后的饮法不仅是一种形式上的变革，更是中国人内心的审美方式随之放生变革。经过了大唐的古典主义，大宋的浪漫主义之后，明清的中国进入了自然主义的世俗世界。也就是说，以茶为象征，他认为唐宋以后的中国在审美上已经没落。

实则中国茶美学的核心在其不断流变的外在形式之中始终在延续。至今依然是活态的茶艺术也是生活方式"潮州工夫茶"，其散茶冲泡的艺术形式虽然形成于清代，却是延续了陆羽《茶经》中烹茶法的内在精神。

或许，审美上看似嬗变的中国茶文化是"万变不离其宗"；而审美上看似一成不变的日本茶道是在"以不变应万变"。

传统潮州工夫茶

五、冷眼旁观：茶在艺术中的角色

清代朴学家胡文英评价《庄子》时说："庄子眼极冷，心肠极热。眼冷，故是非不管；心肠热，故悲慨万端。虽知无用，而未能忘情，到底是热肠挂住；虽不能忘情，而终不下手，到底是冷眼看穿。"茶在艺术中扮演着的角色就是对历史和世界，始终"热肠挂住"又终于"冷眼旁观"的角色吧！

举两幅俄罗斯茶画作品为例。彼得罗夫1862年创作的《在梅季希饮茶》中，"茶"代表我们"冷眼旁观"着沙俄时代末期的社会悲剧。几十年后，马克西莫夫创作的《没落》，"茶"又在一旁静静地看着沙俄贵族的没落。

彼得罗夫作品《在梅季希饮茶》　　　　马克西莫夫作品《没落》

这种"冷眼旁观"式的存在，在茶艺术作品尤其是茶绘画作品中比比皆是。戏剧如老舍的《茶馆》，更是一种冷眼旁观的角度，全剧从头到尾都没有讲茶本身，而是让观众通过茶馆的视角去透析各种人物命运与历史交织出的悲欢离合。

其实，茶在艺术中的存在还是一种"在场"。"在场"是在对艺术与人类无限的追逐反思中再次创作的一件惊世骇俗却又动人心扉的行为艺术作品。而"茶"在艺术作品中的"在场"，哪怕是吴昌硕或者齐白石的一张画着茶壶的静物作品，同样拥有这样深刻的意义。

六、慰藉灵魂：茶艺术的意义

前面谈了茶在艺术中的"冷眼旁观"，其另一面就是"热肠挂住"。而茶艺术不只是有一副热肠而已，更重要的是茶是能够慰藉人类灵魂的精神饮品。

茶艺术作品中大量表现了"诗意栖居"这个人类最高精神向往的主题。茶建筑、茶庭院、茶席、茶器、茶诗词、茶书画大量的艺术作品都借用了茶这个媒介追求"诗意栖居"的目的。宋徽宗如此沉迷于茶，也是为了追求"诗意栖居"的生命方式，虽然这是很难获得的，即使贵为帝王。

诚然，在人类的历史中，"诗意栖居"往往是最难以企及的。个体生命和历史常常充满了各种各样的苦难和创伤。这时，茶艺术在精神上就展现了其原初的"药性"，它即便不能治愈，但可以给人带来心灵上的慰藉。这也是茶很本质的意义。释皎然在《饮茶歌诮崔石使君》中云："一饮涤昏寐，情思爽朗满天地。再饮清我神，忽如飞雨洒轻尘。三饮便得道，何须苦心破烦恼。"

这"三饮"就是一种心灵的慰藉。其第一饮就不谈生理上的解渴，直接就是"涤昏寐"。到了卢全的《走笔谢孟谏议寄新茶》，俗称"七碗茶诗"，茶喝七碗，成仙飞升，可是诗人在苍穹看到的是："安得知百万亿苍生，堕在颠崖受辛苦！"最后他反问好心送他好茶的那位孟谏议："便为谏议问苍生，到头合得苏息否？"可见这个作品中的茶是"热肠挂住"，是"慰藉灵魂"之物。

茶的这种审美精神超越时空与疆域，成为人类共同的美好精神。20世纪50年代初，苏联女诗人阿赫玛托娃应著名汉学家、苏联作协书记费德林之约，共同翻译屈原的《离骚》。费德林为她沏出一杯中国龙井茶，阿赫玛托娃目睹茶叶从干扁经过浸泡成为鲜绿的茶叶说："在中国的土壤上，在充足的阳光下培植出来的茶叶，甚至到了冰天雪地的莫斯科也能复活，重新散发出清香的味道。"阿赫玛托娃在第一次见到和品尝中国茶的瞬间，就深刻地感受到茶对生命滋养的意义——茶是世间万物的复活之草的意义。

周作人在他冲淡的散文中谈出了对人生的些许无奈，以及茶的慰藉之用："茶道的意思，用平凡的话来说，可以称作为忙里偷闲，苦中作乐，在不完全现实中享受一点美与和谐，在刹那间体会永久。"

七、隽永之美：茶艺术的节奏、神韵与境界

茶人在品茶过程中，形容每一款茶的滋味到了最不可言说的部分就被称为"韵"。武夷岩茶有"岩韵"，铁观音有"观音韵"，每一款好茶都有"茶韵"。这个韵味在茶艺术中如果有对应的状态，那恐怕就是艺术作品内在的节奏。

艺术家把应表现的思想和情趣表现在音调和节奏里，听众就从这音调节奏中体验或感染到那种思想和情趣，从而引起同情共鸣。节奏主要见于声音，但也不限于声音，形体长短大小粗细相错综，颜色深浅浓淡和不同调质相错综，也都可以见出规律和节奏。建筑也有它所特有的节奏，所以过去美学家们把建筑比作"冻结的或凝固的音乐"。如日本茶道的茶庭，又称为露院，那是为了在进入茶室行茶之前安顿心灵而精心布置的艺术场所。人在茶庭中行走、呼吸、净手、静坐，最后安顿好一切再进入草庵茶室，整个欣赏庭院的过程也有一种节奏。

小堀远州所建的茶室转合庵（位于东京国立博物馆庭院内）

把握住了茶艺术的节奏，更像是掌握了方法论中的精要，最终要追求什么呢？那就是境界。中国人谈艺术，不能不谈境界。王国维在《人间词话》中开"境界论"，从此文艺欣赏与评论逃不出境界之论。

茶根植于中国，茶艺术更讲究境界。境界要因艺术品的高下而论，但茶艺术的最高境界一定是能够指示着生命的真谛和宇宙的奥境。茶艺术境界之悠远，与历史同悠远；茶艺术境界之广大，与世界同广大；茶艺术境界之深邃，与人生同深邃。因此，它有着无比丰富、充沛的充实之美。许许多多真正的茶人、艺术家，他们自身就是充实之美的最好例证。

徐文长的《煎茶七类》是一篇论茶的好文章，但他抄录纸上，落笔茶烟，更成为书法艺术中的一件杰作。欣赏这件茶书法，从形式到内容都充满了充实之美。不仅充实，我甚至能感觉到徐渭身上的那种趋于疯狂的充沛到溢出纸卷的生命力量。

西方的茶画作品，大量的都表现出了这种充实的美感。瑞士画家让·艾蒂安·利奥塔尔创作于 18 世纪的《茶具》是一幅构图饱满的静物画，画中细腻地描绘了一大套从中国出口到欧洲的精美粉彩茶器，但是杯盘狼藉，一副刚刚吃喝之后未及时收拾的混乱场面。虽未画人物，却透出了浓浓的生活气息。

瑞士 让·艾蒂安·利奥塔尔《茶具》

在充实之美的另一端，似乎更能展现中国艺术境界之独特的，就是"空灵之美"。茶艺术更易于让艺术家们进入这种"空灵"的境界。因为审美上的空灵，往往需要精神的淡泊作为基本条件。萧条淡泊，闲和严静，是艺术人格的心襟气象。

比较两幅元代的茶画。自宋入元，茶画的面貌多有充实而入空灵。宋画中对茶的表达大多是写实的，将当时煎茶品茗的风貌描绘下来。而到赵原的《陆羽烹茶图》，虽名煮茶，却是将茶寄情于山水了。人物与茶器在画面中所占比例甚微，已经不是描摹的重点。我看到的是一个偌大的山水天地之间，独有一个陆羽在煮茶，这就造成了"空"的感觉，画中人与天地、与观画者都形成了很远的距离，因而"不沾不滞，物象得以孤立绝缘，自成境界"。

元·赵原《陆羽烹茶图》

而到了倪云林的茶画《安处斋图卷》，就将这种空灵之美的境界更加推向极致。画面仅为水滨土坡，两间陋屋一隐一现，旁植矮树数棵，远山淡然，水波不兴，一派简朴安逸的气氛。画面上不仅无人，更无表现茶的物象，只有倪瓒本人的题画诗句："竹叶夜香缸面酒，菊苗春点磨头茶。"之后又有乾隆御笔题诗："高眠不入客星梦，消渴常分谷雨茶。"

以洁癖著称的倪瓒创作的茶画，并非只是因为他的题诗中谈到了茶，而是他从茶的精神与美学出发创作了这样疏淡高远的艺术世界。

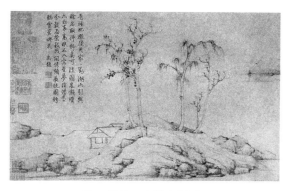

元·倪瓒《安处斋图卷》

若说赵原画中的茶味是"有我之境"，那么倪瓒画中的茶味就是"无我之境"了。画上欣赏品味到的空灵境界，不但不是茶的虚无，反而感到茶的滋味与气韵弥漫于整个画中的世界了。

而茶之为艺术，其美学的境界与滋味，好比喝茶本身的啜苦咽甘，就像卢全"柴门反关无俗客,纱帽笼头自煎吃"的那种发自真心的快乐,更有苏东坡用他那卓越的才华、人生的坎坷与超然的达观来品味出"枯肠未易禁三碗,坐听荒城长短更"。

此即"隽永之美"。

参考文献

冈仓天心,2010. 茶之书. 谷意,译. 济南:山东画报出版社.

李泽厚,2008. 华夏美学·美学四讲. 北京:生活·读书·新知三联书店.

里·伊·伊奥芙列娃,2016. 特列季亚科夫画廊十一世纪至二十世纪初俄罗斯艺术. 莫斯科.

刘枫,2009. 历代茶诗选注. 北京:中央文献出版社.

潘城,2019. 隽永之美——茶艺术赏析. 北京:中国林业出版社.

沈冬梅,李涓,2009. 茶馨艺文. 上海:上海人民出版社.

滕军,1992. 日本茶道文化概论. 北京:东方出版社.

王旭烽,2013. 品饮中国——茶文化通论. 北京:中国农业出版社.

吴觉农,2005. 茶经述评. 北京:中国农业出版社.

于良子,2003. 翰墨茗香. 杭州:浙江摄影出版社.

郑培凯,朱自振,2007. 中国历代茶书汇编. 香港:商务印书馆.

宗白华,1981. 美学散步. 上海:上海人民出版社.

试论"吃茶去"意在言外的禅意之美

舒曼

摘要：中国的禅机，素处以默，妙机其微，是一种人生或生命形态的有机活动。其禅门接引用语，也是一种艺术审美和禅意之美的圆融境界。"吃茶去"这一禅门接引用语，其无极之所已非字面所在，有余之意常蕴空白之中。因茶喻志，寓言说禅，已构成了"吃茶去"禅意之美。本文试图从另一层面来解读"禅茶一味"之源"吃茶去"的隐显与虚实、体味方式和审美愉悦的禅意之美三个方面，诠释"吃茶去"的深刻审美意境。由此也说明"吃茶去"这一禅门接引用语不仅是创作论，更是体验论，是践行中国禅宗体味方式的经验论。

关键词：赵州；吃茶去；禅意之美

唐代赵州从谂禅师（以下简称"赵州禅师"）的"吃茶去"公案，传承至今，早已从具象实际生活"吃茶"上升到超脱忘我的一种禅意之美，从而具备了一种全新的文化意义，特别是深刻意蕴的禅境见地，使人即俗超凡。

"参禅在禅境中，禅无境则不成其禅"。"吃茶去"是怎样的禅境？请看《五灯会元》卷四记载：唐代有二位僧人到赵州观音院拜见赵州禅师。

师问二新到："上座曾到此间否？"云："不曾到。"师云："吃茶去！"又问那一人："曾到此间否？"云："曾到。"师云："吃茶去！"院主问："和尚！不曾到，教伊吃茶去，即且置，曾到，为何教伊吃茶去？"师云："院主。"院主应诺。师云："吃茶去！"

舒曼（1958—），上海川沙人。中国国际茶文化研究会常务理事、学术委员，万里茶道（中国）协作体副主席，河北省茶文化学会常务副会长，研究方向为中国禅茶文化。

作为"吃茶去"本身的实践体验方式，还不能完全构成特定意境之隽永，但因赵州禅师把"吃茶去"作为佛门直指人心的开示，却又构成了深刻的禅境见地。恰如有学者说赵州禅"形成'意在言外'与'绕路说禅'的诠释体系"，以"意在言外"为意境之美。

从谂画像

从古到今，各家对"吃茶去"意境具体说法用到无以复加的地步，但却毫无例外地都看到赵州"吃茶去"的韵外之致、意在言外、味外之旨这一禅意之美的重要特征，对之赋予了极大关注，留下了一系列十分深刻的见解。对此，本文作者专有《试论南北两宋禅宗高僧的"吃茶去"情结》加以著述。就连日本茶道鼻祖村田珠光将一休纯宗的禅学思想贯彻始终，传承了"一味清净，法喜禅悦，赵州知此"的赵州茶法脉（《珠光问答》，载《日本茶道古典全集》）。当今茶文化学者对"吃茶去"的意境分析也各有千秋。

有人认为：吃茶去"其暗藏的许多禅机和蕴藏的深刻内涵，历经沧桑也依然难以'参透'"。"它是直接达到禅修开悟的最高境界"；还有人认为："而'吃茶去'这一禅林法语所喻藏的丰富禅机，'茶禅一味'的哲理概括所浓缩的深刻含义，都成为茶文化发展史上的思想精蕴"；更有人认为："可以体会到赵州的'吃茶去'是茶味不可知，不可不知，知是一人之知，如诚实则为喝茶解渴，如欲作解人则人人各别，不妄有正，不可知则为顽空之论。"

茶文化学者寇丹说："'吃茶去'禅语不一定指茶。"茶文化作家丁文说："'吃茶去'这一禅僧机锋语已成为'赵州禅茶'的文化符号流传千载。""'赵州禅茶'的出现是'茶禅一味'或'茶佛一味'肇始的标志，是茶禅文化形成的标志。""'赵州禅茶'的出现标志着'禅宗禅道'的正式形成，也为'大唐茶道'及'中国茶道'的形成奠定了基石。"

尤其是已故高僧净慧长老说："'吃茶去'公案，其含义有人这样理解，有人那样理解。我的理解是，佛法说不出，说再多也代替不了修行和亲身的体验。"……

无论怎么讲，"吃茶去"的韵外之致、意在言外、味外之旨的这一重要意境之美的特征，都得到各家肯定。朱光潜先生曾说："无穷之意达之以有尽之言，所以有许多意，尽在不言中"（《朱光潜美学文集》第2卷）。禅机之意境所以美，不仅在有尽之言，而尤在无

日本私人收藏的仙涯禅师"吃茶去"墨迹

穷之意境。推而论之，"吃茶去"之所以美，不仅表现在这"三个字"的体验上，尤其是美在"功夫在茶外"的未表现而含蓄无穷的深处，这就是"吃茶去"的"无穷之意达之以有尽之言"的意境。

一、"吃茶去"隐显与虚实的禅意之美

"吃茶去"禅意之美充分表现为言与意、形与神的以茶悟道的意境，也是一种虚实隐显的悟道禅机之美。

"吃茶去"之有茶无茶、是茶非茶，正和中国传统文化中的"有"与"无"这种虚实隐显的矛盾相似。正是通过"有"与"无"对立因素，才大大拓宽了禅之意境的美学表现领域，逐步展开禅宗修道的独特发展史。"吃茶去"这一说法是具象的，又是写意的；它是绘形的，又是入神的；它是确定的，又是未定的；它是直感的，又是默会的；它是直接的，又是间接的；它是真实的，又是空灵的。

对"吃茶去"的理解可以是简单的：拿起茶杯，放下一切；可以是深奥的：禅不可说，深不可测。因而，"吃茶去"这一说法，它既具有特定直接性、确定性、可感性，又具有想象的流动性、开放性。

韵味涵泳，通幽默会。这是"吃茶去"含义中不确定的、作为空白，需要参禅者去现实化、具体化的部分。"吃茶去"之所以成为佛门丛林中著名公案，成为历代禅师茶人们的金科玉律，成为人们千年讨论不休的话题，正是因为含有空白与未定的虚实隐显性。这主要表现在两个方面：

一是"吃茶去"三个字的意向性。要唤起"吃茶去"的禅意之美、意象之美，必须俟参禅者的审美想象，而审美想象又是通过意象来进行的。比如，日本一休纯宗和尚给村田珠光的茶，珠光击碎茶杯后在他脑海中浮现出想象中的禅意和意象之美为"柳绿花红"；又譬如，禅门中有问"如何是微妙"？回答是"风送水声来枕畔，月移山影到床前"的意境之美；有问"如何是道"？回答是"天共白云晓，水和明月流"的禅意之美。正由于其意象之美的创造性，因而充分挖掘了"吃茶去"禅意审美感受中的直觉和潜意识。

日本僧人铁牛道机
（1638—1700）墨迹

二是"吃茶去"禅意的流动性、泛指性和模糊性，"吃茶去"的"韵外之致""言外之旨"表现出诉诸想象之美的巨大容量和可塑性，以至于当今茶文化界精英对"吃茶去"的想象讨论始终没有段落。"吃茶去"这种意象之美极其灵活,具有极大的自由性,它在创造性意象之美中呈现为无穷的广阔性。所以,"吃茶去"中的禅趣、气氛与联想往往是流动变化的。有人说,赵州禅师是真的让你吃茶或是通过吃茶想表达什么吗?还是什么茶都没有,只是仅仅把茶作为引子说说而已?其实,禅机的高明就在于此,禅师们往往在回答"什么是佛""什么是祖师西来意"时,为了保证韵外之致的容量而采用十分隐蔽、含蓄、曲折的形式来表现,因而呈现于想象之中的"言外之旨"便必然表现出朦胧之美。这时的"味外之旨""弦外之响"无法用简单地概念说明,以至出现"含蓄无垠,思致微妙"之美以及"会于心而难以名言"的美学特征,而且由于其直觉的瞬间体悟和情感的流动无羁,使"吃茶去"呈现"其寄托在可言不可言之间,其指归在可解不可解之会"的复杂而又美妙情形。

二、"吃茶去"体味方式的禅意之美

"吃茶去"禅意之美的第二重含义是一种体味方式之美。禅宗悟道因缘的感悟之美就体现在这种东方式禅喜、禅悦感觉。中国佛教(禅宗)在其自身形式的长期发展中形成了以含蓄、寓意、暗示、象征等手法构成一整套表达体系。我们从赵州禅师的其他公案中足可以证明这一点。

生命中的禅意之美有各种层面,深浅不一。《文心雕龙·知音》中有:"是故不知声者,不可与言音,不知音者,不可与言乐。"强调"审声以知音"。这和禅宗在体悟"禅茶一味"抑或是"茶禅一味"中强调"茶味即禅味。不知禅味,亦即不知茶味"的"审茶以知禅"是相同的。

清人项圣谟在《琴泉图》上题款曰:"或者陆鸿渐,与夫钟子期。自笑琴不弦,未茶先贮泉。泉或涤我心,琴非所知音。"乃借琴泉之名而心仪茶圣陆羽和钟子期。音为知者赏,伯牙鼓琴,知音善赏的钟子期听琴音而知雅意,领会到伯牙"巍巍乎志在高山,洋洋乎思在流水"的音情深意之美。同理,茶为知者吃,赵州泡茶,知茶善吃的参禅者闻香而知茶意,领会到赵州"佛法在于茶汤""佛之教即茶之本意"的禅境见地。高深的禅机往往蕴涵于平常心和平常事中,有谁是知音呢?所以赵州禅师以"吃茶去"的"情往似赠、兴来如答"中,先在地暗含着一种"创意"。

曾经有许多问禅者把禅门公案当成一种修禅公式,客观地来认识禅机,硬钻牛角尖,根本忽略了禅机中充满着空白与未定性这一本质特征,成为理解上即"悟道"的束缚。"特别是操觚三日就以为'顿悟'在望之人,听到'吃茶去'三字满头雾水,又惧于圣言,就似是而非地,诚惶诚恐地'是、是、是!'"赵州禅师说"吃茶去",便时时喝茶,且不知行走坐卧中的每件事都能得到禅喜；赵州禅师说"赵州桥"只能"度驴度马"，吓得人也不敢过桥，殊不知"众生皆平等"的道理。其实禅机要告诉众生的是"内外不住，来去自由，能除执心，通达无碍"（《坛经》）的禅意之美。

如果说，"吃茶去"给参禅者留下了众多的不全，它本身就留下了指向全的一种心理势能。显然，如果赵州禅师在解答"吃茶去"过程中设计了背景，或是告诉你这杯茶怎么喝，本身就是对参禅者的探幽发微作出的诱导。通常我们说，音乐才能激起人的音乐感，对于没有音乐感的耳朵来说，最美的音乐也毫无意义。如是，禅林法语能激起参学者的禅修感，对于"根性"极差者来说，最美的禅语也毫无意义。那么，在何种程度上填补赵州禅师召唤"吃茶去"结构中的空白与未定性，这其实就是悟与不悟的道理。

由空白与未定性引起的禅机感知方式是独特的，这就是体悟与顿悟。它是互为表里、互为体用的审美意境的禅宗接受方式。"吃茶去"这样的机锋语，主要解读其"味"而非"茶"。古有"愚以为辨于味而后可以言诗也"（司图空的《与李生论诗书》）之说。所谓"辨于味"，就是"韵外之致""味外之旨"的实现所要求的参学者的品味、把握、玩味、感悟的能力。

禅道妙悟是不针对任何一境的，只是自心得悟后的禅喜之美的流露。百丈怀海门下一僧人在普请时听到鼓声，乃举起锄头，哈哈大笑而去。百丈说："俊哉！此是观音入理之门。"沩山灵佑禅师门下一烧火的火头，听到木鱼声后，扔掉烧火棍，哈哈大笑而去（《古尊宿语录》卷一）。还有一位沩山门下的香严禅师，当他在扫地而无意丢一瓦片，使竹干发出声响——竟因此而开悟，笑道："一击忘所知，更不假修持。"那一声打破香严的分别意识（李元松的《禅的修行》）。这些都是妙悟的欢喜。所以，"吃茶去"的含义是"不涉理路，不落言筌"，"羚羊挂角，无迹可求"，因此，参悟"吃茶去"需像参悟诗一样，只能"朝夕讽咏""熟参之""酝酿胸中"，久之自然悟入。

在"吃茶去"公案中"到此间""未曾到此间"和就在"此间"的这些不同接受者，对"吃茶去"禅意之美的具体化理解中肯定会出现多种差异，这正体现了禅境艺术效果的丰富性。因为参禅者的性根不同，情感不同，气质不同，心理障碍也不同。四方参学者"各以其情"与赵州禅师在赵州"相遇"，所形成的契合点必然不尽相同，所产生的悟性共鸣的点与面也必然各有殊异。禅宗把它称为"缘在人中有愚有智"。在赵州禅师看来，参禅者的接受是一种主动、能动的审美活动，是以自己灵性的频率波射到"吃茶去"禅机中去寻求共振。所以，这也正是赵州禅师之用心未必然，而参学者之用心何必不然。

三、"吃茶去"审美浑融的禅意之美

"吃茶去"禅意之美的第三重意义建立在茶之道的审美本质，是禅美意象所系、审美情感所在的最高审美意境。这种审美浑融意境，实际上就是类似"吃茶去"禅（茶）镜下的语言特点与心底世界相呼应，这在古代禅宗大德言下表现得尤为突出。如表现和谐之意境的有：希迁的"长空不碍白云飞"；宏智正觉的"野色更无山隔断，天光直与水相通"（《宏智禅师广录》卷四）；云门雪窦重显的"雪覆芦花"之说；青原下八世兴阳道钦禅师，有僧问他："如何是兴阳境？"他答道："松竹乍栽山影绿，水流穿过院庭中"……（《五灯会元》卷八）。表现自然之意境的有：有人问夹山善会禅师："如何是夹山境？"善会曰："猿抱子归青嶂岭，鸟衔花落碧岩泉。"长沙景岑禅师，有首座问他："和尚甚麽处来？"他说："游山来。"又问："到甚麽处去？"他答道："始从芳草来，又逐落花去"；雪峰义存弟子镜清道怤禅师，有僧人问他："如何是清净法身？"他答道："红日照青山"（《五灯会元》卷七）……表现苍凉之意境的有：马祖法嗣大梅法常有偈："摧残枯木倚寒林，几度逢春不变心"（《五灯会元》卷三）；玄沙师备法嗣仙宗迁符，有僧人问："诸圣收光归源后如何？"他答道："三声猿屡断，万里客愁听"（《五灯会元》卷八）；青原下九世大阳警玄禅师，有僧人问："如何是大阳境？"他回答说："羸鹤老猿啼谷韵，瘦松寒竹锁青烟"（《五灯会元》卷十四）……永明延寿有偈："孤狐叫落中岩月，野客吟残半夜灯。此景此情谁得意？白云深处坐禅僧。"（《五灯会元》卷十）；表现空灵之意境的有：青原下七世凤凰从琛禅师，有僧人问："如何是凤凰境？"他说："雪夜观明月"（《五灯会元》卷八）；青原下八世广平玄旨禅师，有僧人问："如何是广平镜？"他说："地靠名山秀，溪连海水清。"僧又问："如何是镜中人？"回答："你问我答"；芙蓉道楷禅师，有僧人问："如何是不露底事？"他说："满船空载月，渔父宿芦花"（《五灯会元》卷十四）；青原下八世的开先暹禅师则说："野渡无人舟自横"（《五灯会元》卷十五）；宏智正觉也有偈云："风掠烟沙芦拥雪，船横野度水涵秋。"

禅机、禅意之美的最高境界概括为"超以象外，得其环中"，犹如"吃茶去"是一种智慧的境界，含其无穷茶禅之味，无尽禅茶之意，这种"味外之味""意在言外""韵外之致"正是"佛法说不出"的空白与未定性在最高禅境审美本质上显现的意义。

古人云："真言不美，要言不繁。"真心的话，往往无法说得很好。虽然"吃茶去"才短短三字，但在于它以"茶"融"禅"抑或是以"禅"融"茶"。

林纾曾经在《春觉斋论文·境界》上说："境者，意中之境也。意者，心之所造；境者，又意之所造也。"禅宗认为，未悟之前，山是山，水是水；觉悟之后，山还是山，水还是水。但悟前悟后，自心对山水的感受已有了区别，悟前的自心是有执有累，悟后的自心是无执无累，因而也是自由的禅意，愉悦的意境。谈到禅意之美，许多人认为就是情景融合，但情与景的妙合并非禅意本身，而仅仅是构成禅意之美的充分必要条件。所以，"吃茶去"离开了作为过程的建构活动，离开了参禅者的积极参与和创造，离开了亲身体验，就失去了"吃茶去"禅意之美构成的一个根本基础。

茶文化学者余悦说："而由'吃茶去'引申开去的'茶禅一味'，实在是一种智慧的境界，是将日常生活中最常见的东西——茶，与禅宗最高境界的追求——开悟结合起来。"禅意之美的意境因生命境界而更放其异彩，"吃茶去"终于在禅化、道化、儒化和诗化的人生中找到了存在的意义和栖居的归宿。

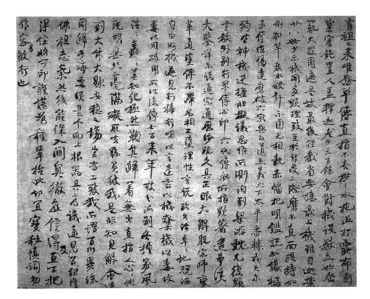

圆悟克勤墨迹，是送给弟子虎丘绍隆"印可状"的前半部分。是认可修行者的参悟并允其嗣法的证明，许多人误以为印可状里有"禅茶一味"字样

四、结　语

历代禅宗高僧大德与文人几乎把"吃茶去"三字用到了无以复加的地步，这当然有他们的理由，但重要的在于除了在茶道层面和文化意义上赞美"吃茶去"深刻内涵外，其禅意之美也是那样渗透在大自然审美空间里，所以，高僧们认为"吃茶去"是悟道得因缘，也是悟道的契机。诚如净慧长老所言："作

为禅者的生活，它处处都流露着禅机。学人只要全身心地投入进去，处处都可以领悟到禅机，处处都可以实证禅的境界。"

"吃茶去"禅意之美是可以实证禅的境界，其思想则深刻体现了"佛法在世间"的精神，通过对茶的吃、看、听、说，在一种审美瞬间的直觉感悟中体味人生，获得一种人生意境的平衡、协调的和谐。"吃茶去"不依靠逻辑的推理、概念的分析、理性的抽象，而取一种高举远慕浑融为一的体悟心态，一种心灵审美性的完整和谐。

"吃茶去"意境的最高层次，是呈现为一种"无茶之茶"禅意。正是在这个禅化的层次上，"吃茶去"可以用无茶表达有茶，而最高的空白——无，在这里获得了超形式、超差别的存在。也正是在这一层次上"吃茶去"意境建立了从有限的茶之美通达无限的禅之美道路。这种意境抑或是禅意强调了以无念为解脱，以定慧为解脱的无所得的境界。"无味之味乃知味也"，"无名而名万物"，"无味而和五味"，是为"吃茶去"禅意之美的极致。

参考文献

陈云君，2001. 简论"吃茶去"与"茶禅一味". 农业考古·中国茶文化专号（4）.

陈云君，2005. 简论"吃茶去"与"茶禅一味"//舒曼，等. 禅茶一味. 北京：中国和平出版社.

丁文，2005. 谈佛教茶史的三件大事兼论赵州禅茶的特殊贡献//舒曼，等. 禅茶一味. 北京：中国和平出版社.

董群，1997. 祖师禅. 杭州：浙江人民出版社.

黄连忠，2011. 赵州禅的公案诠释与修持进路探微//黄夏年. 赵州禅研究. 郑州：中州古籍出版社.

净慧，2008. 生活禅开匙. 北京：三联书店.

寇丹，2001. 百岁茶星崔圭用. 农业考古·中国茶文化专号（4）.

赖功欧，1999. 中国茶文化与儒释道——茶哲睿智. 北京：光明日报出版社.

舒曼，2013. 试论南北两宋禅宗高僧的"吃茶去"情结//杭州市茶文化研究会，开封市茶文化研究会. 中国杭州宋茶文化研讨会论文集.

舒曼，2013. 无尽禅茶意，拈花一笑中. 吃茶去杂志专刊（6）.

严耀中，2011. 试说禅境//黄夏年. 赵州禅研究. 郑州：中州古籍出版社.

余悦，2001. 禅林法语的智慧境界. 农业考古·中国茶文化专号（4）.

张恩富，等，2008. 五灯会元彩图本. 重庆：重庆出版集团.

中国茶文化的审美特质

——以明代张岱与闵茶为纽带的社交圈为例

关剑平

摘要： 茶文化为世界很多民族所拥有，但是因为民族文化的差异，茶文化审美的特质也各不相同。从明代文人集团，尤其是从张岱对于闵汶水的闵茶的态度和推崇，可以管窥中国茶文化的审美特质就是从味觉审美入手，最终达到精神的满足。

关键词： 张岱；茶文化；闵汶水；审美

一、问题的提起

特质是指一种可表现于许多环境的、相对持久的、一致而稳定的思想、情感和动作的特点，它表现一个人人格的特点的行为倾向。美国心理学家G. W·奥尔波特把特质区分为个体特质和共同特质。个体特质是某个特定的个人具有的特质，共同特质是许多个体共有的特质，两者有相似之处。中国茶文化有其自身的特点，这些特点的形成又与民族文化有着千丝万缕的联系，制约着中国茶文化的审美特质。本文通过对明代个案的史料梳理，总结文人集团的共同特质，尤其在与日本的比较中，分析、凸显中国茶文化的审美特质。

早在中国刚刚提起茶文化问题的 1991 年，笔者发表了《中国茶文化的体现》一文，提出与日本茶道严谨的礼仪规范相比，中国茶文化以丰富的茶叶品

关剑平（1962—），满族，日本立命馆大学文学博士，浙江农林大学教授，文化产业管理（茶文化）专业负责人，中国人民大学茶道哲学研究所研究员。主要著有《茶与中国文化》《文化传播视野下的茶文化研究》等。

种为特色，味觉审美的高度发达，也是中国茶文化由物质向精神升华的技术途径。近30年来，沿着这个线索的研究在学界没有进一步展开，原则上以日本茶道为圭臬展开对中国茶文化的批判。笔者以为这是研究的前提性错误，于是通过本文再次展开实证性研究，以明代茶人的审美特质为素材，管窥、确认中国茶文化的审美特质。

二、平淡自然的审美观

洪武二十四年（1391），太祖朱元璋鉴于宋元以来的贡品龙团过于消耗民力，下令停止龙团贡茶的生产，这不仅标志着原本主要是宫廷消费的团茶由此彻底停产，更加重要的意义是茶叶生产由末茶向芽茶转型的结束，为今天的茶业奠定了基础；而且制茶技术的变化，最终还促使饮茶生活方式变化，茶文化的审美观也焕然一新。

大鉴赏家文震亨在《长物志》里对于明代茶文化有一个精辟的总结："简便异常，天趣悉备，可谓尽茶之真味矣。"简便·天趣·真味成为理解明代茶文化最恰当不过的关键词。简便从形式上可以直观地观察，真味可以感性地感受，自然情趣、天然风致的天趣则包含了更加深层的审美意识，三者互为表里。无独有偶，这些关键词在宋元画论里也频繁出现。如米芾《画史》：

巨然师董源，今世多有本。岚气清润，布景得天真多。巨然少年时多作矾头，老年平淡趣高。

董源平淡天真多，唐无此品，在毕宏上。近世神品，格高无与比也。峰峦出没，云雾显晦，不装巧趣，皆得天真。岚色郁苍，枝干劲挺，咸有生意。溪桥渔浦，洲渚掩映，一片江南也。

明孙矿在《柳诚悬书兰亭诗文》中也说：

诚悬书力深。此诗文率尔摘录，若不甚留意，而天趣溢出，正与清臣坐位帖同法。然彼犹饶姿，此则纯仗铁腕。败笔误笔处乃愈妙，可见作字贵在无意，涉意则拘以求点，画外之趣寡矣。

无论是画还是茶，平淡天真都是对于庸俗的超越，对于真我的阐发，作为一种审美价值观广泛应用于各个方面。这种审美特质不仅属于画家，也属于茶人；不仅属于宋元，更突显于明代；不仅属于文震亨等个人，也属于某个甚至多个集团；既是个体特质，也是共同特质。

三、闵汶水与闵茶

中国古代的茶文化审美看明代的个案。安徽松萝茶在明代代表着最高的制茶水平，而在清初，有"今之松萝茗有最佳者曰闵茶"的评价，就是说闵茶又是松萝茶中的翘楚。不过明朝末年出现了两种闵茶：

> 闵茶有二，一在九华山。相传地藏卓锡九华，有闵长者家居山中，性喜施与。地藏就之，募一袈裟地，遂将闵氏田园山宅一罩而尽。长者曰：既诺无悔，但置我何地？地藏掷丹砂使长者阖舍，以白日拔宅飞升。其宅今为梵殿，其畦今号闵园，茶出于此，故以名之。一在休宁。万历末闵汶水所制，其子闵子长、闵际行继之。既以得名，亦以获利，市于金陵（指今江苏南京）桃叶渡（秦淮河和青溪合流处的渡口）边，名花乳斋。董文敏以"云脚闲勋"颜其堂，陈眉公为作歌，详见国朝刘銮《五石瓠》。余与皖南北人多相识而未得一品闵茶，未知今尚有否也。

这里关注的是闵汶水的闵茶，它本是闵家的"家族品牌"，并且经营有方，包装也很有特色，"闵茶必以图记印封瓶头，甚精"。经过几十年的经营，闵茶的影响力日益增强，不仅成为松萝茶生产加工的圭臬，"盖始于闵汶水，今特依其法制之耳"。而且引发了与闽茶的优劣争议：

> 秣陵好事者常诮闽无茶，谓闽客得闵茶咸制为罗囊佩而嗅之，以代旃檀，实则闽不重汶水也。闽客游秣陵者宋比玉、洪仲韦辈，类依附吴儿，强作解事，贱家鸡而贵野鹜，宜为其所诮欤。三山薛老亦秦淮汶水也。薛常言，汶水假他味逼在兰香，究使茶之本色尽失。汶水而在闻此亦当色沮。薛常住刎峤，自为剪焙，遂欲驾汶水上。予谓茶难以香名，况以兰尽，但以兰香定茶咫见也。颇以薛老论为善。

闵茶与闽茶的优劣之争本无意义，因为口味嗜好因人而异，没有客观标准，时至今日，安徽与福建也仍然是中国代表性茶叶产地，所产茶叶种类不同，各有所长。而闵茶之所以有如此高的声誉，与闵汶水的人品和社交圈关系密切。

四、以闵茶为纽带的社交圈

虽然闵汶水只是一位茶商，却被评价为"汶水高蹈之士，董文敏亟称之"。闵汶水何处高蹈特出无考，只知他的茶叶获得江浙文人集团的普遍喜爱。

> 董文敏以"云脚间勋"颜其堂，家眉翁征士作歌斗之。一时名流如程孟阳、宋比玉诸公，皆有吟咏。汶水君几以汤社主风雅。

著名书画家、官至南京礼部尚书的董其昌不仅为闵汶水的茶店"花乳斋"题字做匾额，还在文集里记载了他们，推崇备至：

> 金陵春卿署中时，有以松萝茗相贻者，平平耳。归来山馆，得啜
> 尤物。询知为闵汶水所蓄。汶水家在金陵，与余相及海上，之鸥舞而

不下。盖知希而贵，鲜游大人者。昔陆羽以精茗事为贵人所侮，作毁茶论，如汶水者，知其终不作此论矣。

文坛领袖陈继儒为其邀请诗人作歌，可谓风光无限。即便是对于闵汶水的茶持否定态度的周亮工，也不得不承认其烹点程式和选择的茶具非同一般。

> 歙人闵汶水居桃叶渡上。予往品茶其家，见其水火皆自任，以小酒盏酌客，颇极烹饮态。

周亮工嗜好福建家乡的茶，而对于闵汶水的安徽茶不以为然。但是他到南京时，还是专门去桃叶渡闵汶水处品茶，最终还不得不承认闵汶水在茶的烹点上凡事必躬的执着和使用小巧酒器的独到之处，而争议自身已经说明闵汶水的茶道在当时的文人世界里是多么地被重视，茶的风流高雅的基本属性也由闵汶水的茶道得以证明。

以闵茶为纽带的社交圈中，张岱与闵汶水相交的故事更生动地反映了闵在文人心中的地位。

> 周墨农向余道闵汶水茶不置口。戊寅（明代崇祯十一年，1638年）九月至留都（今江苏南京），抵岸，即访闵汶水于桃叶渡。日晡，汶水他出，迟其归，乃婆娑一老。方叙话，遽起曰："杖忘某所。"又去。余曰："今日岂可空去？"迟之又久，汶水返，更定矣，睨余曰："客尚在耶？客在奚为者？"余曰："慕汶老久，今日不畅饮汶老茶，决不去。"汶水喜，自起当炉，茶旋煮，速如风雨。导至一室，明窗净几，荆溪（位于江苏宜兴南）壶、成宣窑瓷瓯十余种皆精绝。灯下视茶色，与瓷瓯无别而香气逼人，余叫绝。余问汶水曰："此茶何产？"汶水曰："阆苑茶也。"余再啜之，曰："莫绐余。是阆苑制法而味不似。"汶水匿笑曰："客知是何产？"余再啜之，曰："何其似罗岕甚也。"汶水吐舌曰："奇！奇！"余问："水何水？"曰："惠泉。"余又曰："莫绐余，惠泉走千里，水劳而圭角不动，何也？"汶水曰："不复敢隐，其取惠水，必掏井，静夜候新泉至，旋汲之。山石磊磊藉瓮底，舟非风则勿行，故水之生磊，即寻常惠水，犹逊一头地，况他水耶！"又吐舌曰："奇！奇！"言未毕，汶水去，少顷持一壶满斟余曰："客啜此。"余曰："香扑烈，味甚浑厚，此春茶耶？向沦者的是秋采。"汶水大笑曰："予年七十，精赏鉴者无客比。"遂定交。

初次的相逢事实上是一场考试，张岱最终以知茶而得到闵汶水的认可，这段史料也具体印证了"七不可解"之一的"啜茶尝水，则能辨渑淄"。闵汶水比较多地继承了古代茶文化中的精致细腻的一面，首先严格地制茶、择水；其次精于鉴别茶具，茶室的布置也颇为得当；既然饮茶是风流，自然不宜使奴唤婢，因此强调亲自烹点。闵汶水以他的茶，把一大批文人吸引到他的周围，"一时名流如程孟阳、宋比玉诸公，皆有吟咏。汶水君几以汤社主风雅"。

五、张岱的茶文化审美观

早在 1665 年张岱 69 岁时就写下了著名的《自为墓志铭》，总结了自己的人生，其中有"七不可解"。胡益民先生评价这"七不可解"："这种种矛盾，正是历经巨变后在特殊文化背景下新旧传统、雅俗文化相互交织而形成的张岱奇特人生性格概括而具体入微的真实写照。"茶被作为雅文化的象征而与赌博游戏对应，而且短短一篇文章中两次出现茶，可以说反映了茶在张岱生活中的重要地位。这"七不可解"也为理解从张岱身上反映出来的茶文化提供了完整的背景资料，从一个实例说明茶文化产生的条件。

茶在张岱生活中不可或缺，达到了"茶淫"的沉溺程度。而对于茶的深度喜爱源于深度的理解：

> 昔人谓香在未烟，茶在无味。盖以名香、佳茗一落气味，则其气味反觉无余矣。人如如此，可以悟道，可以参禅。

香气直截了当，人人能够直接感受，而滋味的感受非常复杂，需要训练才能体会。尤其是优雅的滋味往往淡泊，无味之味乃是大味，张岱对于"大味必淡"的中国传统审美有着深度的共鸣，落实到茶上之后还进一步延伸，通向了悟道、参禅的精神

张岱画像

世界。而张岱对于茶本身的最大贡献可以说是招募歙县人参照松萝茶制法加工日铸茶：

> 日铸者，越王铸剑地也，茶味棱棱有金石之气。欧阳永叔曰："两浙之茶，日铸第一。"王龟龄曰："龙山瑞草，日铸雪芽。"日铸名起此。京师茶客，有茶则至，意不在雪芽也，而雪芽利之，一如京茶式，不敢独异。三娥叔知松萝焙法，取瑞草试之，香扑列。余曰："瑞草固佳，汉武帝食露盘，无补多欲。日铸茶薮，'牛虽瘠偾于豚上'也。遂募歙人入日铸。扚法、掐法、挪法、撒法、扇法、炒法、焙法、藏法，一如松萝。他泉瀹之，香气不出。煮禊泉，投以小罐，则香太浓郁。杂入茉莉，再三较量，用敞口瓷瓯淡放之。候其冷，以旋滚汤冲泻之，色如竹箨方解，绿粉初匀，又如山窗初曙，透纸黎

光。取清妃自倾向索瓷,真如百茎素兰同雪涛并泻也。雪芽得其色矣,未得其气,余戏呼之'兰雪'。四五年后,兰雪茶一哄如市焉。越之好事者,不食松萝,止食兰雪。兰雪则食,以松萝而篡兰雪者亦食,盖松萝贬声价俯就兰雪,从俗也。乃近日徽歙间,松萝亦改名兰雪,向以松萝名者,封面系换,则又奇矣。"

　　欧阳修、王十朋给予绍兴茶叶高度评价,张岱尤其看好日铸雪芽,邀请技术精湛的安徽茶工,按照松萝茶的加工方法制作。对于如此加工出来的兰雪茶再多方试验冲泡方法,于是知名度后来居上。对于松萝兰雪茶的描写细致入微,从技术到体验,从物质到精神,张岱对于茶的关心与感受是全方位的,反过来也印证了他在《自为墓志铭》以"茶淫"自诩的真实性。而这种整体的理解除了反映在他自己的生活实践中,也通过社交生活而获取知音同道。

六、小　结

　　张岱对于茶的理解从对茶叶的品评着手,也就是从对茶叶的审美着手,因为对于茶叶滋味的深刻而细腻的感受,以及个人的文化素养而将一种爱好升华为精神的享受。在世界上,就民族而言,中华民族的条件是独一无二的,因为没有第二个民族有这样优越的条件——种类丰富的茶叶,也没有第二个民族有如此良好的体验传统——鲜味的创立。这种审美途径并非张岱独有,以闵汶水的松萝茶为纽带的社交圈有着共同的审美取向,在一定程度上反映了明代文人的审美取向。

　　与中国建立在味觉基础上的审美相对应的是日本茶道建立在视觉上的审美。日本扬长避短,建立起以视觉审美为特征的茶道。高度形式化使得日本茶道有便于传承的特征,在大众化的时代文化发展中如鱼得水。而中国茶文化审美的传统途径前提性条件太高,在小众文化、文人文化发达的时代没有问题,但是在大众化、全民化的道路上茶文化审美的技术途径需要调整,这是今天茶人的使命。

参考文献

关剑平,1991. 中国茶文化的体现//王冰泉,余悦. 茶文化论. 北京:文化艺术出版社.
胡益民,2002. 张岱研究. 合肥:安徽教育出版社.
刘銮,1972. 五石瓠. 台北:艺文印书馆.
文震亨,1984. 长物志校注. 陈植,校注. 南京:江苏科学技术出版社.
周亮工,1964. 闵小记. 台北:艺文印书馆.

探讨茶艺之美

周智修　段文华　薛晨

摘要：从美学的概念和主要研究内容入手，回顾中国茶艺美学的基本思想及其产生的"土壤"，指出中国茶艺的美学思想有别于日本、韩国、英国等国外茶艺的美学思想。总结几十年茶艺实践后，凝炼出中国茶艺七美：真、静、雅、和、壮、逸、古，以指导茶艺创作，供学者与专家探讨。

关键词：美学；美学思想；茶艺之美

引言：茶艺之美

茶艺是科学、文化、艺术与生活的完美结合。复兴才几十年，逐渐形成自身独特的呈现形式或形态，茶艺的内涵也不断丰富和完善，作为一门独立的综合艺术为民众所接受。但学者对茶艺之美的探索尚处于初级阶段。茶艺与绘画、书法、音乐等有共同的艺术规律，更有其自身独特的个性。

周智修（1965—），女，浙江余姚人，研究员。中国农业科学院茶叶研究所培训中心主任、中国茶叶学会常务副秘书长，从事茶文化推广与研究工作。编著《习茶精要详解》（上、下册）、《茶童子喝茶》等。

段文华（1975—），女，江西九江人，副研究员。就职于中国农业科学院茶叶研究所、中国茶叶学会，从事茶文化推广与研究工作。

薛晨（1986—），浙江杭州人。中国农业科学院茶叶研究所培训中心助理研究员、中国茶叶学会会员科普部主任，从事茶科普传播和茶文化推广工作。

一、探讨茶艺之美的意义

　　中华五千年文化孕育的中国茶艺，有别于国外茶艺之美，日本茶道、韩国茶礼与英国下午茶均起源于中国，但在本土文化的影响下，日本茶道与禅宗紧密相合，韩国茶礼侧重儒家思想，英国下午茶已融入欧式文化。然而，中国茶艺以儒释道母体文化为底蕴，无论形式、内涵更丰富更深入。阮浩耕等（2019）研究了中国茶文化精神内核，认为"清""和"是中国茶文化的"命脉"（未发表资料）。在"清""和"的中国茶文化精神内核视野下，探讨茶艺之美，对于茶艺的创作指导、引导中国茶艺的发展方向，确立中国茶艺在艺术领域的地位具有重要的意义。

二、茶艺之美的探索

　　茶艺之美的探索，起步较晚。范增平（2002）在《广西民族学院学报》发表的《茶艺美学论》是目前数据库中关于茶艺美学研究最早的一篇论文，其对茶艺美学基础、形式和特质进行了探索，指出茶艺美学是科学的哲学，是动静结合、不断发展的美学。余悦（2006）《中国茶艺的美学品格》中研究认为，中国茶艺美学特征是以文人主体意识为基石而创造的，是儒释道三者融合的产物，需要丰富认识以深入社会，抱朴养真以深入自然，从虚静中感知和悟解审美主体。陈文华（2009）在《农业考古》发表《中国茶艺美学特征》认为，茶艺是人们在茶事活动中的一种审美现象，中国茶艺的美学有三个重要特征，即清静之美、中和之美、儒雅之美。朱海燕（2009）和王秀萍（2011）分别对唐宋茶美学思想和明清茶美学思想进行了梳理，为后人研究茶艺美学奠定了一定的基础材料。茶艺美学是茶美学的组成部分，之前，学者对茶艺美学的研究还较为零星和分散。

三、茶艺之美的提出

明末清初徐上瀛论琴学专著《溪山琴况》："况者，况味也，也就是二十四种境界。分别是：和、静、清、远、古、淡、恬、逸、雅、丽、亮、采、洁、润、圆、坚、宏、细、溜、健、轻、重、迟、速（王鹏，2010）。"

元代虞集的《二十四诗品》是诗的二十四种意境，分别为：雄浑、冲淡、纤秾、沉著、高古、典雅、洗炼、劲健、绮丽、自然、含蓄、豪放、精神、缜密、疏野、旷达、清奇、委曲、实境、悲慨、形容、超诣、飘逸、流动（朱良志，2017）。

清人黄钺是一位画家，又是收藏家，他的论画专著《二十四画品》分别为：气韵、神妙、高古、苍润、沉雄、冲和、淡远、朴拙、超脱、奇僻、纵横、淋漓、荒寒、清旷、性灵、圆浑、幽邃、明净、健拔、简洁、精谨、俊爽、空灵、韶秀（朱良志，2017）。

从元至清的三部美学专著，对琴、诗和画的美学思想作了出神入化的概括。茶艺与诗、琴、画，都是在儒、释、道母体文化孕育下的传统文化的重要组成部分，同样受儒、释、道审美思想的影响，它们有共同的审美特点，也有各自的特色与不同。茶艺之美贯彻了儒、释、道三家的美学思想，既有儒家的平和中庸、文质彬彬的充实之美，又有道家返璞归真、天人合一的超凡脱俗之美，更有佛家的圆融、静寂之美。

周智修编著《习茶精要详解》（上、下册），中国农业出版社 2018 年出版

四、茶艺"七美"

周智修（2018）在《习茶精要详解》（上册：习茶基础教程）一书中，首次提出茶艺"七美"，分别为：真、静、雅、和、壮、逸、古七美。这"七美"是茶艺美学思想的提炼，来源于 20 多年的茶艺实践与总结，回过来又指导茶艺意境美的创造。当然，茶艺之美不仅仅限于七美，有待继续研究与完善。

——真：则自然。真美即为自然美。

蔡襄《茶录》云："茶有真香，而入贡者微以龙脑和膏，欲助其香。建安

民间试茶，皆不入香，恐夺其真也。"蔡襄强调真茶、真香、真味。

用真水泡真茶，还要用真心、真我、真情。庄子称之为"真人"，"真人"是达到"道"的境界的人，儒家称之为"圣人"，释家称之为"佛"。行茶动作自然得法，如"风行水上，自然成纹"的关键是用一颗本真的心，泡一杯本味的茶，以人心为本，泡心灵之茶，返璞归真。摒弃功名利禄的念头，排除得到别人赞赏的愿望，设法超越自己的身体，这就是庄子所说的"心斋"。心先斋戒，由虚到静，由静到明，心若澄明，宇宙万物皆在心中，真我呈现，真相呈现，真美也就呈现。

——和：和美，指内在和谐引导外在和谐产生的美感。

儒释道三家各自独立，自成一体，又相辅相成。在主旨于"和"这一点上，三家却高度一致，也体现了儒释道三家的圆通融合。

中国历代以"和"为美的思想，在诗歌、绘画等各种艺术作品中得到充分的展现和阐释。"和"作为审美对象的价值，它的实现需要审美主体的交融。从主体的审美感受来说，内心的和谐引导了外界的和谐，由此产生的美感，形成主客体交融的和谐境界。

茶艺之"和"美，从审美对象来说，表现为：境"和"、席"和"、音"和"（水开的声音、冲水的声音、器具碰到席面的声音等）、香气"和"、茶汤"和"等。习茶主体在习茶的体验中，达到身"和"（动作的协调、自然）、心"和"、身心"和"。习茶者与品茗者"和"，以及天地人之"和"。茶艺"和"之美是一场从眼、耳、鼻、舌、身到心、意和的韵律之美。

——雅：雅美，即优雅、高雅之美。

中国古典美学历来推崇"雅"美，并以"雅"为人格修养和艺术创作的最高境界。这里的"雅美"，是指习茶者应具有高雅的审美情趣、精湛的泡茶技法、高尚的品德和学识修养等。

"雅"是相对于"俗"的审美观念。中国传统文化受"礼乐教化"影响，形成了"尊雅贬俗"的审美观念，而茶历来被认为雅俗共赏，琴棋书画诗酒茶之茶，称之为"雅"，柴米油盐酱醋茶之茶，称之为"俗"，"雅茶"与"俗茶"没有高低贵贱之分，但茶事中切忌以低俗、媚俗取悦于人，使优雅茶韵尽失。

——静：静美，是指平和、宁静之美。

《庄子》说："水静犹明，而况精神！圣人之心静乎！天地之鉴也；万物之镜也。""静能生慧"。静，使习茶者不受外在滋扰而坚守初生本色、秉持初心。

一要调整气息，使气息平和，精神沉静。二要做到"三轻"：轻声细语，步法轻盈，举重若轻。修炼有素的习茶者，在嘈杂之地如入无人之境，其"静"的强大气场引导品茗者进入"静美"的境界，让整个品饮空间都安静了。

——壮：壮美，即阳刚之美。

《易经》"天行健，君子当自强"，"刚健、笃实、辉光"等，代表中华民族一种很健全的美学思想。壮美具有宏大、豪迈、奔放、雄浑等审美意蕴，情感力度强盛，与"柔美"相对应。壮美属于和谐的审美形态，不含恐惧、压抑的痛感，而主要是激昂、奋发、乐观的快感。壮美虽然雄阔、力量强盛，但并非暴力。宇宙之壮阔、人格之伟大，给人以景仰、高昂等积极的审美体验。

茶艺往往被误解为偏"柔性"。女性习茶者应外柔内刚，形体、动作的柔，与内心的刚相辅相成，柔中带刚。男性习茶者更应体现阳刚之美，力随意行，刚而不僵，刚而不硬，刚中带柔。

——逸：逸美，为超凡脱俗之美，是生命超越之美。

《庄子》说，"物物而不物于物"。在"物物"中，"我"与"物"相融为一体，没有分别，没有主奴关系，"我"自然优游。逸美是"游鱼之乐"。游鱼之乐中，会通物我，齐同万物、独于天地精神相往来。游鱼之乐中，"大制不割"，一花一世界，一草一天国，人与世界浑然一体，其根本点是不分割。游鱼之乐是忘情融物之"乐"，游鱼之"游"是心灵体验之游。"我"与"鱼"同游，"鱼"很快乐，"我"也很快乐！茶艺之逸，有超越世俗、放逸清高之意。超然绝俗的情趣，一杯清茶，两袖清风，不争名利，飘逸洒脱，才能创造"逸"的意境。

——古：古美，为远古、飘渺、神秘之美。

古美即高古、古典、古雅、古拙、古朴等，"古"在中国传统艺术审美中倍受推崇。

古是个时间概念，本来是指很久以前存在的事物，表示久远、古老。这里所说的"古"不是"古代"的"古"，崇尚"古"，更不是为了"复古"。这里的"古"有以古律今，或无古无今之意，通过此在和古往的转换而超越时间，超越事物发展的阶段，使得亘古的永恒在此鲜活中呈现。营造远古、飘渺、神秘的意境，使品茗者能超越当下，超越时空，感受远古、质朴、典雅的气息，在虚幻与现实之间回味无穷，意味深长。

参考文献

陈文华，2008. 中国茶道与美学. 农业考古（5）：172 - 182.

陈文华，2009. 中国茶艺的美学特征. 农业考古（5）：78 - 85.

范增平，2002. 茶艺美学论. 广西民族学院学报（哲学社会科学版），（2）：58 - 61.

郭象，注，成玄英，疏，2011. 庄子注疏. 曹础基，黄兰发，点校. 北京：中华书局.

王鹏，2010. 习琴精要. 北京：人民音乐出版社.

王秀萍，等，2011. 明清茶学思想的审美内涵——以茶诗为例. 湖南农业大学学报（社会科学版），（3）：73 - 78.

余悦，2006. 中国茶艺的美学品格. 农业考古（02）：87 - 99.

周智修，2018. 习茶精要详解：上册. 北京：中国农业出版社.

朱海燕，2009. 中国茶美学研究——唐宋茶美学思想与当代茶美学建设. 北京：光明日报出版社.

朱良志，2006. 中国美学十五讲. 北京：北京大学出版社.

朱良志，2017. 二十四诗品讲记. 北京：中华书局.

宗白华，2015. 美学散步. 上海：上海人民出版社.

辑三

人情、艺术、生活之美

宁波古今茶事人情之美

竺济法

摘要： 本文以 12 位与宁波茶事相关的古今人物，论述其中的人情之美。
关键词： 虞洪；蔡襄；荣西；虚堂；周恩来；王家扬；丹下明月；姚国坤；茶文化

宁波茶文化历史悠久，人文荟萃，从史籍最早记载的晋代到当代茶事，凡 1 900 多年，留下了诸多体现人情之美的优美茶事，本文选择其中 7 件作一简述。

一、虞洪知遇丹丘子

"茶圣"陆羽在《茶经》"四之器""七之事"和《顾渚山记》中，三处引录晋代《神异记》虞洪遇丹丘子获大茗故事。其中"七之事"为全文引录：

> 《神异记》：余姚人虞洪，入山采茗，遇一道士，牵三青牛，引洪至瀑布山，曰：'予，丹丘子也。闻子善具饮，常思见惠。山中有大茗，可以相给，祈子他日有瓯牺之余，乞相遗也。'因立奠祀。后常令家人入山，获大茗焉。"

这一记载文字不多，从中能读出丹丘子指点大茗成人之美，虞洪感谢知遇之恩建庙祭祀的人情之美。

竺济法（1955—），浙江宁海人。宁波市文史馆员，茶文化、家谱学者，宁波东亚茶文化研究中心研究员，《农业考古·中国茶文化专号》顾问，中国国际茶文化研究会学术委员会委员，《中华茶通典·茶人典·明清卷》《宁波茶通典·茶人典》主编，已著作、主编茶文化著作十余种。

故事地点发生在瀑布仙茗产地四明山瀑布泉岭。文中道家自称丹丘子，听说虞洪善于茶事，他因此谦逊地请求，希望虞洪能将多余之茶饮给他一些品尝，而他知道山上有大叶茶树，可以指点给他。虞洪根据他的指点，果然找到了大茗。他感恩丹丘子知遇之恩，于是立庙祭祀，常送茶水到庙里，让云游之丹丘子到此有歇脚之地，并经常能品饮茶水。

这是一个古老美丽之人情故事，可惜丹丘子庙早已湮灭在历史长河之中。

二、蔡襄礼贤茶山僧

宋代著名的地方志——台州《嘉定赤城志·卷第二十九·寺观门三》，记有当时宁海（宁海古属台州）茶山僧人宗辩，携茶进京请蔡襄品赏并为寺院题额之事：

> 宁海禅院一十有二……宝严院，在县北九十二里，旧名茶山，宝元（1038—1040）中建。相传开山初，有一白衣道者，植茶本于山中，故今所产特盛。治平（1064—1067）中，僧宗辩携之入都，献蔡端明襄，蔡谓其品在日铸上。为乞今额。

寶嚴院在縣北九十二里舊名茶山寶元中建相傳
開山初有一白衣道者植茶本於山中故今所
產特盛治平中僧宗辯攜之入都獻蔡端明襄
蔡謂其品在日鑄上爲乞今額
清居院在縣東一十里治平三年建仍賜額山絕頂
如齒岩舊傳僧曇猷乘樣自海至岩卓庵焉
廣濟院在縣西南五十里舊名普濟晉僧曇猷建國
朝大中祥符中改今額
演法院在縣西南六十里唐景福中僧行恭建國朝
大中祥符元年賜額
嘉定赤城志 卷之二十九 臨海宋氏重梓
慈源院在縣東南一百五十里舊名龍泉晉天福七
年建國朝治平三年改今額
法安院在縣東一百五十里一名古洞淳熙三年僧
惠本重建
廣福院在縣東二百五十里舊名資國太平興國七
年建治平三年改今額
大覺院在縣西南五十里開寶中建
妙勝院在縣東海中二百里開寶中建
教院一十有四
永樂院在縣西南五十里舊名海雲梁天監中居人

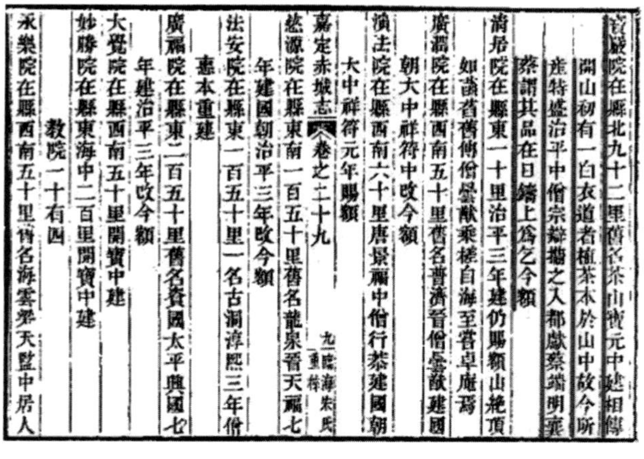

《赤城志》书影

该记载为名茶之乡浙江宁海最早之茶事记载，其主要意义有二：

一是完美诠释了源远流长的中国茶文化与儒、释、道三教密不可分的关系，道家在茶山种茶，释家送茶进京，名儒品儒点评，真可谓“千载儒释道，万古山水茶”。

二是不经意中体现出蔡襄礼贤下士之美德。关于宗辨，尚未见其他典籍记载，至多算是地方名僧而已，知道蔡襄兼为书法大师和茶道高手。其千里迢迢进京，主要目的是"为乞今额"——为其宝严院题额。宝严院后更名宝严寺，今遗址尚存。难得的是，蔡襄身为端明殿大学士之高官、名臣、名家，不仅为其题写院名，还对其所带茶山茶作出至高评价："品在日铸上。"

日铸茶系宋代越州贡茶，大文豪欧阳修《归田录》曾有"两浙之品，日铸为第一"的赞语。当时名不见经传的茶山茶，能得到蔡襄如此厚爱和好评，是何等荣耀！其荣誉不亚于今日望海茶被评为中国名茶和首届浙江十大名茶。

岁月流逝，尤其是当代茶文化的兴起，关于这一史事，人们的视点主要关注在千年茶事上，笔者曾与几位家乡关注此茶事的文友交流，他们竟忽略了"为乞今额"。如果这一墨宝或匾额流传至今，将是家乡难得文物。而笔者更珍视的是蔡襄的平常心与人情之美。

三、荣西报恩天童寺

日本高僧千光荣西（1141—1215），于宋乾道四年（1168）四月，搭商船到明州，在天童寺（一说阿育王寺）、天台山万年寺学佛，不久回国。

淳熙十四年（1187），荣西第二次从明州入宋，拜天台山万年寺临济宗黄龙派八世法孙虚庵怀敞为师，并随师到天童寺服侍两年多，于绍熙二年（1191）七月回国，在中国4年多，是日本临济宗创始人。学佛、传佛同时，带去了中国的饮茶文化和茶籽、茶叶，包括天童寺茶籽，到日本建仁寺等寺院播种，著有《吃茶养生记》，被尊为日本茶祖。

非常难得的是，《吃茶养生记》有三条与宁波相关，其中两条提到唐代著名大医家陈藏器的《本草拾遗》。其中"卷之上"记载："《本草拾遗》曰：皋卢苦平，作饮生渴，除疫，不眠，利水道，明目。生南海诸山中，南人极重之。"此语非《本草拾遗》原文，只是大意而已。"卷之下"另一条写道："《本草拾遗》云：止渴除疫云云。"紧接其后，荣西赞叹道："贵哉茶乎，上通诸天境界，下资人伦。诸药各治一病，唯茶能治万病而已！"由于古本不分段，当代很多中译本对此语没有另起行，容易误认为此为"茶为万病之药"之出处，出自陈藏器的《本草拾遗》，其实为荣西赞语。

贵州人民出版社2003年版《吃茶养生记——日本古茶书三种》封面

该书第三条与宁波相关的是，荣西在"卷之下·服五香煎法"中记载："荣西昔在唐时，从天台山到明州，时六月十日也，天极热，人皆气绝。于是店主丁子一升，水一升半左右，久煎二合许，与荣西，令服之而言：法师远涉而来，汗多流，恐发病欤，仍令服之也云。其后身凉清洁，心地弥快也。"其大意为，荣西从天台山到宁波时，正值六月盛夏，在旅店住宿时，因中暑几乎气绝，幸亏服用店主所煎丁子（笔者注：大概为丁香，又名丁子香）茶解舒，才身心舒畅。

绍熙四年（1193）九月，虚庵怀敞兴建天童寺千佛阁，已回日本的荣西，以感恩之心，运来大批巨木助建。这在海上交通不便之古代，实非易事。惜该阁毁于大火，今仅存遗址。

四、虚堂师徒异国情深

宋代杭州径山兴圣万寿寺（简称径山寺）盛行茶宴，中、日茶界誉为"日本茶道之源"。中国茶文化、径山寺茶宴传入日本，日本高僧南浦绍明与其师宁波象山籍高僧虚堂智愚功不可没，师徒两人对日本茶道影响深远。

智愚（1185—1269），号虚堂，俗姓陈，四明（今宁波）象山人。16岁依近邑之普明寺僧师蕴出家。有《虚堂智愚禅师语录》十卷，收入《续藏经》，集录虚堂智愚的法语，其中诗、赞、偈颂500多首，为宁波本土第一高僧。

南浦绍明（1235—1308），日本静冈人。幼时出家，南宋开庆元年（1259）入宋求学，拜净慈寺虚堂智愚为师。咸淳元年（1265），虚堂转持径山兴圣万寿寺，绍明随师至径山继续学佛，先后随师学佛9年，同时学习种茶、制茶及径山茶宴礼仪等，茶事经验极为丰富。咸淳三年（1267），南浦绍明33岁时回日本，致力弘扬径山宗风，开创日本禅宗二十四流中的大应派，著有《大应国师语录》三卷。

虚堂与绍明相差50岁，师徒情深，为难得之异国忘年交。咸淳元年（1264），绍明回国之前，恰逢虚堂80周岁，绍明请画师绘制了虚堂寿像，并请尊师题赞，虚堂为之赞云："绍既明白，语不失宗。手头簸弄，金圈栗蓬。大唐国里无人会，又却乘流过海东。绍明知客相从滋久，忽起还乡之兴，绘老僧陋质请赞。时咸淳改元夏六月，奉敕住持大宋净慈虚堂叟智愚书。"

咸淳三年丁卯秋，南浦绍明辞别虚堂回归日本时，虚堂又作《赠南浦绍明》一偈：

门庭敲磕细揣摩，路头尽处再经过。

明明说与虚堂叟，东海儿孙日转多。

绍明回国时，不仅带去了径山寺的茶种和种茶、制茶技术，同时传去了以茶供佛、待客，以及茶会和茶宴等饮茶习俗和仪式，虚堂还送他茶台子、茶道具以及很多茶书。据日本《类聚名物考》记载："茶道之初，在正元（1259—1260）中，筑前崇福寺开山，南浦绍明由宋传入。"日本《本朝高僧传》记载："南浦绍明由宋归国，把茶台子、茶道具一式带到崇福寺。"另据日本《虚堂智愚禅师考》记载，南浦绍明从径山把中国的茶台子、茶典七部传来日本。茶典中有《茶堂清规》三卷。

虚堂墨迹国内尚未发现，幸有 18 种东传日本，其中有 13 种被定为日本国宝或重要文化遗产。这些墨迹常在历代日本茶会上展示。

五、周恩来记挂《采茶舞曲》

宁波镇海（今北仑）籍著名音乐、戏剧家周大风（1923—2015）创作的《采茶舞曲》，被联合国教科文组织评为亚太地区优秀民族歌舞，并被推荐为"亚太地区风格的优秀音乐教材"。这是中国历代茶歌茶舞得到的最高荣誉，蜚声中外。

《采茶舞曲》具有浓郁的江南风格，曲调清新，节奏轻盈，犹如一幅秀丽的画卷，勾勒出江南茶乡的明媚春色，令人心旷神怡，心驰神往。

早在 1990 年，笔者先后多次与周大风通信、通电话，采访《采茶舞曲》创作事宜，写成《周大风〈采茶舞曲〉饮誉国际》，于 1990 年 10 月 24 日，在香港《大公报》旗下《新晚报·人物志》（该报已停刊）个人专栏《名人与茶》刊出，为最早相对全面介绍其人其歌的长文。北京《团结报》、杭州《经济生活报》等多家报刊曾转载该文，后收入传记小品《名人茶事》，1992 年、1994 年分别由上海文化出版社、台湾林郁文化出版公司出版；2005 年，在《中华合作时报·茶周刊》发表《周大风与〈采茶舞曲〉》。周大风晚年常回家乡居住，并受邀来笔者单位宁波茶文化促进会创作《宁波茶歌》，以及出席相关茶文化活动。笔者多次对其进行采访，了解到很多鲜为人知的故事。

《采茶舞曲》具有诸多亮点，其中最难得的是，其诞生与完善，与周恩来总理不无关系。

1955 年初，省里一位领导对周大风说，周总理曾说杭州山好、水好、茶好、风景好，就是缺少一支脍炙人口的歌曲来赞美。当时女作家陈学昭写了一首很长的散文诗，但周大风觉得不适宜作曲。他一直想着要写一支赞美浙江的歌曲。

1990 年 10 月 24 日，香港《新晚报》刊出
《周大风〈采茶舞曲〉饮誉国际》

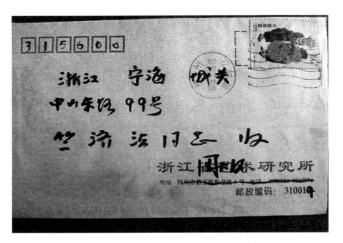

2004 年 10 月 2 日，周大风致笔者之信封

　　一晃到了 1958 年春天，时任浙江越剧二团艺术室主任的周大风，随团

到泰顺山区巡回演出。他与村民们一同采茶、插秧，繁忙的生活激发了创作灵感。5月11日晚，他把越剧与滩簧相结合，吸收浙东民间器乐曲音调，并采用有江南丝竹风格的多声部伴奏，一个通宵写出了《采茶舞曲》词、曲和配器，第二天就交给当地东溪小学排演。小学生们一学就会，随着欢快的节奏，很自然地手舞足蹈，模拟采茶动作，边唱边舞到校门外的茶山上采起了新茶。

　　同年9月11日，由周大风创作的一出反映粮茶生产相辅相成的新戏、以《采茶舞曲》为主题曲的九场越剧《雨前曲》，进京演出，周总理亲临长安剧场看戏，并与演员们谈了一个多小时。他说："《雨前曲》主题很好，有哲理性。《采茶舞曲》出现多次是好的，曲调有时代气氛，江南风味也浓，清新活泼。"他还叮嘱周大风："其中两句歌词要改（原词'插秧插到大天亮，采茶采到月儿上'），插秧不能插到大天亮，这样人家第二天怎么干活啊？采茶也不能采到月儿上，露水茶是不香的。你缺少生活，建议到梅家坞去生活一段时间，把两句词改好，我是要来检查的……"

　　周大风当时以为总理是开玩笑的，想不到几年后的一天，他在西湖梅家坞体验生活时，突然一辆轿车停在他身边，走下来的是周总理，他笑着说："周大风，你果然来体验生活了，词改好没有？"

　　周大风又惊又喜。当他内疚地表示还没有改出来时，周总理亲切地说："你要写心情，不要写现象。"并吩咐身边秘书说："戚秘书，你记下来：'插秧插得喜洋洋，采茶采得心花放'。这样改，你看如何？不过只给你参考，你还可再改，改好了重新录音。今天我有外事任务，再见！"

　　写心情而不写现象，周总理所改两句歌词恰到好处，说明他很懂文艺创作规律。总理日理万机，尚能如此关心一位文艺工作者和一支歌曲，这使周大风感动不已，终生难忘。《采茶舞曲》关于插秧那两句，从此就用了周总理修改的新词，因此增光添彩，并留下人情美之典故，随着歌曲流传于世。

六、王家扬联谊丹下明月引来百万
捐资助建中国茶叶博物馆

　　2020年1月19日仙逝的浙江省政协原主席、中国国际茶文化研究会创始会长兼名誉会长、浙江树人大学创始校长兼名誉校长王家扬（1918—2020），享年102岁，是当代继张天福之后的又一高寿茶人。王老生于宁波市宁海县山区农家，早年投身革命，1938年参加新四军，中华人民共和国成立后，曾任全国总工会书记处书记、中共北京市海淀区委书记、浙江省委宣传部部长、浙江省副省长、浙江省政协主席、全国政协委员等职，1994年离休。

　　王老是当代茶文化复兴主导者，1990年10月，王老在杭州召开首届中国国际茶文化研讨会，并于1993年成立中国国际茶文化研究会，2000年9月第六届国际茶文化研讨会上卸任，由刘枫接任。

　　王老慈祥谦恭，温和热情，德高望重但礼贤下士，身居高位却平易近人，待人处世深得人们称道，不愧为茶人典范。他先后兼任过杭州大学校长，民办树人大学董事长兼校长，浙江大学总校友会顾问，浙江对外友协会长，浙江省国际文化交流协会理事长，《文化交流》杂志社社长，中国茶叶博物馆名誉馆长等职。凡与王老交往过的海内外茶人及各界人士有口皆碑，无不感受到他的人格魅力。

　　王老倡导"天下茶人一家"，团结海内外茶人，围绕茶文化这一大目标，最大限度地发挥大家的积极性与创造性。"爱人者，人恒爱之；敬人者，人恒敬之。"他还被聘任为韩国国际茶道联合会顾问、美国茶科学文化协会、香港茶艺协会名誉会长等职。

　　值得一提的是日本丹月流茶道女宗家丹下明月，尊其为兄长，并在其影响和感召下，成为中日茶文化的友好使者。丹下明月（1930—2017）在1990年杭州首届国际茶文化研讨会表演茶道之后，与中国结下了不解之缘，1991年开始到浙江树人大学讲授中国茶艺，次年担任客座教授，每年免费到该校讲授茶道，并多次为该校捐款、捐赠茶具、和服、书画等。尤其令人感动的是，2010年，她卖掉家中房产，为杭州中国茶叶博物馆二期建设捐款2 130万日元，折合人民币130多万元。

2006年10月25日，笔者在杭州浙江树人大学树人之家采访丹下明月、立山尚明夫妇时合影

　　丹下明月曾精心演绎茶道——《美丽的中国》，倾注了她对中国的深情。

七、姚国坤著作、藏书捐献母校、天一阁

宁波余姚籍著名茶文化专家、中国农业科学院茶叶研究所研究员、中国国际茶文化研究会学术委员会副主任、浙江农林大学人文学院特聘副院长姚国坤，著作等身，已出版茶文化专著、合著、主编79种（部）。近年，他分别将79种个人著作，包括手稿、书画藏品等，捐献给宁波天一阁博物馆。

2019年11月6日，宁波天一阁博物馆典藏研究部主任饶国庆等人到姚老家受捐

姚老还决定，将包括个人著作在内的近3 000册藏书，捐献给母校浙江大学图书馆。该馆表示，将在适当时候，举行隆重捐赠仪式。

此前，姚老还分别将部分个人著作捐献给了宁波图书馆和浙江农林大学图书馆。其向上述四单位，共捐个人著作和藏书3 000余册。

姚老生于1937年，他表示，自己年事已高，将著作和藏书捐献给图书馆，能够让更多读者阅读参考，不亦乐乎！

图书馆、博物馆是书籍圣地，姚老捐书之美事善举，流芳百世。

八、结语：美好茶事需要守护、传承与弘扬

综上，古今宁波7件茶事所体现的人情之美，值得守护、弘扬与传承。如宁海茶山宝严寺、天童寺千佛阁、虚堂智愚出家寺院象山普明寺、余姚四明山丹丘子庙大致在瀑布岭附近，或因兵火，或因时代变革，均已毁灭无存，所幸遗址尚在，均可重建，使这些文献记载的美好茶事成为有形纪念载体；当代周恩来记挂《采茶舞曲》，王家扬联谊丹下明月引来百万捐资助建中国茶叶博物馆、姚国坤著作、藏书捐献母校、天一阁等，这些古今美好茶事，都值得守护、传承与弘扬，让更多海内外人士所认知，让茶文化更好地服务于人类。

参考文献

陈耆卿，2004. 嘉定赤城志 . 徐三见，点校 . 北京：中国文史出版社 .

胡建明，2011. 宋代高僧墨迹研究 . 杭州：西泠印社 .

金银勇，2018. 平水日注茶 . 北京：中国农业科学技术出版社 .

荣西，等，2003. 吃茶养生记——日本古茶书三种 . 王建，注译 . 贵阳：贵州人民出版社 .

滕军，2004. 中日茶文化交流史 . 北京：人民出版社 .

吴觉农，2005. 茶经述评 . 北京：中国农业出版社 .

论越窑青瓷茶具古朴大气之美

施珍

摘要： 歌颂越窑青瓷及其茶具的诗文美不胜收，但未涉及其美的本质。本文提出越窑青瓷茶具古朴大气的内涵，并剖析了中华民族崇尚青色的不凡来历，展望了青瓷茶具的未来美景。

关键词： 越窑青瓷；茶具文化

人们认识美好生活的内涵，在于物质和精神的高度融合，茶与茶具相依相伴在人们生活中，蕴藏着文化修养和思想情趣。现就青瓷茶具在生活中的古朴大气之美作一浅议。

一、古朴大气是青瓷茶具的本质之美

"器为茶之父"。讲究茶具之器，莫过于越窑青瓷，它与茶的"精行俭德"匹配。青瓷茶具古朴高雅，大气恢宏，从根本上剖析了唐代诗人颂扬青瓷的审美格局。陆龟蒙有名句："九秋风露越窑开，夺得千峰翠色来。"徐夤有诗："功剜明月染春水，轻旋薄冰盛绿云。"施肩吾诗云："越碗初盛蜀茗新，薄烟轻处搅来匀。"诗的艺术夸张，形容的生动，反映了唐代"南青北白"的用瓷风气。茶圣陆羽根据当时茶具的流行时势，在《茶经·四之器》中，质朴地说成同玉和冰一样，所说的"类冰""类玉"，比流行在北方的邢窑白瓷更为高

施珍（1972—），女，浙江余姚人。浙江慈溪市上越陶艺研究所所长，高级工艺美术师、浙江省工艺美术大师，兼任宁波市民间文艺家协会主席。毕业于景德镇陶瓷学院陶瓷设计专业，曾到韩国首尔产业大学陶艺科留学。

雅,《茶经》评价青瓷茶具为全国之冠:"碗,越州上……瓯,越州上……"越窑青瓷自东汉至唐宋风流千年,又从宋后绝迹千年,连清代乾隆皇帝也感叹"李唐越器人间无"。人们追捧越窑青瓷,却又莫衷一是,争论不休:有说是皇宫专用的,有说是密教使用的,也有说专指釉色的,更有说称青颜色的,但总是不能给人从本质上加深对青瓷茶具的形象。青瓷茶具的古朴大气之美与生活之美相映衬,唯有从代表性的地域和代表性的产品来弥补其不足。

上林湖越窑青瓷遗址及其考古佐证的秘色瓷是广阔的越窑地域中最有代表性的产地。越王勾践由浙东发迹,到山东琅琊建都称霸200余年,地域广阔。越窑之名因越国、越州及吴越国地名而来,而上林湖越窑从广阔的地域中独树标识,其产生之早不仅有东汉青瓷遗址,而且有唐至五代的贡窑文字记载。2017年,上林湖后司岙遗址发掘出的秘色瓷,经与法门寺地宫出土的秘色瓷比照,秘色瓷的原产地在上林湖为大家所认可。2019年11月第五届越窑青瓷茶文化节期间,法门寺地宫的五件秘色瓷,由当地扶风县领导和法门寺博物馆专家相陪,回到秘色瓷娘家,在慈溪市博物馆展出,更为笔者坚定了青瓷茶具之美的信心。在茶和茶文化领域,青瓷茶具在本质上的古朴大气,更显得古风、淳朴,高雅、清新而幽深。

施珍作品:《纹草功夫茶具组》 法门寺地宫出土的秘色瓷

二、青瓷茶具的古朴大气由来非凡

加深认识青瓷茶具的古朴大气之美,从历史、风俗、文化、艺术上可做进一步研究。

(一) 中华民族历来崇尚青色

在古代,青、赤、黄、白、黑被称作为"五方正色",春秋时代《考工记·画缋》记载,五色作为色彩文化的概念曾有记叙:"画缋之事,杂五色。东方谓之青,南方谓之赤,西方谓之白,北方谓之黑;又记地谓之黄,天谓玄。"引领了后人分析五色的历史依据。古代有一种重要的礼器,称为"圭"也是青色的,青色是东方的代表和象征,也是东方祭祀的礼品,后来演化成朝廷大臣相会时所执的朝板（笏）。

人们熟知中国古代的"四大神兽"即"青龙""白虎""朱雀""玄武"，乃是威震四方的神祇：青龙为东方之神，白虎为西方之神，朱雀为南方之神，玄武为北方之神。古人崇尚龙的文化、崇拜东方之神以"青龙"为尊。所以青色为五色之首也是情理之中。

人类尚青长盛不衰，科学技术揭示了其中奥妙：人类出现后首先见到的是葱郁的树林、碧绿的江河，眼睛适应的是环境的青绿色调，这种适应性逐渐通过基因遗传的方式固定下来。科学研究表明，人类在明亮处对波长为555纳米的绿色光最敏感，在黑暗处对波长为507纳米的青色光最敏感。而历代青瓷的分光反射率峰值恰好在450～600纳米的波长范围之内。由此可知，人类对青瓷的尚好，实际反映了对视觉器官的生理需求，也体现了人类对魅力大自然的依赖。

从生理需求看，陆羽评价青瓷茶具用来品茶，"青则益茶"。笔者们用青瓷茶具冲泡出的茶汤，如同高档绿茶第二次冲泡的颜色，青中带嫩黄，茶汤与茶具融为一体，用当今的话来说，是生态型的。色彩在人们的长期生活中也寓意一种感情。如红的象征温馨，紫色、灰色表示清雅，青色、绿色展示生机等。

（二）青瓷茶具的历史悠久

以上林湖越窑遗址为标识，越窑青瓷的母亲瓷地位无可动摇，瓷器成为中国古代四大发明之外的第五大发明，历史上其色泽也主要为青色。

人类文明的发展由旧石器时代到新石器时代的过程。每个时代都有标志着人类适应、改造自然的飞跃进步。距今200万～300万年的旧石器时代，先民以采集和渔猎经济为主，到新石器时代已进入原始农耕文明。据专家考证，浙江余姚河姆渡出土的黑陶器，已有7 000年左右的历史。

瓷源于陶，但陶没有直接发展成瓷，而经历一个原始瓷时期，这一时期处在青铜器同时，原始瓷在南方以低级阶段的硬陶与陶器并存了很长时期。在商代，原始瓷对青铜器的仿制，有其特殊寓意。就以"鼎"来说，象征着国家、王权的机器，越地就出现原始青瓷鼎。原始瓷的烧制中心区域也随之移动至浙东，到了东汉后期，越窑青瓷由陶到原始瓷脱颖而出，进入越窑青瓷的初期阶段，越窑青瓷到唐代处于鼎盛时期。多数名窑都由越窑青瓷为母亲瓷演绎而来。

纵观青瓷茶具的历史轨迹，那是"远古文明中飞溅而出的音谱，流淌在历史的轨迹间，回荡出激昂繁盛的旋律。她以湿润如玉的品格，委婉含蓄的风流，凝聚内敛的厚重，给予中华文明最好的诠释"。

（三）造型丰富纹饰美

越窑青瓷器型在茶具上有碗、瓯及其他与制茶品茗相关器具，广布于生活、艺术及宗教的法器上。青瓷佳品中有执壶、罍、盘、缸、洗、钵、碗、杯，还有灯盏、炉、熏炉等器皿。从中可探索到古人追求生活上的美的享受，讲究各种器具的美观和吉祥寓意。就以法门寺地宫出土的八棱净水瓶来看，体现了宗教艺术上的审美意趣。1978 年上林湖窑址出土秘色瓷八棱净水瓶，现藏于余姚博物馆，与法门寺地宫出土的八棱柱形状相同，八棱细长颈，细腻，质坚，釉色青翠，釉层薄而均匀，釉面光亮晶莹，也与故宫博物院收藏的一件造型基本相同。

再说其工艺装饰美。上林湖越窑青瓷，远看一片青色，纵然青色在不同器具上略有差异，却总是青色素面，显得典雅内敛，近看则有精细花纹，门类众多，有植物纹、动物纹、人物纹、几何形纹等，纹饰的技法有刻花、划花、印花、堆塑、镂雕等，通过这些主要技法以阳刻或阴刻出现在青瓷素面上，纹饰层次分明，不是立体却给人以立体的感觉，寓意深刻，耐人回味，给人以艺术美的感受。慈溪市博物馆出版《上林湖越窑》一书，多达上千种纹饰，为其他地区瓷窑所不及。梅、兰、竹、菊的纹饰都有，又以荷花纹、荷叶纹为最。

宁波市博物馆的镇馆之宝，现在通称为唐代秘色瓷莲花托盏，由茶瓯和茶托两件组成。薄薄边缘四等分向上翻卷，极具被风吹卷的动感。茶托中心内凹，刚好隐隐地承接茶瓯，看上去似一件不可分割的整体，构成了一幅轻风吹拂的荷叶载着一朵怒放的荷花，并在水中摇曳的画景。整个茶瓯青翠晶莹如玉，造型设计巧妙，制作精巧绝伦。

法门寺地宫出土的秘色瓷八棱净水瓶　　　唐代秘色瓷莲花托盏

（四）釉色天然材质美

秘色瓷是探讨青瓷材质的代表，也是其美学特征之所在。唐王室墓出土的青瓷，证实青绿釉或青黄釉都为秘色瓷，釉色透明又具幽美感，色彩微浅，或碧玉般晶莹，或嫩荷般透绿，或山峦般透翠，质地和釉色互为依存，作为制瓷业主要原料为黏土类瓷石，这种矿产的形成是由浙东特殊的地质环境所决定的。而得天独厚的上林湖，当年蕴藏着丰富的黏土类瓷石资源，采用的瓷土经过精细淘洗，不含任何杂质，成为瓯乐的基因。如同唐代诗人顾况赞美的"越泥似玉之瓯"。而使人直接审视到秘色瓷精美的釉色施在优异材质青瓷坯胎上时，经窑工精致操作，烧制时又使用匣钵载体，呈现釉色均匀，具有幽美感。施祖青先生在《越窑青瓷造型文化探析》中提到越窑色彩时说："越窑青瓷之釉用的并非是上色釉，而是天然的原始釉色，它凝聚着匠师们对大自然独到的观察和感悟，这融合了山水之色、大自然灵魂之色的青绿，无疑会给人带来某种精神上的愉悦。"

三、对越窑青瓷茶具的开拓与展望

古代赞美越窑青瓷的诗文之多，评价青瓷茶具的身价之高，成为中华优秀传统文化的瑰宝。在习近平社会主义新时代，青瓷茶具遇到了前所未有的挑战，可谓任重道远。

历史上以秘色瓷为代表的越窑青瓷入贡中原，到达塞北，还漂洋过海、销往海外，给国内外的人民生活、文化带来巨大影响，以至成为许多国家的重要文物。展望未来，随着人民日益增长的美好生活需要，在推进"一带一路"上，实施文明复兴，包容互惠，笔者们要深度开发以青瓷茶具为主的越窑产品，着重建议在以下三方面积极开拓。

（一）坚持文化自信，做好传承文章

以秘色瓷为导向，重铸越窑青瓷辉煌，对于弘扬中华优秀传统文化，有着重大意义。欧洲人说："中国人发明了瓷器，后来欧洲人再发明了它。"所谓"再发明"，这是结合时代、结合生活，进行瓷器的创新探索，而中国从清朝末年开始，因为战争不断，国力衰退，基本上退出世界瓷器市场，世界高端瓷器市场至今依然由欧洲人占据着多数份额。越是民族的，也越属于世界的。以茶和茶具为载体，在构建人类命运共同体中，可发挥独特的作用。"美食必备美器"，这是人民生活的需要，也是时代的需要。

法门寺地宫出土的秘色瓷，对在上林湖从事越窑青瓷的研究者来说，是破解秘色瓷密码最好的比照物。作为唐代宫廷瓷器，实物色如山峦青翠，造型优美柔和，质地细腻致密，在上林湖畔，笔者及几位"非遗"越窑青瓷烧制技艺传承人，应担负起复兴秘色瓷的责任。笔者利用在上林湖畔的优势，从装土配方、釉色的使用到火候的控制，先后经过 70 多道工序，终于试验成功，以1∶1的格局，复苏法门寺出土的 13 件秘色瓷器皿。其中复制的"五葵瓣葵口浅凹底色瓷盘"，碟体内施以绿色釉，清澈透明，玲珑剔透，有玉一样的质地，给人一种含蓄、高雅的美感，看去仿佛盛着一泓清水，具有"无中生水"的神秘魅力。

（二）从传统到创新，走着历史必由之路

宁波人有句老话："学我样，烂肚肠。"意思是说，一味陷入模仿，照模照样，囿于复古圈子，不可能有起色、有前途。只有创新才有前途，事物总在变化中发展。从历史唯物主义观点分析，人们的审美观点在提升，秘色瓷在历史长河中是动态的，并非一成不变。即使法门寺地宫的秘色瓷质地精良，但在岁月流转中，秘色瓷的青中带黄也有所差异，到五代吴越王钱镠时代，进贡14万件青瓷贡品，与法门寺出土的比较，也有明显差异，秘色瓷到宋代更有变化。

"努力实现传统文化的创造性转化、创新性发展，使之与现实文化相融相通"。创新永远是前进的动力。拙作《上林随想》被浙江博物馆永久收藏。这件作品采用越窑青瓷的传统代表器形，加以青花艺术，象征着上林湖越窑遗址的意境，也是笔者置身上林湖畔漫步随想、灵感迸发的结晶。拙作《卷叶牡丹》《缠枝菊花葵口瓶》连获两个国家级博览会特等奖，《云彩斗笠纹瓶》在2014年世界手艺文化节上，获得首届"艾琳"国际精品奖。笔者的一批作品成了社会高端人士收藏及商务活动的理想艺术品。

施珍作品：《上林随想》

创新永无止境。笔者在景德镇陶瓷学院学习时，受到景德镇陶瓷学院创始人之一施于人教授的悉心培养，他研制的锦施蓝作品使笔者深受启发。越窑青瓷的古朴大气之美在未来传承与创新上，将为人们提供更好的作品。

（三）越窑青瓷在为现实服务中拓展生机

越窑青瓷作为中国最古老的瓷器，总是随着不同的时代在曲折中适应社会，服务现实，并利于自身的相应发展。最初烧制出来时偏重于经济实用，到唐代盛世时已精美到风靡上流社会，亦有杯、碗、盏等日常用品大量流行。在崛起的越窑青瓷时代，传统与现代、器物上如何同社会的生活结合显得尤为重要。上林湖周围文创产品得到消费者的欢迎，特别是青瓷茶具系列的众多产品，如纹草功夫茶具组、海水茶具组、石榴茶具组、含羞草茶具组等。笔者所创制的《上林秘色越窑茶盏系列》作品，依照唐朝宫廷御用茶器，按越窑青瓷烧制技艺纯手工制作，胎质细腻、釉色晶莹、工艺精制，为上林湖越窑青瓷传承与创新的一组精品。市场表明，越窑青瓷的文创企业服务于实际生活是得以生存、发展的重要途径。

施珍作品：《上林秘色越窑茶盏系列》

在日常生活中应用瓷器，制作时更容易忽视美学的元素。瓷器和盛着食品两者相互映衬，除了美味之外，更增加了美的享受。让高深的美学渗透到生活中，把这种美带给社会各界人士，也是笔者在重视文创产业中所期待的。2019年春，上越陶艺研究所创制的一套"四知杯"就得到良好的效果。"四知杯"体现宁波文化内涵和城市品格的人文精神，所称"四知"，即在四个不同的杯身用图案形式，选取了宁波历史上著名人物的形象，即："知行合一"——格物致知的王阳明；"知难而进"——英勇报国的张苍水；"知书达礼"——天一阁藏书的范钦；"知恩图报"——汲水奉母的孝子董黯。这套"四知杯"作品运用越窑传统制作工艺，精致玲珑，富有现代艺术感，外观设计新颖、器型简洁、线条干净。每个杯子配有杯盖，既可作茶杯，又可存放茶叶，达到美观与实用结合。2019年7月，世界园艺博览会在北京世园会浙江园举行，会上"浙江·宁波市主题日"活动展示的200多套"四知杯"受观众热捧。

越窑青瓷不仅在为人们生活服务，其文化软实力的价值更表现在青瓷艺术与现实相通。越窑青瓷精品，笔者在艺术上既有传承和借鉴，更有改革和创新，绝不是简单的临摹。2016年G20杭州峰会时，拙作《牡丹玉壶春瓶》在杭州国际机场国家元首休息区展示，成为20个国家元首下飞机后最早感受到的中国元素，从中目睹领略了中国的大国雍容气度。

笔者借用国家文物局领导的一段话作为本文结尾。2017年9月16日，国家文物局闫亚林司长在上越陶艺研究所现场考察后这样说："笔者走了上林湖多处越窑青瓷的考古遗址，这是访古，追溯越窑瓷的源头；现在笔者到了这里，看到了越窑青瓷如今的传承与创新，这是纳新，寻求越窑青瓷的未来发展。这里的许多作品有灵气有魅力，希望这一份越窑青瓷的传承与创新能更好地持续下去。"上林湖周围形成了复兴越窑青瓷的热烈氛围，它将成为宁波的一张金名片，积极走向全国，走向世界。

参考文献

林毅，郑建国，2018. 青瓷中国. 南方文物（2）.

习近平，2017. 习近平谈治国理政：第二卷. 北京：外文出版社.

玉成窑文人紫砂壶造型特色

张生

摘要： 玉成窑文人紫砂核心内涵，是壶器上镌刻的铭文书画，通过秀美的造型与铭文书画殊妙结合，达到天趣横生、道器合一的艺术境界。造型是玉成窑创作的第--步，本文概括其造型的几大特点。

关键词： 宁波；玉成窑；文人紫砂；造型与特色

玉成窑是清代光绪年间创建于浙江宁波专事烧制文人紫砂的窑口，窑址位于现在宁波江北慈城。玉成窑不仅仅是烧制文人紫砂的窑口，也通指由文人墨客、金石书画大家领衔，由制壶名家、陶刻高手共同参与紫砂创作的一个文化艺术群体，是中国紫砂艺术的重要标志。其中核心人物是宁波籍书法家、诗人梅调鼎先生，参与创作的书画篆刻名家有任伯年、胡公寿、徐三庚、陈山农等，紫砂名家有何心舟、王东石等。玉成窑在中国紫砂发展史上占有特殊的地位，是继"曼生壶"后形成的文人紫砂巅峰，并引导和影响了后人的艺术创作形式和生活的闲情逸趣。

中国在明清时期紫砂制器就比较兴盛，造型纷繁巧妙，变化万千，所谓"方非一式，圆不一相"，体态各异，风韵无限。种类大致可分为日用紫砂、工艺紫砂、宫廷专用紫砂以及文人紫砂等。就器型而言，造型有复杂繁缛也有简约素朴，形式有精致细巧也有粗犷硬拙，铭刻有浅显市井也有文气古雅，通俗与典雅并存，各有特长，各有所好。其中，文人紫砂的产生使工艺紫砂得到了

张生（1974—），字子泉，浙江乐清人。资深文人紫砂古器鉴赏收藏家，当代文人紫砂创作者，玉成窑非物质文化遗产传承人，宁波茶文化博物院院长，和记张生创始人。好古嗜学，心性清净，意态随和，于玉成窑砂器研究尤多会心。

极大的升华，成为文人墨客艺术创作的一种新载体。明清以来一些传世的砂器虽然从造型来看简约素朴、气韵秀美，但这并不属于文人紫砂的范畴。文人紫砂必须具备天趣横生、自然真诚、闲适不迁的文化特性，必须和文人墨客产生过一定的关系，散发出温文儒雅的书卷气。中国历代文人是一个对社会有抱负、对文化有思想，对奢靡有品格、有气节的文化群体。他们在艺术创作中，往往会融进自身阔达的心胸，高雅的志趣和超群的见识，会将自身的文学修养、艺术审美和生活情趣，用诗、书、画等形式展现出来，寄情于物，托物言志，所谓无诗无以言志，无书无以寄情，无画无以致雅，文人紫砂即是他们以紫砂为载体而创作的艺术结晶，他们将这些文化元素集于一壶一器，殊妙地与紫砂器的造型进行完美结合，使紫砂器具足文人情怀和生活雅趣，并达到"切器、切意、切茶"和"可用、可赏、可玩"的艺术境界。

铭文：汉铎 以汉之铎，为今之壶。土匜代金，茶当呼茶。郝翁

玉成窑赧翁铭曼陀花馆款汉铎壶（张生藏品）

玉成窑文人紫砂核心内涵是壶器上镌刻的铭文书画，通过秀美的造型与铭文书画达到天趣横生、道器合一，以器载道的高雅艺术表现形式。造型创意是玉成窑文人紫砂创作的第一步，是文人墨客与匠人名手经过反复沟通达到的共识，虽然造型是壶器的外在形象但决定了器物的品位，代表着文人和工匠的审美水准，是决定壶器艺术感染力强弱的最根本元素。参与玉成窑的文人和工匠都具备了高超的艺术审美和娴熟的表现技能，两者取长补短默契合作，创造出众多不朽的传世作品。纵观玉成窑文人紫砂的造型，可谓新意迭出，玲珑秀雅，极具文人气质和相当的艺术高度，创作的壶器品种在紫砂史上独树一帜，创作的经典器型难以逾越。创作紫砂造型历来是最难也最不容易达到艺术高度，而技艺技法是可通过长时间勤学苦练达到熟能生巧境地的，造型创作不仅需要造物者极具智慧的创意思维和艺术天赋，更需要人生阅历、文化积累、审美眼力等综合素质和艺术天赋，因此优秀传世的文人紫砂造型一定是蕴含了文人的综合素质和巧匠的最高水平。

欣赏玉成窑文人紫砂器首选是看造型，紫砂造型具有作者的个性风格，反映了作者的审美追求。作者通常通过艺术创作来表达自己细腻的艺术情感，把自己融入作品之中，这种艺术情感表达的愈真切到位，愈细腻透彻，我们的感受会愈强烈，共鸣也愈深，对他们的艺术追求也愈明了。玉成窑传世作品优美的造型气质，是紫砂艺术史上的巅峰之笔，每一件作品都饱含着造物者丰满的艺术情怀，是造物者的一个缩影，无论茗壶，还是文房雅玩、庭斋摆件等，器型不落俗套，别具一格，让后人品味无穷。

玉成窑赧翁铭曼陀花馆款椰瓢壶（张生藏品）

综观玉成窑文人紫砂造型大致可概述以下四点。

一、精致自然

玉成窑紫砂器工艺精致，自然不造作，以"真"动人。《庄子·渔父》说："真者，精诚之至也，不精不诚，不能动人。"说的是做事的态度不专注不真诚，是不能够感动别人的。做好一件紫砂作品，首先要一心一意地真诚对待，古人言"字如其人"。玉成窑所制各式茗壶，反映出创作者自身为人处世的态度，所谓壶品即人品，就是"壶如其人"，德有多高艺有多好。紫砂创作本身讲究心细手巧，道法自然，做好一件紫砂器需要熟练的基本功，更需要作者眼到、手到、心到，即"心到神至"，心神是相通相契的。玉成窑的两位大师级名匠何心舟先生和王东石先生，他们的技艺精湛娴熟，构思巧妙，固然是得益于自身的悟性，更在于自身具备的真诚，他俩所制作品各有千秋，难分伯仲，上手他们的传世紫砂古器，慢慢地就会感受到他们真诚的工匠精神和审美品位。他们不追求砂器表面的过度精致而忽视以妙传神、自然成器的手法，所谓"大巧如拙、道法自然，出天趣为器物"是审美的一种境界。一味过度追求精工精致，失去中庸之道，物极而必反，砂器会变得僵硬而了无生气，缺少了自然之韵，不耐看、不耐玩，正如曼生所言："凡诗文书法，不必十分到家，乃见天趣。"玉成窑赧翁铭汉铎壶、玉成窑传世东坡提梁壶等均显示出自然妙生之趣。

铭文：量力学东坡，学得东坡小。一样铫煎活水茶，吃吃无人晓。到底学坡难，且学周種好。若有人兮似长公，我亦千年了。赧翁

玉成窑赧翁铭曼陀花馆款提梁壶（张生藏品）

传世的玉成窑紫砂壶平嵌盖和截盖者偏多，平嵌盖的特点是壶口呈同一平面，与壶身融为一体，制作时是用同一泥片中切出，保持收缩一致，烧后呈自然平整吻合；截盖的特点是从整体壶身上部截取一段为壶盖，要求外形整体轮廓合缝，线条吻合流畅。汉铎、柱础、瓜形壶、博浪椎等为嵌盖；秦权、椰瓢、匏瓜等为截盖。由于当时制作工具有限，又是柴窑一次性烧成，这些茗壶的制作工艺难度系数的确较高，如玉成窑椰瓢壶，以椰壳为创作原型，偶见清代的椰壳结合锡器制作的酒具，寓意以纳吉祥，趋吉避凶。此壶有大小不等的容量，有弯、直两种不同嘴流之造型，宁波天一阁博物馆藏有民国藏书家朱赞卿捐赠的五把玉成窑，除赧翁铭东坡提梁壶、赧翁铭匏瓜壶、汲直壶（摹刻曼生铭）、横云壶，还有徐三庚铭弯流椰瓢壶，韵味独特，方便独享啜饮。这些壶器的造型都遵循一个法则，那就是雅致中见自然，自然中出气韵，丝毫没有矫揉造作，或过度夸张。

二、平衡匀称

玉成窑文人紫砂壶主要有壶钮、壶盖、壶嘴、壶把、壶身和壶身镌刻的诗书画等元素组成，各元素经过能工巧匠巧妙地组合使得壶器达到平衡均匀，不显累赘和拖沓。紫砂壶造型创作讲究左右及重心的平衡，还有各部位大小、高矮、角度的匀称，造型的平衡匀称会给人在视觉上有一种舒服感和安稳感。不平衡或不匀称或过度夸张，则会让人在视觉上产生突兀感、陌生感，很多造型缺少平衡的砂器会让时间证明它的问题，最后被淘汰或修正。玉成窑紫砂壶器制作表达出了造型的平衡匀称，首先考虑了造型的隽美与实用的合理性，玉成窑壶器大都是为生活所用，对壶的实用性来讲，壶嘴出水流畅、断水利落，且根据壶型整体设计所定壶嘴的样式。一般来讲，壶嘴直流短嘴天生样式出水较好，但玉成窑不是所有壶身为考虑实用都装一样的嘴式，相同造型的壶嘴，应有长短粗细的不同，也有嘴口厚薄角度的变化。造型的美观和实用是有舍有得，是需要中和处理的。其次玉成窑匠手对造型的平衡与匀称有独到的审美力，有的采用左右两边的平衡，就如天平秤，左右两边加同样的码保持均衡，有的采用左右不均匀的平衡，如手杆秤，根据杠杆原理，左边大秤盘和右边小秤砣的大小不同、重量不同，通过合适支点可得到平衡。

玉成窑壶器的匀称是充分考虑到了壶钮、壶盖、壶嘴、壶把、壶底、圈足、装饰等元素之间的比例大小、厚重搭配关系的，这犹如人脸上嘴、鼻、眼、耳的比例须匀称合度，方见自然。玉成窑半月玉璧壶，壶身整体沉稳厚重、规正挺拔。壶嘴、壶把、壶钮所处壶身的位置、角度、距离都非常到位，整体架构比例准确，达到平衡。壶嘴相对壶身比例偏小，与壶把形成体积上的差别，与壶把造型上端的弧度走势一致形成平衡，一左一右的力量使壶型平衡稳定产生力量感，达到一种因差距而产生的平衡感，如此才经得起耐玩细看和反复品味摩挲。玉成窑紫砂器有的还采用在一种反差的作用中形成的平衡匀称，如玉成窑的石瓢壶、柱础壶、椰瓢壶，它们的壶嘴考虑实用，出水的力度较小，端把也考虑实用，略偏厚实圆润，高度与直径的关系，壶嘴和壶把、壶身的比例，均在反差中得到平衡匀称。同时，玉成窑的紫砂器，无论是茗壶提梁或把、壶嘴的出水，或者是厅堂花瓶、花盆、水缸，书斋文房用器雅玩，均讲究使用时的方便好用和舒适感，实用性极强。

唐云旧藏玉成窑赧翁铭曼陀花馆款柱础壶（张生藏品）

三、线条多变

　　紫砂造型就其外观而言，首先是线、点、面、体所构成的立体形态，即表现出的三维空间，能吸引我们视觉的是线、点、面、体相互配合产生的动感效果。玉成窑文人紫砂如同明式家具、明代铜炉，造型优美，简洁素雅，特别讲究线条的运用与变化。眼睛所视的上下直线，手摸上去却是起伏含蓄的"S"线条，变化极为微妙；所视为平面，手摸上去却有微微下凹或有一点点的坡度；所视为圆形，摸上手却是椭圆。任何位置的点、线、面都在相互变化，让视觉达到一种灵动隽秀之感。玉成窑一些优美传世器物的线条走势或柔或劲、或快或慢，变化万千，无论何种线条，都有力感，点、线、面均同，气韵生动不息，耐人寻味。明清时期的壶嘴出水孔均为独孔，壶嘴安装的恰当位置是在壶身出水的重心点上，且从根部往嘴口快速渐缩，线条沉稳有力，至嘴口稍做停顿向外微撇，又瞬间含住，让壶的整体气息顺着点、线在壶的嘴口瞬间含住，犹如书法的藏锋，给人以含蓄沉着、浑厚凝重之感。玉成窑壶嘴的设计也是根据壶身的造型线条来创作的，首先选定壶嘴样式，是直嘴、弯嘴或流，再设计样式，直壶嘴平口，暗接似锥形，短小有力，古朴可爱，长短粗细和线条的走势变化与壶身有序协同。玉成窑紫砂器线条的处理，点、面的变化，延续了明代文人的审美品格，又具备古代青铜器浑厚端庄的特点，书法绘画于器身结合得自然天成，线条简约有变化，韵律起伏有节奏，张弛收放不凝滞，尤其注重细微处的变化转换，具备明式家具与明代铜炉的简约秀美、优雅大气的品质。玉成窑紫砂器的线条不仅局部能见点、线、面三者的细微变化，整体线条也是时快时慢，或轻或重，流畅不滞，连贯自然。玉成窑钟形壶，用简约弹性的流畅线条，阴阳虚实、粗细快慢的造型手法，创造出古朴典雅、厚重高古的

铭文：以钟范，为壶用
瀹团茶，上有风　郝翁

唐云旧藏玉成窑赧翁铭曼陀花馆款钟形壶（张生藏品）

审美格调。古代文人雅士通过艺术表现找寻和而不同的精神世界，传达自己的人生之道，其中对线条的变化和运用，是玉成窑文人紫砂与其他紫砂在外观上主要的区别，所谓"大道至简"，以简约为贵、以生拙为巧、以古朴为美、以天然为趣，是老子哲学为历代文人墨客所汲取的最重要的思想源泉之一。

四、气韵文雅

自古文人注重精神上的追求，在艺术创作中特别注重营造文雅的气韵。所谓文雅气韵，是指通过诗文与笔墨创造一种意境、一种格调、一种优雅和一种书卷气。高雅的文人亲身参与创作的作品，文心可见。玉成窑文人以诗书画的形式与紫砂造型通过镌刻完美融合，重塑"虚实相生"之道，庄子在"庖丁解牛"中提出的"道"进乎技，就是"道"超越了"技"，没有"道"的引领，"技"只是一种简单重复的劳作。玉成窑集中了诗文、书画、镌刻、印款、审美、创造等诸方面，超越了紫砂的技法意义而近乎"道"的境界，这是当时那些文人思想修为、审美情趣，追求道器合一的结晶。一壶一器，烙上文人的思想情志后，实中含虚，虚中见实，由壶器相生出诗文，由诗文相生出意象，由意象相生出思想，壶器中的文雅真诚，个性情感、内涵气质等均流露于眼前。这是玉成窑文人紫砂创作的核心，是其"韵"之所在，是与匠人工艺紫砂的根本区别，也是玉成窑成为文人紫砂巅峰的缘由，是玉成窑文人紫砂的风骨神韵。北宋范温说："有余意之谓韵。"韵是美的"极致"，"凡事既尽其美，心有其韵；韵苟不胜，亦亡其美"，玉成窑砂器以形传神，以神传韵，其气质、个性、天趣自然流露，创作者的灵气、诗外之功使人赫然起敬。

结语：以文为先

玉成窑文人紫砂的造型大致具有以上四个特点，但它的艺术意趣则不是靠外象，而是铭刻在壶器之上的诗文意境、图案像生、书法篆刻等，这些元素具足文人气息，使原本典雅文秀的砂器变得更具艺术生机。

试论茶器之美
——以瓷茶具为例

段文华　周智修

摘要：瓷茶具是茶文化的重要组成部分，有青瓷、白瓷、黑瓷、彩瓷之分。本文简述瓷茶具之美。

关键词：瓷茶具；青瓷；白瓷；黑瓷；彩瓷

中国是最早发现和利用茶的国家，在汉代逐步成为饮品，从而推动饮茶器具走进了人们的生活。茶具发展经历了一个漫长的历史过程，自唐代陆羽《茶经》问世，专用茶具走上了历史的舞台。从古至今，纵观各式茶具，可谓种类繁多，品类丰富，美不胜收，或古朴典雅、端庄大气，或新颖时尚、艺文合璧，或造型优美、工艺精湛……美美与共，各美其美。当今倡导茶为国饮，全民饮茶，饮茶风气普遍，人们不仅满足于茶汤之味美，更讲究饮茶的器用之美。"器为茶之父"，茶具本来仅仅是一种盛放茶汤的容器，但是一旦饮茶活动进入了人们的精神生活领域，就成为一种艺术，于是有关饮茶活动的茶具，也因为参与其间而无不渗透了人们的审美意识，从而成为一种艺术品，并逐渐趋向精致。茶具成为人们品质生活、美好生活的一部分。

一、瓷茶具种类

茶具又称茶器、茶器具，有广义和狭义两种解释（本文"器""具"通用）。广义来说是泛指完成泡饮全过程所需设备、器具、用品及茶室用品，狭义仅指泡和饮的专门用具。茶器具的质地多种多样，以陶瓷器为主，此外，还有玻璃、金属（如金、银、铜、锡、铝等）、玉石、水晶、玛瑙、琉璃、搪瓷、漆、竹、木等材料。从科学泡饮的角度来看，最为适宜的仍推陶瓷茶具。陶茶具有宜兴紫砂茶具、云南建水陶茶具、广西坭兴陶茶具、四川荣昌陶茶具等。根据施釉颜色的不同，瓷茶器可分为白瓷茶器、青瓷茶器、黑瓷茶器和彩瓷茶器等。瓷茶具是人们生活中的普适茶具，本文就此作一简述。

（一）青瓷茶具

青瓷是瓷器的母亲瓷，历史最为悠久，东汉时期已能生产色泽纯正、透明发光的青瓷。原越州（今绍兴）余姚上林湖（今慈溪）、上虞一带自汉代始烧窑，唐时为鼎盛期，烧制的青瓷有碗、壶、托盏等，备受陆羽青睐，称其"类玉""类冰"，最宜衬托当时所崇尚的茶色。青瓷釉中主要的呈色物质是氧化铁，由于氧化铁含量的多少、釉层的厚薄和氧化铁还原程度的高低不同，会呈现出深浅不一、色调不同的颜色。若釉中氧化铁较多地还原成氧化亚铁，那么釉色就偏青，反之则偏黄。青瓷中常以"开片"来装饰器物，所谓开片就是瓷的釉层因胎、釉膨胀系数不同而出现的裂纹。哥窑传世之作表面为大小开片相结合，小片纹呈黄色，大片纹呈黑色，故有"金丝铁线"之称。南宋官窑最善应用开片，具有胎薄、釉层丰厚的特点，器物口沿因釉下垂而微露胎色，器物底足由于垫烧而露胎，称为"紫口铁足"，以此为贵。越窑瓷、汝窑瓷、龙泉青瓷、哥窑瓷、弟窑瓷、钧窑瓷等均属于青瓷系列。青瓷茶具质地细腻，造型独特典雅，釉色青翠，适合冲泡绿茶，有益绿茶汤色之美，并发挥出绿茶清扬的香气。"九秋风露越窑开，夺得千峰翠色来。"我们可以从唐代陆龟蒙的诗句中感受青瓷之美。

（二）白瓷茶具

指施透明或乳浊高温釉的白色瓷器。在长期的实践当中，人们进一步掌握了瓷器变色的规律，于是在烧制青瓷的基础上，降低釉中氧化铁的含量，用氧化焰烧成，釉色一般白中泛黄或泛绿色，还原焰烧成釉色泛青，有"青白瓷""影青"之称。唐代白瓷生产已十分发达，当时北方的邢窑，所烧制的白瓷如银似雪，与南方生产青瓷的越窑齐名，世称"南青北白"。白瓷的主要产地有江西景德镇、福建德化、湖南醴陵、四川大邑、河北唐山等。白瓷茶具胎色洁白细密坚致，釉色光莹如玉，被称为“假白玉”。白瓷茶具色泽洁白，对比分明，能反衬出茶汤色泽，且传热、保温性能适中，造型各异，堪称饮茶器皿中之珍品。白瓷茶具适合泡绿茶、黄茶、红茶、白茶、乌龙茶、黑茶，是一种普遍适用的泡茶器具，能映衬出茶汤色之美，如嫩绿隐翠、碧绿清澈、橙黄明亮、红艳带金圈、褐如琥珀等，尽显各种茶类之美。

（三）黑瓷茶具

指施黑色高温釉的瓷器。釉料中氧化铁的含量在5%以上，商周时出现原始黑瓷，东汉时上虞窑烧制的黑瓷施釉厚薄均匀，釉色有黑、黑褐等数种。宋朝斗茶风盛，要求“茶贵白”“宜黑盏”，而“建安所造者绀黑，纹如兔毫，其坯微厚，熁之久热难冷，最为要用”（蔡襄《茶录》）。宋徽宗赵佶《大观茶论》“盏色贵青黑，玉毫条达者为上……盏惟热则茶发立耐久”。宋代黑釉品种大量出现，其中建窑烧制的兔毫纹、油滴纹、曜变盏等茶盏，因釉中含铁量较高，烧窑保温时间较长，又在还原焰中烧成，釉中析出大量氧化铁结晶，成品显示出流光溢彩的特殊花纹，每一件细细看去皆自成一派，是不可多得的珍贵茶器。建盏富有独特的民族审美风格和东方美学艺术感，其造型古朴浑厚，釉色纯正绀黑，胎质厚实坚硬。建盏的器型分为束口、敛口、敞口和撇口四种，其中最具代表性的是束口型，其下腹微收，圈足较浅，整体给人大方稳重之感。建盏按其釉面纹理可分为金兔毫、银兔毫，金油滴、银油滴，鹧鸪斑，曜变及乌金釉等，兔毫盏、油滴盏、曜变盏是代表性品类。建盏之美，是宋人审美的体现，是幽远简朴、淡泊典雅、自然天成之美。

（四）彩瓷茶具

釉下彩和釉上彩瓷器的总称。釉下彩瓷器是先在坯上用色料进行装饰，再施青色、黄色或无色透明釉，经高温烧制而成。釉上彩瓷器是在烧成的瓷器上用各种色料绘制图案，再经低温烘烤而成。釉下彩瓷器包括青花瓷、釉里红，釉上彩瓷器包括五彩、粉彩及珐琅彩。斗彩是釉下青花与釉上彩结合的品种，又称“逗彩”。青花瓷茶具是彩瓷茶具中最引人注目的一种，以清幽淡雅、意境幽远的写意特色与茶文化相融合，通过物象、谐音、巧妙的组合，表达人们良好的意愿、吉祥的祝福、美好的追求、心灵的期待。

二、瓷茶具之美

陆羽《茶经·四之器》中写道："碗，越州上，鼎州次，婺州次。岳州上，寿州、洪州次。或以邢州处越州上，殊为不然。若邢瓷类银，越瓷类玉，邢不如越一也；若邢瓷类雪，则越瓷类冰，邢不如越二也；邢瓷白而茶色丹，越瓷青而茶色绿，邢不如越三也。晋杜毓《荈赋》所谓'器择陶拣，出自东瓯'。瓯，越也。瓯，越州上。口唇不卷，底圈而浅，受半升以下。越州瓷、岳瓷皆青，青则益茶，茶作白红之色。邢州瓷白，茶色红；寿州瓷黄，茶色紫；洪州瓷褐，茶色黑。悉不宜茶。"陆羽对唐代各大窑口瓷器进行了归纳，并从宜茶的美学角度，立足实用，把茶器鉴赏提升到了艺术审美与人文精神层面。

茶具文化是茶文化的重要组成部分。探索茶具之美，了解茶具历史、分类、功能、制作、价值等，能陶冶情操，提升对茶文化的理解，提高技艺水平。主要从工艺、造型、色泽、款识、适用和意趣几个方面去探讨。

（一）工艺

不同的工艺造就不同的茶具，不同成型工艺使器型具有不同的特点；不同的工艺配方和温度，造成茶具的色泽、硬度不同。例如陶器在 $600\sim800℃$ 只能烧制出粗松陶具，$1\,000℃$ 可生产彩陶，$1\,100℃$ 可烧制出印纹硬陶，而紫砂陶器则要求在 $1\,150℃$；原料配方不同，色彩变化。青花瓷若用平等青，则发色淡雅，用回青则发色蓝中泛紫。

（二）造型

造型包括神韵和形态两部分，神韵是指茶具的精神和风姿，个性和生命力，如古朴、玲珑、清爽、疏刚、秀彻、天真、雅淡、宏伟、简快、高昂、浑朴、柔润、轻素、挺拔，皆高雅不俗，朝气勃勃。置于室内，满室生辉。形态是指茶具神韵在形和态中的流露。神需形中求，韵需态中见。形有点线面、高中矮、大小、厚薄、方圆、曲直、转折，形有各异，只有恰到好处，才能表现淋漓；态有动态、静态和平态，动态动美，静态静美，平态淡美。形和态合一，有柔感、刚感，刚柔兼济感。又有圆中寓方、方中寓圆、方圆互补，或挺拔、或飒爽、或娇美、或自然。

（三）色泽

茶具色泽由材质而定，金者黄澄澄，银者白闪闪，泥者紫、黄、乌、白、绿、棕等，色彩斑斓，各色之中又有深浅亮暗之别，不艳不俗，或沉着古雅，自然古朴，明秀柔和，清新冷隽，令人赏心悦目。若色泽昏暗，艳俗、花俏，易使人心生烦恼。

（四）款识

款识是茶具上的记号，可以用刻、印、划、写、绘等不同方法记载作者、贮藏者、作坊、监制者以及书画或言辞。唐宋的茶具上往往刻有作坊者名号，有的还刻着拥有者名号。明代，尤其是永乐以后款式盛行，出现官款，官窑茶具，落款为"××制"，而民窑产品则为"××造"。清代款式发展更快，尤其在紫砂壶上凸现，达到登峰造极之地。款识中的铭文，其内容、形式、字体、刻法等都显现时代特征，可以分为人名款、记年款、堂名款、赞颂款、吉祥款、记事款、艺文款等。

（五）适用

茶具要适用，置茶、进水、倒茶，持握实实在在。以适用为基础，美化茶具各构件之组合。如果壶不满而水溢出，碗不平而水倾出，盖不平而茶香逸出，纵然外形极度之美，甚至珍珠玛瑙质地，尚不为奇，不可使用。茶具首先是用的，失去实用功能价值，则不成为茶具。所以，适用不但能表现美，而且是美得完整，美得淋漓尽致。

（六）意趣

茶具要有意趣，更能增加茶具的表现美和潜在美。表现美是直接的，能使感觉器官得到刺激后有直接的反应，感觉美好和寓意的存在；而潜在美则是通过大脑进行思维的结果，使人感到越想越美，越想越完整，越想越爱不释手。一般而言，人的主观情意而见于物，物奇生趣，趣又见意。茶具原非实有，由形态表达，能见制作者思想意趣。茶具细小，具玲珑之趣；重实者，具古朴之趣；清刚者，具爽利之趣……精妙茶具使人联翩，产生高雅之趣。所以欣赏茶具之美，要有一定的思想文化修养方可为之。

参考文献

江用文，童启庆，2008. 茶艺师培训教材. 北京：金盾出版社.

静清和，2017. 茶与茶器. 北京：九州出版社.

路甬祥，2005. 陶瓷. 北京：大象出版社.

叶喆民，2013. 中国陶瓷史. 北京：生活·读书·新知三联书店.

赵艳红，宋伯轩，宋永生，2018. 茶·器与艺. 北京：化学工业出版社.

周智修，2018. 习茶精要详解：上册. 北京：中国农业出版社.

茶与婚礼习俗的人文之美

周衍平

摘要： 中国是茶的故乡。自古以来，国人不但把茶作为日常饮品，还被当作高尚礼品。中国各族同胞有"民以茶代礼"之风俗，在许多重要场合把茶作为礼仪媒介，传情达意，广泛应用。作为人生大事的婚姻，自然与茶有着不可分割的渊源。"以茶为礼"始终贯穿在中国人婚姻礼仪的各个环节，无不体现着茶与婚礼习俗的人文之美。

关键词： 茶文化；婚俗文化；人文之美

一、威廉大婚收到中国"茶礼"

英国威廉王子和女友凯特大婚时，欣喜地收到了一份来自中国的厚礼——一套专门为他们的婚礼而特制的中国传统茶具。送出这份大礼的是一位名叫朱小菊的80后贵州姑娘。小朱姑娘曾在英国留学和工作，当她得知威廉王子将迎来大婚的喜讯后，想按照家乡的习俗，为王子的婚礼送上一套中国传统风格的瓷器茶具当作贺礼。

为了筹备这套贺礼，朱小菊亲自赶到瓷都景德镇，拜访了当地的制瓷名家和民间高手，一起设计了一套带有威廉和凯特名字英文字母的青花玲珑瓷茶具，这个7件套茶具的茶壶和茶杯，均配以梅、兰、竹、菊图案，并取名"点犀"。威廉王子在大婚之时，不但收到了朱小菊送出的这套精美茶具，还有两

周衍平（1968—），浙江宁海人，宁海县收藏家协会秘书长，中国摄影家协会会员，浙江省民间文艺家协会会员。爱好茶器收藏，已发表茶文化随笔、论文多篇。

小包小朱姑娘家乡出产的红茶和绿茶。几年之后,威廉王子访问中国,他在西双版纳的傣族村寨品茶、吃粽子,并向当地回赠了他带来的英国茶具。这两件事成为中英两国茶文化交流的美谈。

中国饮茶历史悠久,古往今来,以茶和茶具作为结婚礼物是中国的传统习俗。

二、婚礼习俗中的"茶礼"

据《藏史》记载:唐太宗贞观十五年(641),藏王松赞干布到大唐请婚,唐太宗遂将宗室养女文成公主下嫁于他。文成公主入藏时,带去了陶器、纸、酒还有茶等物品做嫁妆。显然,在唐代已经把茶叶作为了嫁妆。唐宋时期,饮茶之风盛行,茶叶不仅是女子出嫁时的陪嫁品,而且还逐渐演变成一种特殊的婚俗礼仪——茶礼。宋人吴自牧《梦粱录》卷二十《嫁娶》记述了当时杭州的婚嫁风俗:"若丰富之家,以珠翠、首饰、金器、销金裙褶,及缎匹、茶饼,加以双羊牵送。"可见当时,与金银珠宝、绫罗绸缎一起,茶被列为聘礼中的重要礼物。从此,民间即称送聘礼为"下茶""行茶礼"或"茶礼";女子受聘,谓之"吃茶"或"受茶"。在过去,一些地方的婚俗中,若男女相见后中意,男方的聘礼就送来,女方接受了,这门婚事也宣告定了,这女子就是"吃过茶"的人。清代郑燮(郑板桥)《竹枝词》:"湓江江口是奴家,郎若闲时来吃茶。黄土筑墙茅屋盖,门前一树紫荆花。"吃茶表示求婚,旧时汉族不少地方未婚少女是不能随便到别人家去喝茶的,因为一喝就意味着同意做这家的媳妇了,故有"好女不吃两家茶"的说法。"茶礼"作为男女确立婚姻的重要形式,一直沿用至今。

朱金木雕礼担箱

三、婚礼习俗中的茶俗

中国作为茶的故乡,在婚姻礼仪中,各个环节都和茶有着千丝万缕的联系。"三茶六礼"是中国古代传统婚姻嫁娶过程中的一种习俗礼仪,旧时多流行于江南汉族地区。三茶一般是指订婚时的"下茶"、结婚时的"定茶"和洞房时的"合茶",另一种特指婚礼时的三道茶仪式,即第一道百果;第二道莲子、枣子;第三道才是茶。六礼指由求婚至完婚的整个结婚过程,即婚姻据以成立的纳采、问名、纳吉、纳征、请期、亲迎六种仪式。在古代，男女若非完成三茶六礼的过程，婚姻便不被承认为明媒正娶。几年前，笔者在家乡浙江省宁海县西南山区进行婚俗文化和茶文化调查时，发现了一本清代民间文书范文手抄本，其中《男家行聘帖式·礼目》中就记录了"喜茶喜果"等聘礼清单。

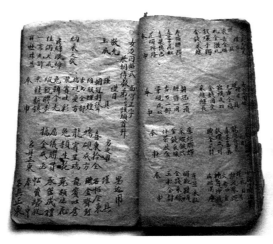

清代民间文书范文手抄本

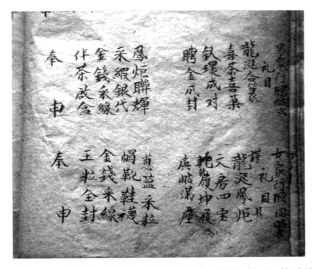

清代民间《男家行聘帖式·礼目》记有"喜茶喜果"等聘礼

　　如今，江浙一些地方举行婚礼仍有敬"三道茶"的习俗：第一道茶敬神灵，感谢神灵庇佑；第二道茶敬父母，感谢养育之恩；第三道茶夫妻互敬，表示恩恩爱爱、白头偕老。敬完三道茶后，夫妻双双进入洞房。在浙江嘉兴、湖州一带，由媒人将男方茶叶等聘礼送往女方，女方受礼，称为"受茶"，则不可再允配他人，同时女方托媒人将茶、米等礼带回男方家，公布婚约；在金华，男方请媒人"出媒"，倘女方应允，则泡茶、煮蛋以待，称之"食茶"或"凑双"；到结婚那天，送新郎新娘入洞房，宾客散去，会送上蛋煮糖茶，俗称"子茶"，新郎新娘吃完就寝，寓生子之意。在温州，新人入洞房时，喜婆会向新娘献茶，新娘茶毕才进入闹洞房程序。过去，在宁波镇海一带还流行"送茶"的婚礼茶俗，结婚次日，男方送食物于女家，女家也要回送，有钱人家送参汤或燕窝汤，一般人家回送茶。

朱红木制大茶壶

在浙江宁海一带，结婚第二天，要举行隆重的"吃茶"仪式，前来参加婚礼仪式的长辈在厅堂正襟危坐，新娘在伴娘和姑嫂等人的陪同下，依次向长辈们敬茶，以示孝敬，也借此和各位长辈见面认识。长辈们在接过新娘递上的茶后，回赠红包。"吃茶"礼仪是婚礼中的重要环节，新娘要同时向多至数十位长辈敬茶，一般的茶壶无法满足敬茶所需，因此，嫁妆中就有了相应的朱红木制大茶壶。这个茶壶个头巨大，一次冲泡就可满足敬茶所需的茶水。相应数量的茶盘、茶杯和盛茶点的木盘等，也是"吃茶"典礼中的必备，是女儿出嫁必不可少的嫁妆。

在苏州一带，婚礼中还要表演"跳板茶"。新女婿和其舅爷进门后，稍坐片刻，女家即撤掉台凳，留下空间，在左右两边靠墙处各放两把太师椅，椅背衬好红色椅帔，新女婿和舅爷坐头二座，另两位至亲坐三四座。然后由"茶担"（即烧水泡茶敬茶的人）托着茶盘，表演"跳板茶"，向四位宾客献茶。表演者身段柔软，脚步稳健，节奏轻松，手托茶盘茶水不会溅出。托着木板茶盘跳舞献茶，故称"跳板茶"。每逢举行"跳板茶"，亲朋邻居都会来观赏，精彩处满堂喝彩，增添了婚事欢乐气氛。

四、婚俗茶器的人文之美

过去，无论是平民百姓还是皇家贵族，婚嫁时都要送茶叶、茶具。相传光绪皇帝大婚的礼品中就有很多精美的茶具，如金海棠花福寿大茶盘、金如意茶盘、金福寿盖碗，黄地福寿瓷茶盅和黄地福寿瓷盖碗等。

旧时江南地区嫁女讲究排场，人们常用"良田千亩，十里红妆"来形容嫁妆的丰厚。所谓"十里红妆"是旧时嫁女的场面。红色在中国代表着喜庆、吉祥，是民间婚嫁中约定俗成的色彩。尤其在浙东宁绍地区，明清时期大户人家女儿出嫁，嫁妆用朱砂涂漆，黄金装饰，朱金木雕、泥金彩漆，工艺精湛，流光溢彩。结婚那日，橱、箱、桌、椅、凳、桶、盆、盒、盘等生活所需的家具、用具从女方家抬到男方家，组成一支浩浩荡荡的抬嫁妆队伍。在茶礼之风盛行的江南，由于婚礼环节存在着各种和茶有关的礼仪，需要各类和茶有关的礼器；在日常生活中，也需要

喜庆的红妆茶具

精美的茶器。因此，在红妆家具中，也自然少不了茶器的身影。这些红妆茶器从大件的茶桌、茶几以及与之配套的椅子、凳子，到小件的茶盘、茶杯等，一应俱全。无论是茶礼礼器还是喝茶茶具，无不制作精良，装饰美观，显示着当时人们在茶文化生活中的讲究与排场。

有绣花外套的茶壶桶

朱金木雕茶壶桶

由于各地婚礼习俗和生活习惯的不同，红妆茶器的形制也不尽相同，过去一些大户人家，喝茶非常讲究，嫁妆中自然也少不了日常喝茶所需的各种用具，如茶箱、茶桌、茶几、茶壶桶、茶叶罐、茶碗桶、泡茶桶、茶盘等，品类繁多，从厅堂、书房到卧室，无不存列。茶箱、礼担是装茶叶和礼品的器具，过去提亲、结婚等环节都少不了它。茶壶桶、茶壶套是比较常见的茶器，内衬棉花、鹅毛等物，用来保温茶水，每当丈夫外出归来，妻子就会拿出在茶壶桶里准备好的茶水递上，解渴暖身，传达浓浓情意；茶碗桶是宁绍地区家庭必备的泡茶用具，形状为一个带盖的大圆桶，盖上有四个镂空的吉祥图案，每当家里来客，女主人会拿出茶碗桶来洗茶、泡茶，招待客人，其功能类似于现在的茶海；茶道桶也是旧时喝茶、洗茶的用具，分上下两格，上格放茶杯，下格倒茶叶渣和废茶水，既可招待客人，也适合独品怡情。

朱漆泡茶桶

朱漆茶碗桶

旧时有"一两黄金三两朱"之说，朱金家具是中国民间家具中的精品。"十里红妆"寄托了父母对女儿难以割舍的爱，丰富的红妆家具，足以满足女儿今后在夫家的生活所需，其中的红妆茶具更是父母表达爱意的细节体现。

"囍"字茶壶桶

　　茶树四季常青，茶叶清心怡情，被人们赋予了永久和纯洁的象征，明藏书家郎瑛在《七修类稿》中认为："种茶下子，不可移植，移植则不复生也。故女子受聘，谓之吃茶，又聘以茶为礼者，见其从一之义。"这种认识一方面反映了封建社会妇女"从一而终"的道德观念，但另一方面也体现了人们对婚姻坚守贞操的要求。

参考文献

陈宗懋，2012. 中国茶叶大辞典. 北京：中国轻工业出版社.

葛云高，2012. 宁海婚俗茶、丧祭茶. 宁海茗园，5（1）.

浙江民俗学会，1986. 浙江风俗简志. 杭州：浙江人民出版社.

周衍平，2013. 江南婚俗与红妆茶器. 茶韵（30）.

论丰子恺画茶之趣

裘纪平

摘要： 丰子恺遵循其师弘一法师"君子务修其本"，要"士先器识而后文艺"；"应使文艺以人传，不可人以文艺传"的思想。以出世的精神做入世的事业。基于这样的信念，丰子恺的画，下笔干脆利落，形象笔简意丰。所画茶之趣，画面散发隽永茶香，浸润生活真味，美的情愫生发出画意诗情，是其率真人格的大爱生发。给人以心灵的陶冶，启迪我们如何对待生活来感受生活的美。

关键词： 丰子恺；漫画；茶之趣

一、引　言

茶香隽永，浸润生活真味，美的情愫生发出画意诗情。丰子恺画的茶之趣，是其率真人格的大爱生发，给人以心灵的陶冶，启迪我们如何对待生活来感受生活的美。

丰子恺遵循其师弘一法师"君子务修其本"，要"士先器识而后文艺"；"应使文艺以人传，不可人以文艺传"。如同孔子所谓："志于道，据于德，依于仁，游于艺。""艺"是以"道""德""仁"为前提的，有了"道""德""仁"的"水"，"艺"才能"游"。正如孔子所云："里仁为美""绘事后素""素以为绚兮"，提倡"内美"，反对表面文章，反对形式主义。黑格尔说"美是理念的感性显现"，美是内心的外化。丰子恺的至交马一浮言："无常就是常。无常容易画，常不容易画。"常，真如也。基于这样观念，丰子恺的茶画

裘纪平（1961—），浙江杭州人。中国美术学院专业副教授，从事书画教学于创作。著有《〈茶经〉图说》《中国茶画》《中国茶联》等。

下笔干脆利落，形象笔简意丰，能够深入人心，雅俗共赏，独树一帜，自成一家，时过境迁依然情趣无限，令人回味无穷。是其坚持"心为主，技为从"的理念，这样的信念成就了他的艺术，也温养了他的人格，使他成为艺术与人生完美融合的典范。

丰子恺（1898—1975），浙江桐乡人。原名丰润，又名仁、仍，号子觊，后改为子恺，笔名 TK，法号婴行。近现代中国文化艺术史上集画家、散文家、教育家、翻译家、书法家于一身的具有原创性的大家。其书法自成一体，果敢独特，清晰明畅，出新意于法度之中。有元代中峰明本柳叶体的风味。窥一斑可见全豹。他的艺术打动了千千万万的读者，也深深影响了无数当代艺术家和追随者。

丰子恺自幼习诗文书画，有传统文化的"童子功"，早年师从李叔同学习绘画、音乐，并受其佛学思想的影响，让丰子恺对于人生有了更高的领悟，人在物质、精神上有着各种追求，而灵魂追求更是去探求人生的究竟。29 岁以居士皈依于佛门，从弘一法师门下。

其绘画风格，继承了曾衍东（1750—1830 后）和陈师曾（1876—1923）的人物画笔法。1921 年在东瀛游学时遇上竹久梦二（1884—1934）画风的影响，将其灵性之火点燃，原先各行其道的西洋画技巧与传统的艺术修养，于此时融为一体，开始踏上一条左右逢源的艺术之道。

丰子恺常作古诗新画。诗心即真心，缘情言志，是游刃生活而不囿于生活的智慧。东方文化特有的"诗性"，渗透在东方人的灵魂深处，缔结着一根无形的文化纽带。大凡伟大的艺术，总是带点神性，丰子恺与竹久梦二，都是通神性的艺术家，前者缘从佛门，后者感化于基督，皈依的神明虽然不同，精神实质却没有什么两样。对于这种艺术家来说，"意义"往往是首要的、前提性的。丰子恺画的茶之趣，"意义"是从生活而出的"诗性"境界。

二、丰子恺画茶之趣

（一）画聚会茶之趣

聚会茶趣，画从生活而出的一期一会。丰子恺在《学画回忆·引言》中说："人们谈话的时候，往往言来语去，顾虑周至，防卫严密，用意深刻，同下棋一样。我觉得太紧张，太可怕了，只得默默不语。安得几个朋友，不用下棋法来谈话，而各舒展其心灵相示，像开在太阳光中的花一样。"丰子恺画茶趣，是其日常生活情景，具有普遍的人情世故与动人情趣，极富雅俗共赏、曲高和众的艺术魅力。其形式介于国画与漫画之间，风格简洁朴素，隐含着出世的超然之意和入世的眷眷之心，是那种让人感动的平凡，或是令人落泪的辛

酸，表现出回味无穷的"诗意"和中国"文人情怀"。

《人散后，一钩新月天如水》

　　1924 年，文艺刊物《我们的七月》4 月号首次发表了丰子恺的古诗新画《人散后，一钩新月天如水》，晚年又画成彩色的。两幅画的品茶场景，前为黑白画，后为着色画。画面帘窗外天凉如水，挂一弯新月，月色照进茶案上的壶杯。而聚会的人呢，他们茶话了什么……留给人无尽的遐思，有画外之情，得象外之意。人的一生，遇上过多少个一钩新月天如水的夜？人走了茶香和余温久久袅绕、依稀尚存。就在刚才，主人与客相谈甚欢，人散后，这一幕定格如同仙境，且珍重人世间这一期一会。正如在 1963 年出版的《丰子恺画集》的《代自序》中，丰子恺写下了自己的艺术志趣，"最喜小中能见大，还求弦外有余音"。

　　画题词句出自宋朝诗人谢逸《千秋岁·夏景》："楝花飘砌。蔌蔌清香细。梅雨过，萍风起。情随湘水远，梦绕吴峰翠。琴书倦，鹧鸪唤起南窗睡。密意无人寄。幽恨凭谁洗？修竹畔，疏帘里。歌余尘拂扇，舞罢风掀袂。人散后，一钩淡月天如水。"画家以古开新，别开生面，让人耳目一新。

　　而直接画茶会，如《江楼相忆》《几人相忆在江楼》，正如周作人所谓："喝茶当于瓦屋纸窗下，清泉绿茶，用素雅的陶瓷茶具，同二三人共饮，得半日之闲，可抵十年的尘梦。"丰子恺画面上承载的这份心，这份情，给人无尽想象的空间。所题句取自唐代罗邺《雁二首》，全诗为："暮天新雁起汀洲，红蓼花开水国愁。想得故园今夜月，几人相忆在江楼。早背胡霜过戍楼，又随寒日下汀洲。江南江北多离别，忍报年年两地愁。"

　　《小桌呼朋三面坐，留将一面与桃花》，画修篁茅舍庭前，三位好友各坐方桌一面，一面位置梅花相伴。茶与梅花一样清，一年之计在于春，茶话茶趣情悠悠。

　　1943 年初丰子恺于四川乐山所画的《长桥卧波》，画古榕参天、绿荫掩映

《几人相忆在江楼》

的岩壁下，数人临江品茗，看悠悠江流不息，感人生浪迹天涯。

在丰先生的茶画中，可见他的茶风淡泊，在茶里寓寄的是对平静生活的向往，如《愿松间明月长如此》，画面古松下一轮明月升起，一对品茗夫妇与孩子共赏。四季轮回，日月如梭，天涯此时，人生几何，一壶同乐，松柏常青，情谊长存。画中诗句出自初唐诗人宋之问的《下山歌》："下嵩山兮多所思，携佳人兮步迟迟。松间明月长如此，君再游兮复何时。"

《春风来似未曾来》，表现园林桃红柳绿春风里，老柏树下一对饮的画面，左上题有"唯有君家老松树，春风来似未曾来"，诗句来自张在的《题青州兴龙寺老柏院》："南邻北舍牡丹开，年少寻芳日几回。唯有君家老柏树，春风来似不曾来。"春天来到，万象更新，桃红柳绿，一派生机盎然的景象。携挚友品茗赏景，世间万物都随这大好春光转变，桃柳取媚，而喝茶人此时心淡如水，定心定力如这古松一般，对周遭的迎合视而不见，不以姿色取悦世俗。

《客来不用几席，共坐千年树根》，画山前竹下石边茅舍的野外，两人坐千年树根上，天籁寂寥，悠悠茗话，有"山静似太古，日长如小年"风雅茶趣。

《次第春风到草庐》画四口之家，随季节经历了寒冬与酷暑，一起走过了人生的颠沛流离。今燕回春暖，草庐前花下闲坐，沏一杯新茶，享天伦之乐，情趣温馨。这不就是丰子恺自写一家抗日流亡的故事情节，但无论生活多么艰辛，还是用美的眼光乐观对待生活。画面左上所题为吕思诚《戏题》诗的最末两句，全诗为："典却春衫办早厨，老妻何必更踌躇。

《客来不用几席　共坐千年树根》

瓶中有醋堪烧菜，囊里无钱莫买鱼。不敢妄为些子事，只因曾读数行书。严霜烈日皆经过，次第春风到草庐。"

《草草杯盘供语笑，昏昏灯火话平生》画桌上油灯高照，两人相对，品茗畅叙，高高的窗格上，一只猫也竖起耳朵静听。右下方的孩子，吹火煮茶。画面右上题句出王安石《示长安君》诗，全诗为："少年离别意非轻，老去相逢亦怆情。草草杯盘共笑语，昏昏灯火话平生。自怜湖海三年隔，又作尘沙万里行。欲问后期何日是，寄书尘见雁南征。"原诗多了几许悲怆，而丰子恺的画，温馨备至，茶趣脉脉。

《天涯静处》

抗战时期所画的《天涯静处》，画江边山崖下渡头红日里，檐下茶炉前，数人围坐茗话，深深寄托了对于和平安宁的期望。题句出自唐代常建《塞下曲》四首其一，全诗为："玉帛朝回望帝乡，乌孙归去不称王。天涯静处无征战，兵气销为日月光。"丰子恺化古诗画新意，平淡天真，茶味隽永。

丰子恺在1942年表现茶馆的《茶店一角》画面，七人随意围坐，有人高谈阔论，有人洗耳恭听，而墙上赫然贴着"莫谈国事"。是其当时抨击现实，对国统区的讽刺。

（二）画独品茶之趣

丰子恺画独品的茶之趣，人生的况味悠然生发。无论苦中作乐还是忙里偷闲，风月无边须作主，人生有味是清欢，是诗人对待生活态度的写照。

《青山个个伸头看　看我庵中吃苦茶》

《青山个个伸头看　看我庵中吃苦茶》，茶趣化为了万物与我共生的境界。画题中的两句诗，取自明朝园信的《天目山居》一诗。全诗如下："帘卷春风啼晓鸦，闲情无过是吾家。青山个个伸头看，看我庵中吃苦茶。"我看青山，青山看我，相看不厌，一盏通达。

《独树老夫家》，画竹篱茅舍，独自庭前品茗读书，有老松幽兰相伴，也是丰子恺居士向往的人生志趣。

《催唤山童为解围》

《催唤山童为解围》画一人坐品茶，招手唤山童，快来解误入蜘蛛网的蜻蜓、蜂儿之困。体现了丰子恺有一颗慈悲心，热爱生命，同情弱小者。那就是画上面还有一段话："催唤解围，得心境和平安宁之报。此即佛菩萨灵感，岂必消灾降福哉！"其实范成大诗也没有"消灾降福"之意。范成大《秋日田园杂兴》之一诗为："静看檐蛛结网低，无端妨碍小虫飞。蜻蜓倒挂蜂儿窘，催唤山童为解围。"

《小灶灯前自煮茶》画一人独坐窗台前，书置一边，吊灯下夜阑人静，架炉烧水煮茶，品茗读书的幽致令人神往。将陆游的诗中之画，化为了子恺的画中之诗，茶趣深远。

《小灶灯前自煮茶》是 1945 年抗战胜利后画的，题款诗出自陆游："落小（日）疏林数点鸦，青山缺（阙）处是吾家。归来何事添幽致，小灶灯前自煮茶。"题款更写有："院西弟爱好田园风趣，余胜利后未能东归，闲居山城为作此四图，以助雅兴，他日携归江南，亦流亡中最好之纪念物也。乙酉十一月子恺居沙坪小屋。"

《胡琴一曲代 RADIO》和《茅屋》，画高山路旁的松间茶店，店主由于茶客少，门口拉起胡琴权作收音机播放，自得自乐，以觅品茶知音。

《好鸟枝头亦朋友》，画庭园两个石座，一人落座，在石案前品茗，茶熟香温，约客不来，翠柳依依，婉转声声，抬头见枝头黄莺，亦我茶友，这背后的故事由人想象了。画面左上所题诗句出自宋代翁森《四时读书乐》诗："山光照槛水绕廊，舞雩归咏春风香。好鸟枝头亦朋友，落花水面皆文章。蹉跎莫遣韶光老，人生唯有读书好。读书之乐乐何如，绿满窗前草不除。"

《小灶灯前自煮茶》

《胡琴一曲代 RADIO》

（三）画拟人化茶之趣

丰子恺在《三十岁生日时的笔记》中说："艺术家看见花笑，看见鸟语，举杯邀明月，开门迎白云，能把自然当人看，能化无情为有情，这便是物我一体的境界。更进一步，便是'万法从心''诸相非相'的佛教真谛了。"

比如 1931 年所画的《KISS》《茶壶的 KISS》《黄昏》《秋夜》等，透过主人书桌案头的道具表达，蕴涵茶趣故事的无穷遐思。

《KISS》   《茶壶的 KISS》

《黄昏》   《秋夜》

三、结　语

丰子恺以出世的精神做入世的事业。画茶之趣的境界来源于平凡生活，是对于生活深情挚爱的流露，给人们以心灵的慰藉和智慧的启迪。其在《谈自己的画》中说："一则我的画与我的生活相关联，要谈画必须谈生活，谈生活就是谈画。二则我的画即不摹拟什么八大山人、七大山人的笔法，也不根据什么立体派、平面派的理论。只是像记账般地用写字的笔来记录平日的感兴而已。"

丰子恺的画是以其人格胜出的。丰子恺本人对自己的画持论一直很低调，认为它不是"正格的绘画"，并一再声称自己"不是个画家，而是一个喜欢作画的人"（《随笔漫画》）。但如果是就画家对人生万物的感悟和艺术趣味而言，丰子恺甚至远远超过那些专业画家。他一生保有童心，爱着一切的天然而纯粹的人与事物。丰子恺画茶趣，让我们从精神上超越了有限的生命的围墙，把视野转入了另一个关于美的精神世界。不仅让人们日益紧张的灵魂得到片刻的放松，还帮助人们寻找到生命的精神支柱以及心灵的归属，体现了一份无处不在的情，即对家人的亲情、朋友的友情、生活的热情以及对万物的深情。

黄檗希运禅师说："忘机则佛道隆，分别则魔鬼炽。"机心重，艺术就乏天趣，有分别算计心是艺术的大敌。作为终身奉弘一法师为师的丰子恺，是一位具有菩萨心肠的现实主义者，崇高的人格，真率的情愫，铸就了艺术的魅力。丰子恺画的茶之趣，平淡天真，茗香隽永，饱含了浓浓的爱意，意欲在自己心灵深处构建一个没有纷争天下大同美美与共的理想境界。

参考文献

陈星，2001. 丰子恺新传——清空艺海. 太原：北岳文艺出版社.

丰子恺，2016. 丰子恺全集. 北京：海豚出版社.

刘凌沧，绘，1997. 荣宝斋画谱. 北京：荣宝斋出版社.

史良昭，丁如明，2002. 丰子恺古诗新画. 上海：上海古籍出版社.

浅析茶壶画艺术之美

——以边寿民、薛怀、陈鸿寿、吴昌硕、齐白石作品为例

竺秉君

摘要： 本文以清代至现代五位著名画家为例，浅析他们所作茶壶画艺术之美。

关键词： 茶壶画；边寿民；薛怀；陈曼生；吴昌硕；齐白石

茶壶是茶具主角之一，古往今来，各类陶、瓷茶壶琳琅满目，美不胜收。本文介绍的是画家笔下的茶壶画，它们或神似，或形似，源于生活而高于生活，以抽象的艺术语言，展现别具一格的艺术之美。

一、边寿民——壶画、书法别样美

在早期茶壶画中，较具特色的是清初著名画家边寿民。其爱茶爱壶，作有多幅以茶壶为主题的茶壶画，如《壶茶图》《茶与墨》《壶盏图》《茶喜》《茶具图》《茶馨图》等，其特点是书、画连璧，布局匀称，画面美观，大幅题款，配上名家名句，或自撰诗词妙语，书法精到，喜闻乐见，极具艺术冲击力。

边寿民（1684—1752），初名维祺，字颐公，又字渐僧、墨仙，号苇间居士，晚号苇间老民、绰翁、绰绰老人等。山阳（今江苏淮安）人。著名画家、诗人。善画花鸟、蔬果和山水，尤以画芦雁驰名江淮，有"边芦雁"之称。又善以淡墨干皴擦小品，更为佳妙。又工诗词、精中国书法。和郑板桥、金农等人齐名。代表作有《芦雁图全套八幅册页》《碧梧双峙图》《老圃秋容图》等。

其茶壶画代表作为《壶茶图》。该画作于乾隆十六年（1751），画面前为两

竺秉君（1981—），浙江宁海人。茶文化爱好者，《中华茶通典·茶人典·明清卷》副主编，已发表茶文化论文、随笔多篇。

边寿民册页《杂画之九》《壶茶图》(纸本墨笔，21.5厘米×29.5厘米，中央工艺美术学院藏)

把紫砂壶，左右排列，其中左为侧把壶；后面有一茶叶罐，出露大半个罐体。上方三分之一多题满精美行书。整个画面书、画满纸，但布局得当，富有美感。

上部题款为苏轼《汲江煎茶》诗，但个别文字与原诗不同："古人称茶为晚香候，苏长公有诗可诵：'活水仍须活火烹，自临钓石汲深清，大瓢贮月归香瓮，小杓分江入夜瓶。雪乳已翻煎处脚，松风犹作泻时声。枯肠未易倾三盏，卧听山城长短更。'"钤有白文印二枚，分别为"茶熟香温且自看""寿民"。

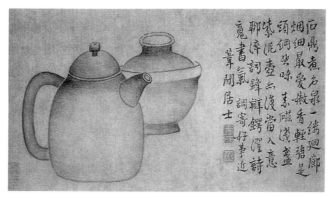

边寿民册页《杂画之八》《壶盏图》(纸本墨笔，17厘米×21厘米，重庆市博物馆藏)

另一代表作为同年所作《壶盏图》。画面左侧为紫砂壶和盖碗，呈前后排列；右部题款词云："石鼎煮名泉，一缕回廊烟细。最爱嫩香轻碧，是头纲风味。素瓷浅盏紫泥壶，亦复当人意。聊淬词锋辩锷，濯诗魂书气。调寄好事近。苇间居士。""素瓷浅盏紫泥壶""濯诗魂书气",诗、书、画俱美,为茶壶画难得之佳作。

与该画相仿的,另有私人收藏的《壶盏图》,作于乾隆十三年(1748),画面右图左词,盏在前,壶在后,款识相同,落款为"绰翁写并题"。

配有大幅题款的,另有《茶与墨》,画面为紫砂壶、茶叶罐和墨锭。上题款识:"东坡云:司马温公尝与余言:茶与墨二者正相反,茶欲白,墨欲黑;茶欲重,墨欲轻;茶欲新,墨欲陈。余曰:上茶妙墨俱香,是其德同也;皆坚,是其操同也。譬如贤人君子,黔皙美恶之不同,其德操一也。公叹以为然。庚戌初夏,龙眠马相如来自闽中,遗我武夷佳茗一小瓶;石城张仲子赠古墨二笏。品俱上上。因为写图,并书东坡清语一则,二物昔贤所珍,雅惠弗可忘也。寿民时客邗上。"该画藏故宫博物院。

还有《茶馨图》,画面为盖碗茶和竹编茶叶盒。左上题宋人程宣子《茶夹铭》:"石筋山脉,钟异于茶。馨含雪尺,秀启雷车。采之撷之,收英敛华。苏兰薪桂,云液露芽。清风两腋,玄浦盈涯。程宣子《茶夹铭》。寿民。"该画藏故宫博物院。同一题款还出现在多幅茶壶画上。

二、薛怀——《山窗清供》蕴清风

边寿民之画风,对其外甥薛怀影响较大,尤其是茶壶画、花鸟画,有的构图和题款与边寿民非常相似。

薛怀(1717—1804),字季思、小凤,号竹居老人,桃源(今江苏泗阳)人,居山阳(今江苏淮安)。著名花鸟画家。边寿民外甥。自幼在淮安随边寿民学画,故耳濡目染,得其真传,亦以芦雁驰名,在清代花鸟画中具有重要位置。

薛怀爱茶,有涉茶画《博古》《茗事图》等多幅。其《茗事图》构图模仿边寿民《壶茶图》,题款完全相似:"古人称茶为晚香候,苏长公有诗可诵,活水仍须活火烹,自临钓石汲深清,大瓢贮月归香瓮,小杓分江入夜瓶。雪乳已翻煎处脚,松风犹作泻时声。枯肠未易倾三盏,卧听山城长短更。竹居薛怀。"

其代表作《山窗清供图》,为著名茶壶画。该画以线描绘,有大、小茶壶和盖碗各一,明暗表现恰到好处,左上题有五代诗人胡峤诗句:"沾牙旧姓余甘氏,破睡当封不夜侯。"另有画家好友诗人、书家朱显渚题六言诗一首:"洛下备罗案上,松陵兼到经中,总待新泉活水,相从栩栩清风。"表现了文人雅士、隐士,在山中书屋耐得寂寞品茗读书、修身养性的清寂之美。

薛怀《山窗清供图》

三、陈曼生——茶熟菊开候客来

"千年紫砂，绵延至今；雅俗共赏，文化先行；前有陈曼生，后有梅调鼎。"这是关于紫砂文人壶当代流传较广的一句评语。

陈曼生嗜茶爱壶，不仅为紫砂文人壶翘楚，其茶壶画亦享誉于世。

陈曼生（1768—1882），原名鸿寿，字子恭，号曼生、恭寿、翼盦、种榆仙吏、种榆仙客、夹谷亭长等，浙江钱塘（今杭州）人。书画家、篆刻家、紫砂文人壶开山鼻祖、官员。嘉庆六年（1801）拔贡，曾任赣榆代知县、溧阳知县、江南海防同知。篆刻取法秦、汉，旁及丁敬、黄易，善于切刀，刀法纵肆爽利，对后来取法浙派者影响颇大，为"西泠八家"之一。善书法，能画山水、花卉、兰竹。著有《种榆仙馆印谱》《种榆仙馆诗集》《桑连理馆集》等。

其多年为官，与文人壶友交游甚广，与杨彭年、凤年兄妹等多名制壶名家合作曼生壶，融造型、文学、书画、篆刻于一壶，以造型别致，原创铭文独具匠心，附刻山水花鸟画为主要特色。

陈曼生爱壶及画，画过多幅《壶菊图》，其中上海博物馆藏有其三幅《壶菊图》册页，构图相近，均以紫砂壶和菊花入画，画面简洁，清秀可爱，足见曼生嗜壶之癖。三幅画均有相同题款：

茶已熟，菊正开；赏秋人，来不来？

该题款笔调轻松，读来可亲。正是菊黄时节，主人烹茶以候，以茶会友，期待老友前来品茗赏菊。

此题款常被后人用于茶壶画或壶铭。

稍晚于陈曼生的宁波慈城籍书法大师、诗人梅调鼎（1839—1906），曾创

陈曼生《壶菊图》之一（上海博物馆藏）

办玉成窑，在一把笠翁壶上所题壶铭有异曲同工之妙，或为受此影响。其铭曰："茶已熟，雨正蒙，戴笠来，苏长公。"

《壶菊图》另有题识云：

> 杨君彭年制茗壶，得龚时遗法。而余又爱壶，并亦有制壶之癖，终未能如此壶之精妙者，图之以俟同好之赏。

该题识一是赞美杨彭年制壶之精妙，传承了龚（供）春造壶遗法。二是介绍自己嗜好紫砂壶，也有制壶之癖好，自谦技艺欠缺，无法与精妙者相比，因此创作《壶菊图》供同好欣赏。

嗜壶、制壶、画壶，陈曼生当为紫砂第一人。他多次绘画《壶菊图》，期望能有更多茗壶爱好者，同赏砂壶之美。这应该是其夙愿吧。

陈曼生《壶菊图》之二
（上海博物馆藏）

四、吴昌硕——梅梢春雪活火煎

清末民初著名书画家、篆刻家、诗人吴昌硕（1844—1927），浙江安吉人。酷爱梅花，嗜好茶饮，作有数十幅《茗具梅花图》《茶菊清供图》《茶壶幽兰》等茶壶与梅花、菊花、兰花相关的茶壶画。

吴昌硕《品茗图》

　　其茶壶与梅花代表作有《品茗图》。该画以浓墨劲写梅花，以素墨淡写茶具，形成鲜明对比。画面中一丛墨梅绽放，线条浓淡相间，交叉错落，春意盎然；淡绿色茶壶造型别致，白色瓷杯晶莹剔透，茶香与梅香跃然纸上，相映成趣。左上题款云"梅梢春雪活火煎，山中人兮仙乎仙"表达了画家摆脱世间尘杂，向往陶渊明"采菊东篱下，悠然见南山"式的田园生活，与三五好友煮雪烹茶，于梅林香雪海中，静心品茗赏梅的内心世界；同时体现了画家高洁、淡泊的性情和高超的审美情趣。

　　该题款还出现在多幅同类茶壶画中。

　　其《茶壶幽兰图》画面为两枝剑兰，茶壶为翡翠色，同为白色瓷杯，茶香与兰香相融。右下角题款云"写案头即景，却似种榆仙馆主人得意之作，朱漕帅涉笔，亦时时有此隽想。苦铁"。其中"种榆仙馆"为陈曼生大号，苦铁为画家大号，意为画家案头常备茶具、兰花，即兴之作，颇有陈曼生、朱漕帅书画之风，描绘了画家于书斋中以兰、茶为友，启迪灵感之高雅艺术与审美情趣。

吴昌硕《茶壶幽兰图》

　　其《菊花茶具图》画面均为文人雅士心爱之物：一枝盛开的菊花，一把淡绿色茶壶，一对白色瓷杯中，注有金黄色茶水，花盆中有两丛茂盛的菖蒲，下方左右有五枚枇杷，没有题款。画面布局和谐，富有美感，展现了画家娴熟高超的绘画艺术和审美情趣。

吴昌硕《菊花茶具图》

五、齐白石——梅花茶具叙乡谊

现当代茶壶画中，最著名的当数国画大师齐白石的《梅花茶具图》。

齐白石（1864—1957），原名纯芝，字渭青，号兰亭，后改名璜，字濒生，号白石、老萍、饿叟、借山吟馆主者、三百石印富翁等，祖籍安徽宿州砀山，生于湖南湘潭，近现代国画大师，世界文化名人。

齐白石敬赠毛泽东主席《梅花茶具图》（作于 1952 年）

1952 年 12 月 26 日，是毛泽东（1893—1976）主席 59 岁（60 虚岁）生日。毛泽东与齐白石同乡，虽未曾谋面，但乡谊深厚，曾邀请齐白石到中南海家宴。齐白石崇敬毛泽东，此前曾为毛泽东治印。这年岁末，他还想作一幅国画，祝贺毛泽东 60 岁生日。这便是《梅花茶具图》的诞生背景。

《梅花茶具图》画面为一枝红梅，一把抽象紫砂壶，两个印花瓷杯，构图简洁，恰到好处，既超凡脱俗，又拙朴亲切。左有边款："毛主席正，九十二岁齐璜"，钤有"大匠之门"等三枚印章。

该画寓意美妙，红梅具有喜庆色彩，同时象征毛泽东高贵品格；而细细品味，齐白石与毛泽东俱入画中，两个杯子，象征两位同乡好友，一个是叱咤风云的领袖人物，一个是享誉世界的画坛大师，仿佛两人一边品茗，一边观赏红梅，畅谈艺术与人生，家事与国事，意境深远。

齐白石《酒壶螃蟹图》
（酒壶为茶壶造型）

齐白石还画过《酒壶螃蟹图》等作品，主题为酒，酒壶为茶壶，别具美感，不同于画家所画其他酒壶，这可能是画家对茶壶之偏爱。

六、结语：源于生活，美于生活

综上，边寿民、薛怀、陈曼生、吴昌硕、齐白石五位书画名家或大师所作茶壶画，源于生活，美于生活，别具美感，为中国茶文化留下了精彩之笔。

参考文献

裘纪平，2014. 中国茶画. 杭州：浙江摄影出版社.

浅析潘天寿茶画艺术、人情之美

徐国青

摘要： 浙江宁海籍国画大师潘天寿，先后作有指墨画《旧友晤谈图》和国画小品《与君共岁华》《陶然》三幅茶画，本文浅析其艺术特色与人情之美。

关键词： 潘天寿；茶画；《旧友晤谈图》；《与君共岁华》；《陶然》

潘天寿（1897—1971），浙江宁海人。字大颐，号寿者、雷婆头峰寿者等。毕业于浙江省立第一师范学校。曾任上海美术专科学校、上海新华艺术专科学校教授。1928 年到浙江美术学院前身——杭州国立艺术院任国画主任教授。1945 年任国立艺专校长。1959 年任浙江美术学院院长。曾任中国美术协会副主席、全国人大代表。其书画艺术博采众长，尤于石涛、八大、吴昌硕诸家中用宏取精，形成个人独特风格，不仅笔墨苍古、凝炼老辣，而且大气磅礴，雄浑奇崛，具有摄人心魄的力量感和现代结构美，诗书画印熔为一炉，造诣极高，成为中国近代花鸟画继齐白石、吴昌硕、黄宾虹之后的又一艺术高峰。其人品与画品均为画坛所称道。著有《中国绘画史》《听天阁画谈随笔》《听天阁诗存》等。人民美术出版社、中国美术学院出版社等出版了多种《潘天寿画册》。

潘天寿已见有三幅茶画，分别是指墨画《旧友晤谈图》，国画小品《与君共岁华》《陶然》。三幅茶画均为友情与感恩所作，除了艺术美感，更有人情之美，本文就此作一浅析。

徐国青（1966—），浙江宁波人。中国致公党党员，农业推广（茶文化研究）硕士，宁波保税区管理委员会干部，《中华茶通典·茶人典·明清卷》副主编。已发表多篇学术文章，著有《徐国青文集——谈茶说事议政》等。

潘天寿在杭州景云村寓所止止室作画（1961年）

一、《旧友晤谈图》——指墨杰作，老友情深

潘天寿擅长指墨画，《旧友晤谈图》为唯一茶文化指墨画大作。该画作于1948年，现藏杭州潘天寿纪念馆。

该画画面为巨岩如壁，蕉林成荫，两位饱经风霜、仙风道骨之高士，端坐于茶几前，满脸络腮胡的主人正面而坐，似乎正在娓娓诉说，侧身而坐一位则在认真聆听，两人表情丰富。

画面上方题诗云：

> 好友久离别，晤言倍觉欢。峰青昨夜雨，花紫隔林峦。
>
> 世乱人多隐，天高春尚寒。此来应少住，剪韭共加餐。

画面与诗句主题都容易理解，当时正处于解放战争，两位久违老友，乱世之时难得相逢，对坐品茶，闲谈乱世之艰辛。"此来应少住，剪韭共加餐"，体现主人人情之美，尽管生计艰难，依然挽留老友小住时日，有时蔬便饭可以招待。字里行间隐隐透露出画家无奈的避世之情。

指墨画《旧友晤谈图》（图中老友重逢，品茶谈心。纸本设色，规格：90.7厘米×40.5厘米）

该画画题和题诗均未见"茶"字，被作为涉茶名作，是因为矮几上放着一壶两杯，这是非常巧妙的点缀，与画题"旧友晤谈"相呼应，突出了"晤谈"之主题，这是画家的高明之处。

该画既有大处落墨，如巨岩芭蕉；又有精彩细节，作为指墨画，能将人物面部表情以及一壶两杯，刻画得如此细腻，情景交融，实属难得。

二、《与君共岁华》——"梅花茶具"记深情

潘天寿的另一幅水墨梅花茶具图《与君共岁华》，记载了画家与徐伯璞夫妇的深情厚谊。

1945 年抗日战争期间，潘天寿任国立艺术专科学校教师，后在美术教育委员会任职，与时在国民政府教育部任职的徐伯璞（1902—2003）及夫人、重庆某小学教师蔡铭竹（1909—1980）一家过往较密。他们相识于 1930 年，1944 年又在重庆相聚。

潘氏与徐氏意趣相投，当时潘氏单身，生活清苦，其间徐氏经常邀请潘天寿到家中小酌。潘氏则常在徐氏家作画，凡中意之作，均赠送徐氏夫妇。1945 年春节，徐氏又邀请潘氏到家中品茗赏梅，共度佳节。潘氏颇有雅兴，即兴泼墨《与君共岁华》题赠女主人。这是作者和徐家交往和友谊的历史见证，也是对徐家女主人殷勤款待的答谢和赞美。

国画小品《与君共岁华》（藏江苏淮安市博物馆。纸本，规格：23 厘米×64 厘米）

画题《与君共岁华》，意为画家与徐氏一家度过的一段难忘岁月。画面赏心悦目，笔墨简约，一把茶壶、两枝梅花、一只茶杯。茶壶为造型古雅朴拙的陶壶，以阔笔重墨皴染，古意盎然。茶杯以淡如轻烟的笔触勾写，给人以现代感。壶、杯之间，自左向右平放着两枝三叉梅花，疏影横斜，节律自然。花有盛开的，也有含苞待放的花蕾，孤清冷艳，姿质幽美，暗香浮动，茶香梅馨跃然纸上。

此图看似不经意之作，实则朴中藏华，虽貌似平淡，然平中见奇，寓意深刻。使人联想到画中之情、画外之画——知音好友一边品茗，一边赏梅，此情

多静好，与君共岁华。其乐融融，其情浓浓，情深意长跃然纸上。题款"铭竹嫂夫人鉴可"即徐氏夫人蔡铭竹女士。画家以茶之清淡、梅之高雅，暗喻主人品格高洁。

1984年，身为著名画家和书画收藏家、年逾八旬的徐伯璞，将潘天寿重庆期间赠送他的《与君共岁华》等7幅作品，捐献给江苏淮安市博物馆，最近几年才与诸媒体与读者见面。该画可与齐白石的著名茶画《梅花茶具图》相媲美，为现代茶画难得的名家名作。

三、《陶然图》答谢苏联授予名誉院士

20世纪50年代，中苏关系和谐友好，同时体现在文化艺术交流方面。1958年7月，潘天寿作为著名画家，其作品颇受苏联艺术界欣赏和重视，被苏联艺术科学院授予名誉院士；同年12月，其作品在莫斯科"社会主义国家造型艺术展览会"展出；1959年，其作品再次应邀参加苏联举办的"我们同时代人"展览。

在此期间，潘天寿作有茶画《陶然图》。其画面为左右布局，左边为几片墨叶衬着一朵红花，右边为一把抽象而独具美感陶壶、两个茶杯，虽然寥寥数笔，但颇得稚拙天真之趣，好一幅悠悠然让人倍感闲适的清供小品。

《陶然图》画题写于壶身，题款"苏联十月革命节"，落款"寿"，钤印"潘天寿（白）"，均恰到好处。

画题《陶然图》，意为喜悦、快乐，如陶然自乐。表达了作者花下对饮，品茗赏菊，满怀欣喜之情。可以想见，潘老此时的心情亦是"陶然"的。

国画小品《陶然图》（个人收藏。设色纸本，规格：39厘米×41厘米）

"十月革命"是俄国工人阶级在布尔什维克党领导下,联合贫农所完成的社会主义革命。1917年,苏联将每年俄历10月25日(公历11月7日)定为"十月革命节"。

《陶然图》未署作画时间,但可以推测大概作于1958年或1959年,可以理解为画家对苏联艺术科学院授予名誉院士、两次邀请赴苏联画展的感恩与答谢之情。此画也可能参加过上述画展。

四、结语:有情画更美

综上所述,国画大师潘天寿,三幅茶画均为友情与感恩所作,分别记载了个人命运与国家休戚与共的家国情怀:其中《与君共岁华》,记载了抗日期间避难重庆,难得与挚友徐伯璞夫妇共度时艰的深厚友谊;《旧友晤谈图》记载了国共内战时期无奈的避世之情;《陶然图》则是20世纪50年代后期,作者全身投入教学与创作、获得苏联荣誉之喜悦与快乐心境的真实写照。这些名作,本已极具美感,更为难得的是,画中蕴深情,有情画更美,更具特色,无疑加深了这些茶文化佳作的审美意义。

参考文献

王厚宇,刘振永,2014. 沉雄博大 笔墨苍古——潘天寿抗战时期的七幅作品解读. 收藏家(2).

竺济法,2014. 潘天寿指墨茶画称绝响. 美术报.

从《惠山茶会图》看明代文人茶事之美

赵咪咪

摘要：明代是文人茶勃兴的时代，《惠山茶会图》是"明四家"之一的文徵明创作的一幅记事性茶画，记录了其与好友赴惠山品茗的一幕，是其时吴地文人茶事的缩影。本文以该画为依据，结合史料，研究画面所呈现的茶风、茶境和茶人之美，从而管窥明代文人茶事的审美意蕴。

关键词：《惠山茶会图》；明代；文人茶

魏晋以降，门阀制度的衰落和科举制度的渐起，催生了文人阶层的兴起，在政治经济中心南移及禅宗文化的影响下，渐渐形成了"言有尽而意无穷"的文人审美。文人茶作为一种独特的审美现象，不局限于日常饮食，而跃升为一种精神追求，灌注了文人的高远理想和对生活与美的阐释。明代制茶、饮茶方式的变革让饮茶摆脱了繁复的点饮程序和斗茶取乐的羁绊，致使文人事茶更加纯粹、超脱。文徵明是明代吴门画派的代表画家之一，与沈周、唐寅、仇英共称"明四家"，善画山水，多写园林山水和文人生活，笔墨清雅秀美，意境恬淡温平，其创作的十余幅茶画作品如《惠山茶会图》《品茶图》《茶具十咏图》等是我们研究明代文人茶的重要线索。《惠山茶会图》是其以"细笔"笔致创作的"青绿山水"风格的记事性画作，描绘了明正德十三年（1518）二月十九日，文徵明与好友蔡羽、王宠、汤珍等共赴惠山汲泉品水、啜茗论道的场景。在"诗贵平易，洞达自然，含韵不露"的明代美学潜流中，《惠山茶会图》向我们揭示了明代文人茶呈现的自然、清逸、雅致和简约的审美意蕴。

明代文人茶研究主要集中于中国学者，台湾学者吴智和是该课题的先行学

————————————

赵咪咪（1989—），女，浙江杭州人。杭州市农业科学研究院助理馆员，浙江农林大学中外比较艺术专业硕士在读，主要研究中日茶文化。

者，其 30 余篇（部）论著内容涵盖了文人茶事、饮茶生活、茶寮茶会等诸多方面，此后研究层出不穷，论文粗计几百篇，大致可分为明代文人饮茶生活研究；明代文人茶文学、绘画艺术研究；明代文人茶精神与审美意蕴研究等三方面①。《惠山茶会图》研究则多侧重视觉呈现，解读画面的构图、设色、着墨等，并略加探讨历史与人物渊源。古画是我们还原历史的一个重要依据，绘画与文本相互参照为我们了解过去提供了更多的可能性，《惠山茶会图》在绘画的直观呈现之外，蔡羽撰写的序和后附的十数首诗，都为我们研究明代文人茶提供了一手资料。因此，本文试图从此画出发，结合茶书史料，探讨明代文人茶事的茶风、茶境与茶人之美，以期为我们理解明士儒雅生活的美学意蕴有所裨益。

《惠山茶会图》

一、简约闲适的茶风之美

明代是中国茶文化革新的时代，最突出的表现是政策主导下散茶的普及推广。散茶冲泡的饮茶方式并不是明代的创举，唐宋时期上流阶层虽然流行煎煮点饮，将茶蒸制捣碎后置于模具中定型成团饼状为茶叶的主流制作方式，但在民间已经开始出现了茶叶散制并以沸水冲之的饮茶方法，因其与饼茶相比无论是茶叶制作、品饮程序都简易不少，也无须精致昂贵的器具匹配，颇受百姓欢迎。"至洪武二十四年（1391）九月，上以重劳民力，罢造龙团，惟采茶芽以进。"出身寒微的明太祖朱元璋主张节俭的治国政策，鉴于团饼茶制作和官焙

---

① 此三类研究分别有：吴智和《中明茶人集团的饮茶性灵生活》（1992）、《明代茶人的茶寮意匠》（1993）、《明代的茶人集团》（1993），廖宝秀《明代文人的茶空间与茶器陈设》（2015）、《明后期江南的文人茶空间解读及当代价值》（2017）、蔡定益《论明代文人的饮茶环境》（2019）等；林玉洁《明代茶诗与明代文人的精神生活》（2012）、董怡倩《文徵明茶事图研究》（2015）、蔡定益《明代茶书研究》（2016）、吴凯哥《明代茶画中品茗空间的意境浅析》（2019）等；施由明《论明清文人与中国茶文化》（2005）、袁薇《明中晚期文人饮茶生活的艺术精神》（2011）、孙席席《晚明文人茶事美学意蕴研究》（2016）等。

贡茶制度费时费力、劳民伤财，不利于新政权建立时期社会经济的恢复和发展，下令废团茶而兴散茶。茶叶制作方式的改变直接导致了品饮形式、饮茶器具发生了巨大的变革，沸水直接冲泡散茶的瀹饮法取代点茶法而成为主流。至明代中叶，"惟闽广间用末茶，而叶茶之用，遍于中国，而外夷亦然，世不复知有末茶矣"。

《惠山茶会图》画面人物共八人，左侧矮桌边一士子呈拱手作揖状，两茶童一置具备茶、一对扇炉备火，茅亭下两士子围坐井边；画面偏右部一茶童背影立于小径边，松林中两士子散步其间、面对闲谈，从《惠山茶会图》中文人的闲适状态来看，明代文人茶会已与宋徽宗赵佶《文会图》所记录的宫廷文士茶宴大相径庭，不似宋时茶宴众人端坐桌边那般慎重和精致，也不是刘松年《斗茶图》《卢仝煎茶图》所展示的南宋斗茶民俗洋溢着的街井趣味，而具有一种以茶叙友、借茶畅怀的恣意随性之感，可以想见以茶寄怀是文人与世界、与自我相处的一种方式。画面左侧案几上自左而右陈列着茶瓶、茶洗、茶瓯、都篮等，案几旁置一竹炉①，炉上汤瓶煮水候汤，无论是从茶具的数量还是精致程度，都与宋代茶宴无可比拟，显示出一种简约、随性、舒朗之美，而这种精简化趋向就是明代制茶饮茶方式变革的直接表现。

明代散茶与唐宋团饼茶最大的区别是不再经历繁复的蒸煮、捣制、模压、焙火等程序，也不再人为地添加香料，而是随摘随制，直接以茶叶的原生形态进行加工炒制，在制茶程序上大为简化。明人认为唐宋时期和以名香的制作方式掩盖了茶的天然香气，推崇茶之真味，"然简便异常，天趣悉备，可谓尽茶之真味矣"，且对于伴茶之小食亦有择选，"不宜以珍果、香草夺之"。散茶瀹饮程序主要是洗茶、候汤、投茶、注汤②，与宋代点茶相比除却了将饼茶碾磨的炙茶、碾茶、罗茶环节，也省去了熁盏、注汤和点饮的复杂步骤，更加接近今日的饮茶形式。散茶茶汤清澈，无须黑色映衬点茶形成的白色浮沫，故在茶器择选上更偏爱浅色质地从而能在啜饮之时欣赏茶叶在水中舒展游弋之美，"盏以雪白者为上，蓝白者不损茶色，次之"。

二、松风竹月的茶境之美

《惠山茶会图》记录了文徵明与好友相约惠山品茗鉴泉的一场茶会雅事，

---

① 按《惠山茶会图序》载，煮水火具应为王氏鼎，但文徵明所画形似竹炉，为明代文人流行的煮水器具。

② 参见许次纾《茶疏》，同时期文人屠隆所撰茶书《茶笺》中另有熁盏一条：凡点茶，必须熁盏，令热则茶面聚乳；冷则茶色不浮，但参考该文上下文内容此条应是宋代点茶遗风，并非明代饮茶的普遍程序，故未纳入。

不似传统中国山水画以全景式构图突出山水场景的壮阔情怀，文徵明在该图创作上摒弃了宋代郭熙提出的"高远、平远、深远"之传统山水画圭臬，而采取了"截取式"的构图方式，着眼于茶会场面，捕捉了文人汲泉煮茗、恣意放怀的闲适时刻，是明代文人茶会的真实再现。山石、松林、茅亭构筑了独具韵味的品茗意境，从中可以窥见明代文人茶事的茶境之美。

明代文人注重饮茶环境，"茶宜凉台静室，明窗曲几，僧寮道院，松风竹月，晏坐行吟，清谭把卷"。明人饮茶大致不外茶寮书斋、僧寮道院和亭榭山水，茶寮书斋即或为专事饮茶的茶寮，"洁一室，横榻陈几其中，炉香茗瓯，萧然不杂他物，但独尘凝想，自然有清灵之气来集我身"。或在书斋中独僻一隅，"宾至瀹茗燃香，论往事或杂农谈"明代文人乐于与僧侣道袍交游往来，僧寮道院自然是文人品茗玄谈的绝佳之处，梵音四起，事茶礼佛，似乎也是明代文人的一种修行，"而僧所烹点，绝味清，乳面不黟，是具入清净味中三昧者。"明士还尤为偏爱山林野趣，或在青松怪石下寻一适处悠然品茶，一如文徵明的《乔林煮茗图》；或寻一亭榭草庐舒放性灵，正如《惠山茶会图》。对自然的喜爱不无道理，古人认为优质甘洌的水源有利于焕发茶的滋味，对水质的偏执甚而有"竹符调水"的佳话，从现代茶学来看亦不无道理。对于水的评判则依陆羽的"山水上，江水次，井水下"，故在山林深处以山水烹茗十分相得。画中惠山位于无锡西郊，惠山泉则开凿于唐代，张又新在《煎茶水记》中称：无锡惠山寺石水第二。此后，以惠山泉水烹茗为文人效古的一大雅事。至明代，对于惠山泉又有了新的定位，"今时品水，必首惠泉，甘鲜膏腴，致足贵也"，惠泉泉水至甘至美，用以烹茶最为相宜。

三、恣意畅怀的茶人之美

"戊子为二月十九清明日，少雨求无锡未逮，惠山十里天忽霁。日午造泉所，乃举王氏鼎，立二泉亭下。七人者环亭坐，注泉于鼎，三沸而三啜之，识水品之高，仰古人之趣，各陶陶然不能去矣。"[①] 据蔡羽撰写的《惠山茶会序》，该图记录的是文徵明与好友蔡羽、汤珍、王守、王宠、潘和甫、朱朗同游惠山品茗的场景，台湾学者吴智和考证除潘、朱二氏不详外，其余五人在正德十三年时皆为生员的身份。而据学者蔡定益统计，明代茶书的作者以并未出仕的文人居多，明代现存茶书 50 种，作者 50 人次，除身份不详者 3 人次外，47 人次中文人 24 人次，占比超半数，这种布衣文人热衷茶事的现象与其时的社会政治与文艺倾向有关。

---

① 参见北京故宫博物院官网《惠山茶会图》。

一方面，在明初极端专制的政治形态下，文人对于入世普遍采取较为消极的态度，无法进入仕途的受教育人数与日俱增，同时，明朝的科举制度以狭隘著称，考试的内容只能出自朱熹注释的四书，这种对某一个学者的解释的强调，把儒生们的备考与精神生活分离开来，也许正缘于此，文人们转而在茶的世界中寻求精神的寄托和人生的释怀。"予尝举白眼而望青天，汲清泉而烹活火，自谓与天语以扩心志之大，符水火以副内炼之功。得非游心于茶灶，又将有裨于修养之道矣。"明初朱权的这段话近乎明代文人以茶寄怀的内心独白，他作为朱元璋的第十七子，在靖难之役中被明成祖朱棣要挟共同反叛建文帝，朱棣即位后将宁王朱权幽禁于南昌，政治上的软弱和不得志使得他悠游于文艺世界和茶事之中，寻求心灵上的自我放逐。

另一方面，以"三言二拍"为代表的市民文学的繁荣，是明代文艺由传统儒家文化视域下的"诗词歌赋"转向抒发生活况味的世俗文学倾向的表征。这种文艺审美的变迁及于文人的影响是在文艺创作中明显具有的日常气息，《惠山茶会图》截取友人茶会题材就体现了这种接近世俗生活的时代潮流倾向。与儒家美学所继承的对感性需求的虽不排斥但求节制相比，明代文人"赋性舒朗，狂逸不羁"，具有一种自由表达和自在生活的欲望。有如文徵明之辈的在野不仕文人，在儒家追求功名及第的价值观和"独抒性灵"的自我价值实现中矛盾和困惑，通过瀹茗品泉清心悦志、畅怀舒啸。

结　　语

李泽厚在《美学三书》中阐释美的本质时，称"美"一方面是物质的感性存在，与人的感性需要、享受、感官直接相关；另一方面又具有社会意义，与人的理性相连，这两方面说明美的存在离不开人的存在。以此观之，明代文人茶事之美，是文人追求茶与水的感官享受和借茶抒怀、以茶明志的精神探索的相互关照，而其底流是明代政治社会的变革和文艺思潮的变迁。

在《惠山茶会序》的结尾处有如此叙述：然世之熟视吾辈，则不能无疑，以为无情于山水泉石，非知吾者也；以为有情于山水泉石，非知吾者也。诸君子稷卨器也，为大朝和九鼎而未偶，姑适意于泉石，以陆羽为归。对于醉心茶事的明代不仕文人而言，纵情山水抑或不问世事都不是他们的处世哲学，在屋漏而养德、群居而讲艺、寄情于茶事中释放怀才不遇的苦闷，进而寻求精神的归属，这才是他们自我精进的一种方式。这种近乎入世而又超然的内心状态几乎是明代文人的人生况景，也是明代文人茶的美学基调，他们在日常茶事中探寻自在逍遥的生命状态，从而实现审美情韵、人生志趣和人格理想的交融。

参考文献

蔡定益，2016. 明代茶书研究. 合肥：安徽大学.

郭光，2012. 中国茶书：英文版. 北京：中国青年出版社.

胡居仁，1991. 胡文敬集外三种. 上海：上海古籍出版社.

李日华，2010. 六研斋笔记. 南京：凤凰出版社.

陆树声，1985. 茶寮记. 北京：中华书局.

邱浚，1999. 大学衍义补：上册. 北京：京华出版社.

沈德符，1998. 万历野获编. 侯会，选注. 北京：北京燕山出版社.

文震亨，2010. 长物志. 北京：金城出版社.

吴智和，1993. 明代茶人集团的社会组织——以茶会类型为例. 明史研究第，3：114-126.

许次纾，1985. 茶疏. 北京：中华书局.

朱权，田艺蘅，2012. 中华生活经典　茶谱·煮泉小品. 北京：中华书局.

朱自振，沈冬梅，2010. 中国古代茶书集成. 上海：上海文化出版社.

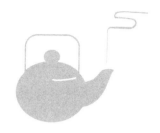

试探中外茶食之美

马亚平　杨浩礼　姚国坤

　　在生活中，人们为了享受饮茶给自身带来的愉悦美感，仅仅有一杯好茶还是不够的。好茶还须好食配，只有这样，才能真正品尝到饮茶给人们带来的乐趣。值得一提的是饮茶配食在中国虽然已有千年以上历史，但"茶食"一词的出现，却始于宋·宇文懋昭撰《大金国志·婚姻》，曰："婿纳币，皆先期拜门，亲属偕行，以酒馔往……次进蜜糕，人各一盘，曰茶食。"对此，南宋周煇《北辕录》亦有云："金国宴南使，未行酒，先设茶筵，进茶一盏，谓之茶食。"表明古时茶食指的是包括茶在内的糕点和蜜饯之类的总称。

　　不过，在现实生活中，茶食并非等同普通食物，它除了具有一般食物的共性美外，更具有其独特的个性美。主要表现有以下"四个美"。

　　气质美：茶食形体窈窕，色泽显艳，香气扑鼻，滋味清淡，催人叫绝。

　　名称美：茶食名称意味深长，回味无穷，如太极八卦、葵花向阳、东方美人等，使人美轮美奂，思绪万千。

　　风骨美：茶食用料讲究，做工精细，亦诗亦画，如西湖十景、龙井虾仁、

　　马亚平（1962—），浙江诸暨人。高级农艺师，浙江省诸暨绿剑茶业有限公司董事长、中国茶叶标准化委员会委员、浙江省茶文化研究会副会长。

　　杨浩礼（1961—），陕西扶风人。馆员，陕西法门寺博物馆综合办公室主任，中国国际茶文化研究会茶器具研究院办公室主任，陕西省博物馆学会会员。

　　姚国坤（1937—），浙江余姚人。研究员，中国国际茶文化研究会学术委员会副主任，世界茶文化学会（日本注册）副会长，享受国务院特殊津贴专家。

太极碧螺等，要求原料新鲜，容不得有腥膻混杂之味。

韵味美：茶食看似平淡，个中滋味意韵深长，定胜糕、三生汤、龙虎斗、茶缤纷等，催人遐想联翩。

一、茶食的形成与发展

中国是茶的原产地，茶的发现和利用是从中国开始的。据清代陈元龙《格致镜原·饮食类》载："[本草]神农尝百草，一日而遇七十毒，得茶而解之。"表明茶的利用最早是在神农时从食茶开始的。按此推算，食茶已有五千年左右的历史了。

至于以茶做菜的记载，首见于《晏子春秋》，这是一部记录齐国政治家晏婴（公元前547—前490）言行的典籍，其中"食脱粟之饭，炙三弋五卵，茗菜而已"，说明约在2500年前的春秋时，就有用茶做菜之举了。

三国（220—265）魏时，张揖《广雅》中有"荆巴间采茶作饼，成以米膏出之……用葱姜芼之"之述。表明早在1800多年前，人们已经知道用茶做食物了。

用茶做羹的记载，在1700年前晋代（265—420）的郭璞《尔雅注》中：就说到茶"树小如栀子，冬生叶，可煮羹饮"。对此，《晋书》也记述："吴人采茶煮之，曰茗粥。"

茶宴是朋友间以茶为载体，并配以茶食的一种清谈雅举，在魏晋南北朝时，据《晋中兴书》记载：陆纳为吴兴太守时，卫将军谢安常欲诣纳。"安既至，所设唯茶果而已"。对此，《晋书》也有类似记载：说桓温为扬州牧时，"每宴饮，唯下七尊柈茶果而已"。

至1600年前南北朝（420—589）时，在刘宋山谦之《吴兴记》中就有用茶食作宴的记载。

唐（618—907）时，茶宴在全国范围内兴起，以茶添食之举，兴盛一时，在钱起的《与赵莒茶宴》、鲍君徽的《东亭茶宴》、李嘉祐的《东峰茶宴》、白居易的《境会亭欢宴》、吕温的《三月三日茶宴》等作品中都有记载。特别是大唐宫廷举办的清明（茶）宴，茶食更是盛极一事。

与此同时，随着茶的西传西域，东播日本、朝鲜半岛，为以后西域、吐蕃的游牧民族的饮茶佐食，以及日本、韩国的饮茶添点文化的形成与发展开创了先河。

入宋后，在蔡京的《延福宫曲宴记》中，专门记录了宋徽宗赵佶亲自烹茶赐点给重臣的情景。其时，寺院中用茶配点的禅林茶宴也开始兴盛起来，最负盛名的是浙江余杭径山（寺）茶宴。至于民间，在南宋吴自牧所著的笔记《梦梁录》中，对茶食则有更多的记述。它表明茶食已在全国范围内普及开来，成为社会一业。

唐代墓壁画《宴饮》图

自宋以后，历经明清，直至现当代社会，随着人们对物质、精神和文化生活的提升，茶食业又有新的发展与提升。

20 世纪的北京茶食店

而与此同时，随着中国饮茶文化从陆海两路的向外传播，茶食文化也随之出现在世界各地，形成了各具特色的各国茶食文化。日本的茶道茶食、英国的下午茶茶食、摩洛哥的薄荷茶茶食、美国的冰茶茶食、印度的舔茶茶食、俄罗斯的甜茶茶食、蒙古国的咸奶茶茶食等，都是具有代表性和个性化的各国茶食文化的体现。

二、各国茶食的区域分布与特色

如今，在全世界 220 多个国家和地区中，约有 160 个国家和地区有饮茶风习，占全世界国家和地区总数的 70% 左右；在全世界 70 多亿人口中，有近 30 亿人钟情于饮茶，饮茶人口占世界总数的 40% 以上。

当因茶而生的茶食文化进入世界各国以后，由于各地各民族都具有属于各自的物质文化和精神文化，从而使各国的茶食文化呈现出各自的民族特色。在这一格局下，全球的茶食文化形成了各具风格、但又相对一致的四个主要区域特色。

（一）以东北亚清茶饮为代表的茶食区域

东北亚通常是指中国、日本、韩国、朝鲜、蒙古国以及俄罗斯的远东地区。在这一区域内，除蒙古国因地处戈壁沙漠，多草原，游牧民族占了很大比重，有喜爱喝咸奶茶、食烧烤的习惯外，其余各国由于地处茶树原产地及其周边地区，历史上文化交流密切，是东方饮食文化中最具有代表性的区域。茶食文化在这一区域内，至少具有 3 个相对一致的共同特点。

1. 历史久远，品种花色繁多　在这一区域，茶食呈现至少在千年以上，且品类繁多，可以饮茶入食的四时果品、各式糕点、时鲜菜肴，应有尽有。有的茶食已承传千古，保持长盛不衰。

2. 崇尚清饮，力求茶食洁净　这里除蒙古国和中国西部边疆少数民族兄弟地区有喝酥油茶、奶茶等风习外，其余各国推崇的多是不加任何其他辅料的清饮法饮茶，饮茶力求香真味实、原汁原味。为此，与饮茶相配的茶食，要求新鲜洁净，无腥膻之味。

3. 氛围浓重，持有传统风味　由于世代相沿，饮茶添点早已成俗。所以，即便是普罗大众，也得过上"粗茶淡饭"生活。至于富裕之户，尽管可以过着"茶来伸手，饭来开口"的生活，但同样离不开茶和茶食。所以，在这一区域内，凡有客进门，总会端上一盅（茶）数件（茶食），以示地主之谊。

总之，东北亚地区自古至今，在茶食文化发展史上历来是最风光、最热门的区域。

（二）以西欧调茶饮为代表的茶食区域

西欧，包括英国、爱尔兰、荷兰、比利时、卢森堡、法国、摩纳哥等诸多国家。在这一地区内流行的是掺奶、加糖的调饮法饮茶。这是因为早先这一区域大多受英法荷殖民统治，特别是英国殖民统治的影响。因此，饮茶和茶食风习深受英国下午茶茶食文化的影响。

据查，早在 17—19 世纪，英法荷诸国，特别是英国曾是世界茶叶贩卖的主宰国。最兴盛时，世界茶叶 80% 以上的出口量都是通过英国东印度公司贩运出去的。在这一过程中，不但英国本国完全接受了这种"东方良药"，而且还创造了"下午茶"及相应的茶食文化，其影响波及北美、大洋洲等世界多个地区。英国著名学者乔治·吉辛说："英国人对专心家务的天赋，莫过于表现

在下午茶的礼仪当中。当（盛茶）杯子和（盛点）盘子发出的叮当声愈多，就有更多的人心情进入愉悦的恬静之中。"由于下午茶对英国人而言，有"不可一日无此君"之感，以致在全英到处都流行着这样一句谚语："当时钟敲响四下（指英国时间下午四点钟），世上一切瞬间为茶而停滞了。"这种饮茶添食、补充营养的方式虽兴于英国，但流行于西欧，还波及世界其他许多国家。

澳大利亚茶歇小点

下午茶为调饮红茶，通常加有牛奶和方糖，外伴有糕点与果蔬等食物，选在下午4时左右饮用，以有助于解乏和充饥。其实，在这一区域内，崇尚一日多次饮茶，只是由于特别重视午后茶及茶食的饮用，所以下午茶食文化的名声特别远扬而已。

此外，在西欧各国还流行各种茶与花果混合的花果茶。这种茶融营养和美容于一体，还能增饱眼福和口福，尤其受到女性朋友的青睐。

（三）以中东甜茶饮为代表的茶食区域

一般说来，中东地区是指地中海东部与南部区域，包括埃及、伊朗、伊拉克、以色列、科威特、卡塔尔、沙特、叙利亚、阿联酋、也门、土耳其和塞浦路斯等众多国家和地区。整个中东地区大部分属热带沙漠气候，人民以食牛羊肉，吃锅盔、馕饼，以喝乳制品为主，烤羊肉串被认为是中东饮食文化的代表。而茶的解渴、助消化、补营养，正好为当地人民改善生活品质提供了良好的饮食补充。

首先，这一区域内的大部分国家人民喜好饮红茶，只有埃及的西部等少数地方有饮绿茶的习惯；其次，是这一区域内人民饮茶方式多样，有崇尚清饮的，也有喜欢调饮的，爱好在红茶中加上牛奶，绿茶中掺杂薄荷；第三，这一地区的人民，无论是饮红茶区，还是饮绿茶区，总喜欢在茶汁中加上糖块，调成甜味茶饮用，同时饮茶尝饼，这是中东国家茶食文化的共同点。

伊朗传统茶食

（四）以东南亚杂茶饮为代表的茶食区域

东南亚是指亚洲东南部地区，包括越南、老挝、柬埔寨、缅甸、泰国、马来西亚、新加坡、印度尼西亚、菲律宾等众多国家，这里地处亚洲与大洋洲、太平洋与印度洋的"十字路口"，是国际海上交通的通道，历史是世界华人、华侨聚集最多的地区。所以，中华茶食文化在这里随处可见。

同时，进入近现代以来，随着西方的崛起，特别是鸦片战争以后，东南亚国家在西方文化的强烈冲击下，中华文化逐渐退缩成传统文化，使茶和茶食文化表现出明显的欧化，清饮茶食逐渐被摒弃，调饮茶食逐渐在生活中呈现，使之呈上升趋势。

另外，东南亚是世界上民族最复杂地区之一，主要民族不下上百个。加之，每个民族都有自己的生活习性，而相互交替的结果，构成了千姿百态的茶及茶食风俗。饮茶的种类，有饮红茶、绿茶、普洱茶的；也有饮乌龙茶、花茶、保健茶的。饮茶的方法，有崇尚不加任何调料清饮的，也有采用加入佐料调饮的。此外，更有一些特色的茶及茶食风情，为其他国家所罕见，如茶中加奶酪的马来西亚拉茶茶食、茶中烹肉的新加坡肉骨茶茶食、茶中加糖添食的印度尼西亚的凉茶茶食、茶中加盐腌制的缅甸酸茶茶食、茶中添有荷叶的越南荷花茶茶食等，为其他国家茶食所罕见。

三、当代各国茶食制品的种类与发展

当今世界各国茶食的种类是很多的，至于花式品种更多。其中，用茶掺入食物，经再加工制作而成的茶食品种，主要有五类，即茶食品、茶点心、食茶饮料、茶菜肴和茶膳，现分别阐释如下。

（一）茶食品

与一般大众食品相比，更有益于人体健康。茶食品不但能使茶的所有营养成分得到全价利用，而且还可以改善食品滋味，增添食品色彩，促进茶和食的互补。

茶食一角

茶食品的特点，总的说来是甜酸香咸，味感鲜明，形小量少，颇耐咀嚼。在现实生活中，茶与茶食总是同时登场，一则可以佐茶添话，二来能生津开胃，三是还有奉点示礼之意。

当前，茶食品的主要品种有：

1. 茶糕点　它是以面粉或米粉、油脂、蛋、乳品等为主要原料，配以各种辅料后，经再加工制作制成食品。诸如含茶的饼干、奶油面包、三明治、团子等，其特点是：小巧玲珑，口味丰富，制作精细。

2. 炒货　是指用茶粉或浓茶汁浸泡后，再经炒制而成的干货。常见的有含茶的五香豆、瓜子、松子、榛子等。

3. 蜜饯　有以鲜果直接用茶、糖浸煮后，再经干燥而成的果制品；也有用鲜果或晒干的果坯作原料，经茶、糖浸煮后加工成的半干制品。常见的有含茶的金橘饼、苹果脯、桃脯、糖冬瓜等。

4. 糖食　是糖制食品的通称，在饮茶过程中能起到调节口味的作用，日本抹茶道，在进茶前总会送上一碟甜点，一则可以调节口味，二则可以减轻对胃可能造成的刺激。常见含茶糖食有：甜点、芝麻糖、多味花生、可可桃仁等。

5. 其他　还有以茶为原料的各种茶奶糖和茶胶姆糖等。它们具有色泽鲜艳、甜而不黏、油而不腻、茶味浓醇的特点。

各类蜜饯

（二）茶点心

茶点心品种多，制作技巧精细，口味多样，形体小，量少质好，重在慢慢咀嚼，细细品味，使饮茶升华到一个更高的境界。

常见的茶点心有茶包子、茶叶面、茶盖饭、茶叶蛋等。

（三）食茶饮料

在食茶饮料中，常会加入不同的调料，使之形成不同的风味，收到不同的功效。

1. 民族食茶饮料　在长期与大自然搏斗中，世界各民族总结出了许多行之有效，且有益于身体健康的食茶饮料。在这方面，东北亚地区最为普遍，特别是中国最为常见。如：防病健身的土家族擂茶（三生汤），解渴生津的布朗族酸茶，益气提神的维吾尔族香茶，营养充饥又助消化的苗族油茶汤，去暑解渴的基诺族凉拌茶等就是例证。

2. 茶冷饮　主要是在盛夏消暑解疲之需，这方面世界各地都有，尤以日本最为普遍，主要品种有茶冰激凌、茶雪糕、茶汽水、茶啤酒等。

（四）家常茶菜

茶菜的独特之处，主要表现在三个方面：一要清淡入味，又耐咀嚼；二要无腥少腻，有鲜香味；三要用料讲究，制作精细。

用茶入菜，可用茶叶，也可用茶汁。茶菜品种，目前可供选择的不下200多款。常见的有：龙井虾仁、红茶蒸桂花鱼、清蒸茶鲫鱼、香酥茶条、绿茶芥末鸭掌、绿茶蛋黄花蟹、茶香排骨、太极碧螺、茶香鸡脯、绿茶番茄汤、茶农豆腐、绿茶椒盐虾、绿茶丝瓜汤等。

龙井虾仁

（五）保健茶膳

茶膳集保健、营养于一体，古今有之。它主要流行于中国、日本、韩国等地，茶泡饭、茶粥最为常见，其他花色品种也很多。主要品种有：

1. 保健益寿茶膳　如绿茶蜂蜜饮、红茶甜乳饮、红茶黄豆饮、红茶饴糖饮等。

2. 健脾胃助消化茶膳　如绿茶鸡蛋饮、绿茶莲子饮、红茶糯米饮、醋茶饮等。

3. 止咳祛痰茶膳　如绿茶枇杷饮、绿茶甜瓜饮等。

4. 预防心血管疾病茶膳　如绿茶柿饼饮等。

5. 清热解毒茶膳　如绿茶绿豆饮、姜茶饮、绿茶蜂蜜饮、绿茶薄荷饮、茶鸽子等。

6. 润肤美容茶膳　如芝麻茶、芝麻润肤茶等。

7. 抗癌抗辐射茶膳　如绿茶大蒜饮、绿茶桂圆饮、绿茶薏米饮、红茶猕猴桃饮等。

总之，综观世界茶食，不但各国茶食品种从单一走向多元，而且制作从简单走向精细，特别是品质强调生态、营养和保健，注重身心健美。如今，随着茶文化的日益繁荣与发展，茶食已成为一种朝阳产业，正在蓬勃发展之中。

论时代之变与茶食之美

——以慈溪茶食为例

徐建成

摘要： 关于茶食之美，本文提出三个观点：一是国家兴盛才有茶食之美；二是茶食之美已告别农业文明时代，进入工业文明时代；三是茶食之美如何匹配美好生活。

关键词： 茶食；慈溪；老字号；美好生活

聊起茶食，茶界有两种声音。一种是主张饮茶要独善其身，不应被茶点所打扰，要有饮茶的纯粹。而另一种则认为，茶食是茶饮的伴侣。如果说，茶饮是一种生活方式，那么配以茶食，便是送上一份生活的艺术品质。这就好比单身与结婚。查阅《辞海》，茶食一词，最早见于宋代《大金国志·婚姻》："婿纳币，皆先期拜门，亲属偕行，以酒馔往……次进蜜糕，人各一盘，曰茶食。"看来，茶食还真与婚姻有关呢。慈溪人对茶文化的突出贡献除了青瓷越窑、玉成窑之外，还有茶食。本文以慈溪茶食为例，述论以下观点。

一、国家兴衰与茶食之变：慈溪人与茶食老字号

茶食留给今人的印象有两种。一种是精致的雅品，而另一种是充饥的乡愁。流传至今的国内好多茶食点心，多起名于宋代。明中叶，商业贸易兴盛于南北运河主要城市，米食糕点的制作工艺因食材的丰富与融合达到了多样性，实现了农耕文明时代饮食文化的高峰。到了清中期，各地五谷杂粮与干果蜜饯

徐建成（1971—），浙江宁波人。民进宁波市委会专职副主委，宁波市政协副秘书长，宁波东亚茶文化研究中心研究员。

的地域特色与悠久历史又进一步孕生了茶食的牌面，进而成为进入宫廷的贡品或是御膳房的主打食品。这其中，让人自然想到了《红楼梦》，曹雪芹把各种茶食之美写成了婉约，写出了典雅，可见当时茶食花样之繁、雅称之全，实为目不暇接。

然而，晚清朝廷颓废腐败，茶文化也随之衰落，茶食也因物资生产的匮乏而失去雅致，文化也不再依附于它。于是茶食和茶饮便退回到了民生茶中，退却到了商业生存之中。民间的茶楼常客，以役力谋生者居多，"点心"皆为果腹之用，而"非特品茗佐茶也"。这时候的茶食是具有直观性的，粗粮制作，适口抗饥，价廉物美，可以替代正餐，是底层大众人民往往供不应求的"伙食"。于是，在各城市集市、开茶馆的地方，有一大批茶食糖果店老字号创设，时间多集中于清光绪年间，这是一个独特的经商文化生态，也是茶食文化史不可忽视、值得研究的现象。而这其中，慈溪人开辟的茶食老字号又是绕不开的研究话题。

"五味和"，是温州名震一方的茶食老字号，已经有130多年的历史了，始创于清光绪八年（1882），由慈溪商人杨正裕、冯伯桢到温州经商，合伙开设经营的，起初取名为"五和"蜜饯店。后来，冯伯桢遇见同乡好友梅调鼎先生，梅先生是清末书法名家、被誉为"清朝王羲之"，遂请他题写店铺招牌。梅先生应允，但觉得"五和"两字单薄，推敲再三，建议冯老板在"五和"两字间增加一个"味"字，意寓甜、酸、苦、辣、咸五味调和，既音韵谐口，又含经营商品之特色。冯老板欢喜得不得了，于是把梅先生题写的"五味和"三个大

位于温州市馒头巷（今鼓楼街）西段的"五味和"（原址为温州市文物保护单位）

字招牌悬挂于商店中堂，颇显气派。店铺原先设在温州城区的馒头巷（今鼓楼街）西段，店门三间，两侧还砌有"蜜饯海味各种药酒、南北果品罐头茶食"楹联。但是到了清光绪三十二年（1906），杨正裕之子杨直钦继承父业，将"五味和"店铺迁到了温州市中心的五马街，直到今天现址未改，成为旅游温州的必访之地。2018年，五马街上的"五味和"重新开张，店铺虽不大，但货色琳琅满目，不仅有温州特色的茶食产品，也有来自全国各地的有名糕点，非常值得购买。

再说苏州的老字号"叶受和",也是慈溪人开设的一家茶食店铺。店的创始人叫叶鸿年。据记载,该店创始于清光绪十二年(1886),店的原名为叶受和茶食糖果号,开设在苏州观前街东段,资金为五千两纹银。关于叶受和的来历,还有一段趣闻逸事,说叶鸿年有一天游玩到苏州,在观前街玉楼春茶室品茗,需要吃点心,往不远处"稻香村"店铺购买糕饼充饥,结果很是不爽,于是叶老板受气后,悻悻而回,动用丰裕的家产,来到苏州也开了一家茶食糖果店,创盈了不少新产品,倡导同业竞争、和气生财。光绪二十一年(1895)后,叶受和的第二任和第三任经理洪品基、陈葆初均为宁波人,他们把宁波糕点的特色融合进苏式糕点,使叶受和糕点成为苏式中夹有宁式,总体上仍以苏式为主,但也使宁式糕点扬了名。叶受和的名牌产品有:小方糕、云片糕、四色片糕(玫瑰、杏仁、松花、苔菜)、婴儿代乳糕等。在 20 世纪 30 年代,还有慈溪三北有名的豆酥糖、芙蓉酥。如今,该店依然与稻香村齐名于苏州,是苏州的一张文化名片。

二、时代更替与茶食乡愁:慈溪茶食的名品

民国时期,做生意的人谈生意常去茶馆,在茶馆谈得时间一长容易饿,茶食就更兴旺了。于是各地商人看准了茶食贸易。经营茶食的店铺开了一家又一家,同乡、姻亲之间形成经营连锁,做大做强,均分布在经商交通便捷的城市。既引进南北货物特产,还各自聘请名师自制,前店后坊式设置工厂,生产糕点、炒货等,色香味俱全,技高一筹,比拼同行,促进了全国各地糕点技艺的融合、嫁接与改良,蜕变诞生了新的特色产品。诸如"糕、片、酥、饼、干"各式各色,实现了品茗佐茶的有效供给。那时候京城也罢,上海也罢,街头巷尾亮丽的风景线,除了老字号排长队,便是流动小摊的贩卖声。其实,那时糕点的品质和品种以干燥粗鄙居多,也有香糕、火炙糕、奶糕等出口运销海外,享誉东南亚。旅居日本的爱国华侨吴锦堂也曾将宁波慈溪的三北藕丝糖选作馈赠日本天皇的礼品,日本天皇品尝后赞不绝口,引得不少日本商人闻讯相继到宁波订购,传为佳话。但是若读了周作人《北京的茶食》之后,就会有一种苦涩而又彷徨的滋味。

慈溪人善做生意,是出了名的,尤其是慈溪三北人。多以"和"字取名经营茶食,开设店铺,茶食也独具风味。且说"三北豆酥糖",绕不开名扬上海的"叶大昌南货店"。该店始创于 1925 年,老板叶启宇是慈溪鸣鹤人,把店开在上海非闹市区、并不引人注目的彭泽路、塘沽路口。从老家专门请来糕点师傅,设立糕点工场,自产自销三北帮的传统糕点。打头炮的产品,便是著名的三北豆酥糖、三北麻酥糖、三北绿豆糕、三北藕丝糖和玉荷酥,使当时那些已

经吃惯了"三阳""邵万生""天福"糕点的上海老宁波顾客，也感到口味一新。据传三北豆酥糖，是光绪年间余姚陆埠镇"乾丰"南货店内一位姓殷的糕饼师傅试制成功的，香甜可口、松脆无渣、入口即化、不粘牙齿，且香味独特，食后令人回味无穷。豆酥糖选料要求极为严格，必须以无霉烂、无虫蛀的当年新黄豆为主要原料，而且要求豆粒大、色泽纯、粒粒饱满。将黄豆炒熟后去壳，研成粉，再用绢筛筛过，配糖、黑芝麻和麦芽饴糖。黑芝麻须选严州（今浙江建德）产的，壳薄、肉厚、油分足、香味浓，优于其他地方芝麻。饴糖的用料，须选洁白晶莹的隔年陈糯米。豆酥糖经多道工序精心制作后，再用纸包装得四四方方、棱角分明、厚薄均匀，底封不用糨糊，以免豆酥糖发潮。这样，就能保持豆酥糖长久保存香、甜、酥、松特色。

而与豆酥糖齐名的三北藕丝糖，则创制更早，相传由雍正年间慈溪师桥沈永丰南货店一位叫傅英堂的糕点师傅试制而成，食品外形为柱状，粗细如同人的中指，长不过三寸，其横截面上还整整齐齐排列着数十个细小孔眼，活似被折断的藕，于是就称为藕丝糖。藕丝糖选料也极为讲究，须用净白糯米、优质麦芽以及脱壳芝麻、精细白糖等配制而成。制作工序极为严格，讲究火候、吹气，使制成的藕丝糖丝孔密布，又脆又酥，又香又甜。三北藕丝糖声名远播时，还被带入宫廷，受到慈禧太后喜爱，列为"御食"。

过往的慈溪，那些"油炸油煎小面果"过穷日子的辛酸，孩子们浑然不知。家锅内面花儿朵朵绽放，是大人们诱骗小孩的欢心喜悦，还在其成长后留住了这份美好的记忆，成为挥之不去的乡愁。而如今，很多人虽然怀念老字号，却不甘心认同儿时记忆的老产品、老味道的原因也就在于此。众多老字号，虽然是地方上一张文化金名片，并且成为非遗项目，却几经周折难以重新"活"过来的原因也在于此。

如今，茶文化再度回归品质生活中来。生活水平提高了，口味要求亦提高了，粗粮点心也需要跟着精细化了。岁月难忘的城乡作坊式茶食、茶点，满足不了饮茶人的需求。于是，一大批年轻人创业于茶馆，充盈着浪漫文艺与想象力。他们接盘老字号，打破了老字号原有的制作工艺完整体系，物产联网，技艺共享，不再过分强调地道正宗、原汁原味的乡土味、烟火气，通过数字化工业技术设备摈弃土作坊，转型了茶食的制作生产，实现了茶与美好生活的匹配度。诸如，擂莎汤圆、麻蓉花糕、抹茶薯饼，其做法继承了传统手艺，在原料上精工改良，又借鉴了西点的不少制作工艺，做得非常精致，看得赏心悦目，吃到嘴里，更是香糯甜心，赞叹不已，也方知茶食天地变化之大。好的茶食，如同一件独具匠心的文创艺术品，取名也特别的讲究，掺入人文元素，娓娓动听。既契合不同名茶的特色，又传播知识，弘扬国学，算得上是真正的佐茶雅品。

三、茶食之美与美好生活——慈溪茶食能否重拾辉煌的思考

工业文明时代，茶食完全有能力重回《红楼梦》贾府钟鸣鼎食之家的精致，触动嗅觉、味觉、触觉和视觉。中国各地茶食文化正做不同凡响的努力，将其作为非遗项目进行挖掘、提升，走向高质量、高水平消费的审美阶段，形成对外传播中国茶食文化的时尚。眼看着国内各地茶馆内设有独特的茶点，包括西饼店中式糕点，皆是原来宁式糕点、三北茶食的推陈出新，得到创造性转化和创新性发展。真是羡慕不已！也不禁自问，慈溪茶食在历史上曾获得的创新制作经营上的辉煌，不知今日能否重拾，把"慈溪茶食""宁波茶食"打造成一枚地域印章、一个文化符号呢？

若要重拾这一辉煌，还不得不细细考量我们的茶食究竟落伍到了什么程度？如何改进才能达到时代需求的特征，才能不辜负"茶与美好生活"的匹配度呢？笔者认为，目前慈溪茶食存在三方面的问题：一是改良能力不足。思想僵化，经营意识落伍。过分强调重现记忆中的老味道、老技艺，强调地道正宗、原汁原味的乡土味。二是制创工艺陈旧。无人传承，人才队伍缺乏。没有打破三北茶食原有的一个制作工艺完整体系。三是定制创新不够。产品难登大雅，得不到市场认可。土作坊依旧，工业化生产转型没有实现。

正因如此，宁波茶食文化从某种意义上说，也拖累着宁波茶馆文化。慈溪茶食理应重装再出发，有所担当，历经百年沉淀，依托文化底蕴，加强现代生产工艺制作，提高人文创意的附加值，从而达到在原料上精工改良，在名字上娓娓动听，在烹饪上匠心独运的"雅品有香"的成果。这是唯一的发展道路。

美哉！茶食之美，各美其美，散发着中国范儿的独特魅力。年味中离不开美食点心。走亲访友，拜年送福，沏茶相待。主人热情好客，自然还会端上佐茶开胃的食品，"热点"热香四溢，"干点"酸甜入口，各种茶食与不同名茶的适配，惊喜不断，欢乐暖心。有不一般的"咬春""娇耳汤"，乍然一咬，惊知是葛根、土豆、薯粉等食材制作而成的；有不一般的"浮元子"，它们品相多彩，造型别致，馅料也很神秘，有水果、冰激凌、豆沙、枣泥、芝麻、蔬菜、肉末、虾仁等，五味调和，各领风骚。此时再续清茶一杯，正是舌尖与叶尖最长情的光彩。

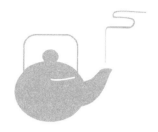

南宋明州茶道、香道、花道文化考析
——以明州佛画《五百罗汉图》为例

杨古城

前言：缘起青瓷茶盏"马蝗绊"

2019 年 7 月至 2020 年 2 月，日本东京博物馆展品青瓷茶盏"马蝗绊"在北京故宫和浙江博物馆展出，央视卫视都作专题报道。被称为"马蝗绊"的这件青瓷茶盏，原是 11 世纪末（1175—1195），日本执权幕府平重盛派族人向明州（今宁波）阿育王山捐赠 3 000 两黄金作功德，住持回赠其中的一件青瓷茶盏。15 世纪时，日本执权足利义政将军发现茶盏出现了裂痕，由遣明使带到宁波修补。钉碗匠在茶盏上补了 6 条形如蚂蝗的铜攀"锔钉"后，茶碗仍可继续使用。据说，1950 年的日本名流茶会上，这只珍稀的茶碗还曾被三井财阀使用过。1970 年三井去世，妻子遵照其遗愿，将"马蝗绊"捐给了东京国立博物馆。这只历经八百余年流转的"马蝗绊"，从此成为世界上著名的中国茶道残器之一，也见证了宁波茶道东传的悠久历史。

然而，除了这件实物之外，在同一时代（1174—1184），明州画师周季常、林庭珪画《五百罗汉图》中，更为大量形象地记录了 840 年前，古明州茶道花道和香道传承东瀛。此套百幅图由日本和美国收藏，2009 年 7 月，在日本奈良国立博物馆"圣地宁波"特展中展出，每幅高 112 厘米，宽 53 厘米，彩墨绢画。本文关注研究图中传承海外明州"三道"的器物考析。旨在提醒当代文化人士关注挖掘地域精英文化，努力建设振兴地域文明的历史重任。

杨古城（1938—），浙江宁波人。高级工艺美术师，宁波市文化研究会成员，2008 年获中国文化遗产保护贡献奖。

日本东京国立博物馆收藏南宋明州茶盏"马蝗绊"

一、古明州曾是中国"三道"主要港口

中华文明的社会、政治、经济发展轨迹，以及包含其中的哲学理念、审美意向，从夏商一直到汉、唐，到宋代都是一脉相承。约 1 300 年前，日本与唐朝建有正式的朝贡关系，日本遣唐使船把明州作为到达或下洋地之一，其中17 次遣唐使船中，有 9 次是从明州上下，每次 3～5 舶，每舶 300～500 人。明州成为系连京城使官、僧人、商贸，以及文化交流的门户之一。据中日史料记载，唐天宝三年（744），名僧鉴真和尚第三次东渡日本遇险，救助寓居阿育王寺，长达一年有余。他 6 次东渡始成，首次带往东瀛大量优秀先进的包含唐代"三道"习俗和器物。其他著名者如唐贞元二十年（804），日本最澄、空海曾寓居明州，回国创日本天台宗、真言宗。唐大中十二年（858），日本惠萼从五台山回国，寓居明州城内五台寺。唐咸通三年（862），日本皈依佛法的平城天王王子真如亲王率僧俗 60 人到明州朝拜，日本文献《头陀亲王入唐略记》中登陆地今北仑海浜，土民赠以"茗茶"。五代北宋时，明州天台宗和禅宗兴盛，城内宝云、延庆二寺成为高丽、日本天台宗祖庭。北宋咸平二年（999），宁波设立了海上贸易管理机构"市舶司"，于是明州（宁波）就成了中国与日本、高丽往来船舶的重要港口。其至关重要的原因是：古明州有一条最便捷、最安全的陆上驿道和古运河与海路相接，贡品、器物携带最为方便。因此日本与明州（宁波）之间的人员、物资往来日趋频繁。如本文开头的青瓷茶盏，据《日中文化交流史》称，由入宋明州 7 次的日本船主妙典带入。南宋期间，日本荣西二度（1168年、1187 年）入天童、阿育王寺求得茶禅真谛，创立日本禅茶。重源（1121—1206）、俊芿（1166—1227）、道元（1200—1253）等众多的日本名僧纷纷从明州（宁波）上岸求法传承明州"三道"。直至元代末（1368），明州（庆元港）始成东亚文化和商贸枢纽港，并延续至近现代。以上简要回顾说明了古代中日文化

交流以佛教为纽带，"三道"输向日本成为日本器物文明的民俗特征。

日本木宫泰彦《日中文化交流史》认为：南宋时，日本求法僧主要朝拜目的地是浙东诸刹，至少有 120 名之多。同时，文化，以及"三道"等诸多民俗文化器等也从明州传到了日本。

二、《五百罗汉图》显示明州茶道、香道和花道的传承

南宋明州《五百罗汉图》虽属八百年前中国和浙东佛教文化的美术作品，但却成为举世闻名的南宋精英文化。居于明州车桥的画师周季常、林廷珪费时十年（1174—1184），用笔墨意韵形象地反映了南宋时代中国佛教的世俗化之外，也同时显示了浙东优秀的南宋民俗器物文明。

《五百罗汉图》的陈设器物图纹形象地反映了南宋时代浙东民间和官府、贵族、寺院所使用的陈设品、器物及精巧的图纹。让现代人重温宋风遗韵，还可从画中体味南宋民间匠师的巧思和匠心。其中不少也反映了南宋时代民俗风情和礼仪规制，如茶道、香道、花道制作及相关工具型制，以及园林建筑、服饰鞋履、家具饰物、宗教仪规、民用器皿等。因篇幅所限，本文仅简概研析。

（一）明州奉茶之道——茶道传承

我国历来就有"客来敬茶"民俗。古代的齐世祖、陆纳等人曾提倡以茶代酒。唐代刘贞亮赞美"茶有十德"，认为饮茶除了可健身外，还能"以茶表敬意""以茶可雅心""以茶可行道"。唐宋时期，众多的文人雅士不仅酷爱茶礼，而且还在自己的佳作中歌颂描写过饮茶。最基本的奉茶之道，就是客人来访首先奉茶，奉茶前应先请教客人的喜好。俗话说"酒满茶半"，奉茶以八分满为宜。水温不宜太烫，以免客人不小心被烫伤。同时有两位以上的访客时，端出的茶色要均匀，并要配合茶盘端出，茶盏必配盏托，防止烫手和外溢。左手捧着茶盘底部，右手扶着茶盘的边缘。南宋末年（1279）天童山无学祖元应邀东渡，随带木盘和红漆茶盏托，至今仍收藏在镰仓圆觉寺。

天童名僧无学祖元带到日本的明州茶盘、朱漆盏托

如今，我们在《五百罗汉图》作品中最引人注目的器物就是茶器，百幅中超过 10 幅有沏茶、制茶、品茶、茶器及场景。可见南宋明州茶道，上至贵族下至平民，使用的器具可谓到了极致。其中上林湖、东钱湖出土的青瓷盏托，在《五百罗汉图》和日本收藏的形制完全一致。

宁波出土的越窑青瓷茶盏托在日本也有出土

唐宋时期，众多文人雅士酷爱饮茶之风，应该出自禅宗寺院。唐赵州禅师倡导"吃茶去"茶禅，首先佛寺饮茶成为首要禅礼。"茶禅一味"则成为修禅的内容之一。中国茶道是以寺院禅茶向上层贵族传播的宗教礼仪，再向平民普及。而在日本则以入宋僧将寺院茶道传到日本，再向贵族和平民普及。如著名者有南宋入明州之荣西、道元僬谷惟仙，及宋僧入日本之天童寂圆、兰溪道隆、无学祖元等。京都大德寺至今仍保存宋代天童茶道"密庵席"。

南宋明州茶道的饮茶文化，包含茶礼、制法、环境、修行四大要素。南宋明州茶道具体表现形式有三种。五百罗汉图中都有描画。如第 56、94、95、96 图等。

（1）煎茶。把嫩茶碾末投入壶中和水一起煎煮。唐代的煎茶延续至宋，是茶的最早品尝形式，如今在日本仍完好保存。

（2）斗茶。古代僧道、文人雅士各携带茶与水，通过比品沏制和品尝分出

明州《五百罗汉图》第 56 图"罗汉品茶"使用朱漆盏托

优劣。

（3）抹茶。日本抹茶将叶茶嫩芽用高温气蒸、自然干燥，研成细末，这样的茶叶原就是南宋明州"抹茶"。抹茶在中国自明代后消亡不存。日本《本朝高僧传》有"日本南浦绍明由宋浙东归国，把茶台子、茶道器具一式带到崇福寺"的记述，这位绍明和尚是位日本入天童求法僧。

（二）明州闻香之道——香道

指用嗅觉去享受香气、养身健体、凝气安神的一种高尚优雅的生活方式，它始于中国。《礼记》中谈及祭天、礼佛，殷商时代就有香炉（博山炉）问世。可以说，闻香肇始于远古人类，但有意识使用萌发于先秦，初成于秦汉，成熟于六朝，完备于隋唐，鼎盛于宋元，广行于明清。

两千多年来中国上层社会、文人骚客、高僧大德，最先也始终以香为伴，对香推崇备至，不仅用于祭祀崇拜，更广泛地应用于日常生活。如古人的衣帽要熏香，琴棋书画时也燃香，还有香疗、香食、香药、香茶等。在中医方面，对沉香、檀香的药用价值也非常肯定。宋代，中医发展的一个最大贡献是"芳香理气"，以香治病，以香入药，可以说是中药外用的典型。从香道在中国的历史来看，汉代之前用香是以汤沐香、礼仪香为主，汉魏六朝博山式的熏香文化大行其道。隋唐五代用香的风气更盛，东西文明的融合，丰富了各种形式的行香诸法。宋元时，品香与斗茶、插花、挂画并称，成为上流社会优雅生活中怡情养性的"四般闲事"。至明代，香学又与理学、佛学结合为"坐香"与"课香"，成为丛林禅修与勘验学问的一门功课，可参见《五百罗汉图》第1、37、40、46、54、57、84、82、89图等的各类香器。

中国香道博大精深，主要分四种：沉香、檀香、龙涎香和麝香。即使对"香道"这个名词感到陌生的人，相信都听说过这四种香。古人常说"沉檀龙麝"，四香之中以沉香为首。然而中国却是香料进口大国，《宋史·陈氏世家》有泉州陈洪入贡乳香万斤、龙脑香5斤的记载。《宋史·吴越钱氏世家》记有吴越钱俶若干次进贡大量香料，如乾德元年（963）进贡香药15万斤，太宗即位贡香台、龙脑檀香床，又贡香药万斤、干姜5万斤。《宋史·外国列传五》记录了建隆二年（961），占城国王贡犀角、象牙、龙脑、香药、孔雀四、大食瓶20；天禧二年（1018），贡乳香50斤、丁香花80斤、豆蔻65斤、沉香100斤、笺香200斤。熙宁十年（1077），注辇国王遣使贡乳香、瓶香、蔷薇水、木香、阿魏、丁香、龙脑。宋代不少从明州入贡香料的品种和数量都是前代无法比拟的。以上记载仅是沿海丝路舶来，而陆上西域之路运也许还要多。

查考《五百罗汉图》，不同的香器就有10余种，大型的白瓷狻猊炉、小型铜制的三足熏香炉、僧人长柄行香盘等。使用的有燃寸香、颗粒香、末香、块香等。用香环境有室内、室外、楼台、亭阁、寺院、法堂、斋堂、茶室、客厅等。依此而生的香文化或称"香道"，在中国源远流长，至今却大都消失，专门制香用香的香道师也早已不存在了。

《五百罗汉图》第35 图采莲供佛

《五百罗汉图》第89图，宋式铜制三足宽沿熏香炉

《五百罗汉图》第80图，宋式铜银曲柄行香炉

《五百罗汉图》第57图，宋式铜双层熏香炉

《五百罗汉图》第1图，丞相府祭神行香供花图

（三）供花赏花之道——花道

受儒家、道教、佛教思想影响，中国人特有的宇宙观和审美情趣，认为万物有灵性，因而常把默然无语的花草植物根据其生活习性，赋予了人的感情和生命力，考古发现 7 000 年前河姆渡人已有盆栽供花之俗。

唐宋佛教寺院和官员贵族兴起了植莲供荷，文人则"四君子"梅兰竹菊、松柏，贵族则少不了牡丹。南宋明州经济繁荣，文化艺术发展迅速，花道艺术也获得普及与进步，举国上下插花之风盛行。《五百罗汉图》中无不体现其中洁心和慈悲思想，在寺院和官府似有专职之花匠花道师。《罗汉图》中小和尚一大早就先去佛殿、僧堂供花，澡堂、斋堂、走廊、厅堂都不例外。宋代不像唐朝那样讲究富丽堂皇的供花形式与排场，而注重花品、花德、寓意及人伦教化的表现。敬天敬神敬祖宗都少不了供花，"三供""五供"少不了花。

宋元明时期，也是中国供花、插花进入普及的时期，虽然国力已不如唐时强盛，但毕竟结束了群雄的割据局面，经济文化更加进步。宋《梦粱录》有："汴京市肆，张挂名画，所以勾引观者，留连良客，今杭城茶肆亦如之。插四时花、挂名人画、装点门面。"插花成为文士们雅集的主要题材。根据吴自牧的记载：当时不论官吏庶民，在吉凶庆吊时，一切筵席通常是由四司六局承办。而四司六局的职掌中，香药局管烧香，茶酒司管点茶，帐设司管挂画，排办局管插花。宋代插花的花器，如花瓶、画盆已经是专门的造型，和日用器皿区别开来，各大窑口几乎都有生产专门用于插花的器皿。1976 年韩国新安发现从庆（宁波）驶向日本货船沉船中，有 2 万余件浙东青瓷器，其中花瓶数以千件。可见中日陶瓷花器通用。当时的插花既有自由、惬意的竹筒插花，也有发古幽思的用商周鼎彝作花器的插花。插花容器的制作与改良，继五代发明占景盘后，宋朝又发明了三十一孔花盆、六孔花瓶、十九孔花插等，可视作现代插花用的剑山原型，可见当时对花枝的插置布局已有一定艺术构思。同时，宋人对花架也十分考究，这大大促进了陶瓷、漆髹、竹木器、金属器等工艺的发展。

日本花道源自中国隋唐时代的佛堂供花，传到日本后，因天时、地理、国情，使之发展到如今的规模，先后产生了各种流派，并成为女子教育的一个重要环节。各流派其特色和规模虽各有千秋，但基本点都是相通的，那就是天、地、人三位一体的和谐统一。这种思想，贯穿于花道的仁义、礼仪、言行，以及插花技艺的基本造型、色彩、意境和神韵之中，是为"花道"。而中国至今只能称插花、供花而已。

结　语

南宋时代兴起、延续至近现代，在室内厅堂、书斋案头摆放带有实用或观赏性的物品，离不开"三道"——供花、品茶、用香。其他还包括各类盆栽、奇石、文具、工艺品、古玩、饰物等，中国专有名称为"清供"。唐宋至明清时期，佛教世俗化融入了儒家理念，"清供"逐渐成为国人日常生活的一部分，其祭祀的性质也逐渐转为一种带有民俗性、摆饰性质的日常精神文化器具。在文人的倡导下，清供更成为一种能够凸显生活雅趣与闲适的高逸行为，中国"三道"的复兴应用也显示了主人的身份和地位。

参考文献

木宫泰彦，1980. 日中文化交流史 . 胡锡岩，译 . 北京：商务印书馆 .

相得益彰：茶事与香事之交会

齐世峰

摘要： 自从香与茶进入中国古人生活，茶事、香事开始成为古代生活中不可或缺的一部分。茶、香的养生保健功效是人们嗜好茶与香的基础，以物喻人、托物言志则使茶事、香事有了形而上的意义。茶与香又有本质上的区别，茶浸润口舌与鼻观，香则付诸鼻观。这也造就了茶事、香事既可各自造化，又可相互添花相辅，在相互交会时相得益彰。明代之前，人们制作茶叶，将茶叶制作成龙团、凤饼，并在其中掺杂香料。茶事、香事都是文人生活雅集活动的重要组成部分。僧人有日常茶事香事与茶会香事，仪式中香、茶不可或缺，日常生活中更是助其禅思。茶事与香事的交会在古代文学经典和日本茶道、香道中也有体现。

关键词： 茶事；香事；雅集；交会

自从香与茶进入中国古人生活，茶事、香事开始成为古代生活中不可或缺的一部分。茶、香的养生保健功效是人们嗜好茶与香的基础，以物喻人、托物言志则使茶事、香事有了形而上的意义。茶与香又有本质上的区别，茶浸润口舌与鼻观，香则付诸鼻观。这也造就了茶事、香事既可各自造化，又可相互添花相辅，在相互交会时相得益彰。

一、茶、香相互成就

（一）香佐茶饮

五香饮：隋仁寿间，筹禅师常在内供养，造五香饮。第一沉香饮，次檀香

齐世峰（1986—），山东聊城人，国家图书馆馆员，研究方向为传统文化传播、西方装帧文化等。

饮，次泽兰香饮，次丁香饮，次甘松香饮，皆有别法，以香为主。又隋大业五年，吴郡进扶芳二树……夏月取叶微火炙使香，煮以饮，深碧色，香甚美，令人不渴。筹禅师造五色香饮，以扶芳叶为青饮。名香杂茶：宋初团茶多用名香杂之，蒸以成饼，至大观宣和间始制三色芽茶。漕臣郑可简制银丝冰茶，始不用香，名为胜雪，茶品之精绝也。许次纾在《茶疏》中评价了前人的制茶与饮茶方法，"古人制茶，尚龙团凤饼，杂以香药。然冰芽先以水浸，已失真味，又和以名香，益夺其气，不知何以能佳。不若近时制法，旋摘旋焙，香色俱全，尤蕴真味"。明代之前，人们制作茶叶，将茶叶制作成龙团、凤饼，并在其中掺杂香料。

（二）茶辅制香

明代《香乘》中，提及炮制檀香："檀香劈作小片，蜡茶清浸一宿，控出焙干，以蜜酒同拌令匀，再浸，慢火炙干。"蜡茶，即早春之茶。另有合香"清神香"香方，"玄参一斤，腊茶四銙，右为末，以糖水溲之，地下久窖可蒸""浓梅衣香"，"藿香叶二钱，早春芽茶二钱……同到，贮绢袋佩之。"《陈氏香谱》卷四，记有香茶方四种，如"经进龙麝香茶""孩儿香茶"等。"经进龙麝香茶"，"白豆蔻一两去皮，白檀末七钱，百药煎五钱，寒水石五钱薄荷汁制，麝香四钱，沉香三钱梨汁制，片脑二钱半，甘草末三钱，上等高茶一斤，右为极细末，用净糯米半升煮粥，以密布绞取汁置净盘内放冷，和剂不可稀软，以硬为度，於石板上杵一二时辰如粘黏用，小油二两煎沸入白檀香三五片，脱印时以小竹刀刮背上令平"。宋人郑刚中《降真香清而烈有法用柚花建茶等蒸煮遂可柔和》，"南海有枯木，木根名降真。评品坐粗烈，不在沈水伦。高人得仙方，蒸花助氤氲。瓦甑铺柚蕊，沸鼎腾汤云。熏透紫玉髓，换骨如有神。矫揉迷自然，但怪汲黯醇。铜炉即消歇，花气亦逡巡。馀馨独鼻观，到底贞性存"。诗中提及的降真香炮制方法在明人高濂《遵生八笺》中也有所沿袭。

（三）花为媒，既可入香，又可作茶

很多花，甚至花的根、皮、叶等均是香料，可入香；很多香方都有或多或少的花材作配方，如"玉华醒醉香"使用了牡丹蕊、荼蘼花等，"江南李主帐中香"香方中提及"入蔷薇水更佳"，蔷薇水即古代的香水，由蔷薇花提炼而成；古代香方中有诸多"凝合花香"，用香料凝合仿拟花的味道，如梅花香、香梅香、笑兰香、杏花香、木樨香、百花香等。茶的香味各异，花香属于其中。另有花茶可谓花作茶的典型，如明代《考槃余事》记有"诸花茶：莲花茶……木樨、玫瑰、蔷薇、兰蕙、橘花、栀子、木香、梅花，皆可作茶……茗花入茶，本色香味尤嘉……"还记有茉莉花点茶事宜。

宋·陈敬《陈氏香谱》书影

二、文人茶事与香事

　　茶事、香事都是文人生活雅集活动的重要组成部分。唐代将各式香药应用于生活中，并与赏花结合有"香赏"，使得焚香之风渐普及于民。至宋代，香、茶已经是生活中无所不在之物，也形成一种优雅的生活模式，如南宋《梦粱录》记载一则俗谚云：烧香、点茶、挂画、插花四般闲事，不宜累家，若有失节者，是只役人不精故耳。

　　文人茶事、香事的交会在古代诗歌、书画作品中常有呈现。宋代李清照《鹧鸪天·寒日萧萧上琐窗》，"酒阑更喜团茶苦，梦断偏宜瑞脑香"。宋代陆游《梦游山寺焚香煮茗甚适既觉怅然以诗记之》，"毫盏雪涛驱滞思，篆盘云缕洗尘襟。此行殊胜邯郸客，数刻清闲直万金"。宋代葛长庚《沁园春·乍雨还晴》，"乍雨还晴，似寒而暖，春事已深。是妇鸠乳燕，说教鱼跃，豪蜂醉蝶，撩得莺吟。斗茗分香，脱禅衣夹，回首清明上已临。芳菲处，在梨花金屋，杨柳琼林。如今。诗酒心襟。对好景良辰似有妊。念恨如芳草，知他多少，梦和飞絮，何处追寻。病酒时光，困人天气，早有秋秧吐嫩针。兰亭路，渐流觞曲水，修禊山阴"。宋代曹勋《杂诗》，"从来甚爱水云居，投老安闲且自如。瀹茗焚香方外友，白灰红火养丹炉"。宋代白玉蟾《呈嬾翁》，"钝置诗盟酒约，只自焚香喫茶"。宋代熊禾《索茶》，"且留看诗可罢酒，请烧香鼎调茶瓯"。宋代范成大《丙午新正书怀》，"煮茗烧香了岁时，静中光景笑中嬉。身闲一日似两日，春浅南枝如北枝"。宋代戴表元《九月西城无涧同陈道士衡上人》，"仙翁面带江海色，释子口融冰雪浆。同是西风未归客，烧香煮茗作重阳"。元代梁寅《玉蝴蝶·间居》，"客到衡门，且留煮茗对焚香。看如今、苍颜白发，又怎称、紫绶金章。太痴狂。人嘲我拙，我笑人忙"。元代刘敏中《水龙吟·马观复基司以九日水龙吟赋神峰邀》，"羡白眉、故家文会。萧然文室眼明，更比寻常宽快。长与安排，名香细茗，芳醥鲜脍。恐不时、便有打门狂客，设元章拜"。清代方文《都下竹枝词》，"自昔飰粖与酪浆，而今啜茗又焚香"。

　　宋代李公麟《西园雅集图》以写实的方式描绘了李公麟与众多文人雅士，在驸马都尉王诜府中作客聚会的情景，茶事、香事在文人雅集中的交会可见一斑。宋徽宗《文会图》，描绘了北宋时期文人雅士品茗雅集的场景，可见茶事、香事点缀其间。明代唐寅《煮茶图》，除了煮茶竹炉，席上的花插和香炉也十分引人注意。中国古人雅集中香事或是茶事的仪轨不可尽知。宝岛台湾已故香学专家刘良佑提出，"啜茶与香室：啜茶是品香的前奏，其目的在培养气氛，打开嗅觉和味觉，其重点在一'啜'字，所以过于复杂的'功夫茶'就免了……"

　　古代文人享受茶事、香事的交会，还体现在居家设计和郊游生活上。《考槃余事》卷三，"香之为用，其利最薄……坐雨闭窗，午

宋·《文会图》

睡初足，就案学书，啜茗味淡，一炉初爇，香霭馥馥撩人，更宜醉筵醒客……"另，家中设有佛堂、茶寮、小室等，"小室：几榻俱不宜多置……上设笔砚、香盒、熏炉之属，俱小而雅。别设石小几一，以置茗瓯茶具……"还为方便郊游专门设计了器具，如"备具匣：以轻木为之……茶盏四，骰盆一，香炉一，香盒一，茶盒一，匙筋瓶一……以便山宿。外用关锁以开启，携之山游，亦似甚备"。

三、僧众茶事与香事

　　僧人有日常茶事香事与茶会香事，仪式中香、茶不可或缺，日常生活中更是助其禅思。"四节：结夏、解夏、冬至、新年，是宋代禅宗寺院最重要的节日，于此时所举行的茶汤礼，是寺院最重要的仪式、礼节……以僧堂内煎点为例，四节茶会的程序礼仪如下：茶榜请客，鼓板集客，问讯烧香，吃茶，谢

茶，送客。"

　　僧人茶事在禅诗中也有体现：宋代释宗杲《偈颂一百六十首》，"一回饮水一回噎，一瓣栴檀一碗茶"。明代蒲庵禅师《主上于奉天门赐坐焚香供茶午就赐斋问以宗门》，"蓬莱云气湿裓裳，奏对天门日未斜。膳部别分香积饭，龙团亲赐上方茶"。明代南洲法师《陪独庵禅师清真第茶宴分韵得香字》，"冬暄无雨雪，始雪乃凝祥。感时重文会，延赏开华堂。玉盘出笋蕨，金碗流蔗浆。精羞骇罗列，白战怜清狂。眷言岁已暮，不乐徒自伤。出门复投辖，垂帘更焚香"。明代冰蘖禅师《山居四景》，"茶罢焚香独坐时，金莲水滴漏声迟。夜深欲睡问童子，月上梅花第几枝？"明代同庵简公《钟山法会诗》，"币帛奉陈先盥洗，茶瓯初献谨焚香。汉庭不必论前梦，亲睹金容在上方"。明代雪浪法师《冶父山居》，"风雨杳无人至，开门静里生涯。诗字蒲团经卷，烧香汲水烹茶"。僧众茶事香事的交会在法门寺地宫出土的茶具香具中亦可见一斑。

四、古代经典文学作品见诸的茶事和香事

　　香事、茶事在古代生活中的交会在古代经典文学作品中亦不时可见，仅以《红楼梦》和《桃花扇》为例。红楼梦第三回，黛玉拜见王夫人，见"左边几上摆着文王鼎，鼎旁匙箸香盒，右边几上摆着汝窑美人觚，里面插着时鲜花草。地下面西一溜四张大椅，都搭着银红撒花椅搭，底下四副脚踏；两边又有一对高几，几上茗碗瓶花俱备。其馀陈设，不必细说……本房的丫鬟忙捧上茶来"。红楼梦第五回，宝玉神游太虚，警幻仙子携宝玉入室。宝玉但闻一缕幽香，不知所闻何物。宝玉不禁相问，警幻冷笑道："此香乃尘世所无，尔如何能知！此系诸名山胜境初生异卉之精，合各种宝林珠树之油所制，名为'群芳髓'。"宝玉听了，自是羡慕。于是大家入座，小鬟捧上茶来，宝玉觉得香清味美，迥非常品，因又问何名。警幻道："此茶出在放春山遣香洞，又以仙花灵叶上所带的宿露烹了，名曰'千红一窟'。"宝玉听了，点头称赏。因看房内瑶琴、宝鼎、古画、新诗，无所不有……红楼梦第十九回中，袭人"向荷包内取出两个梅花香饼儿来，又将自己的手炉掀开焚上，仍盖好，放在宝玉怀里，然后将自己的茶杯斟了茶，送与宝玉"。《桃花扇》卷一第二出《传歌》，"……请到小楼焚香煮茗，赏鉴诗篇罢……"

五、日本茶道、香道中的茶事与香事

　　茶事与香事的交会在日本茶道、香道活动中也有体现。

（一）日本茶道活动中的香事

抹茶道：当主人把所有的炭放入茶炉中之后，将两块香木片放进炉中。这时，客人向主人索要香盒要求拜看，主人应诺。客人们仔细欣赏了香盒之后，主客之间就香盒会有一段对话……接下来，便是吃茶点心。煎茶道："一套较典型的日本煎茶道常用的以迎春为主题的茶具装饰。其中的茶托和香筒为唐物茶具，香筒上雕有竹林七贤像。""一套较典型的日本煎茶道常用的以送秋为主题的茶具装饰。其中有四件唐物：茶炉、煮水壶、锡茶罐、香盒。""小笠原流煎茶道的最高级别为'五事之传'，其中包括有五套雅集的方式……闻香雅集：主客分别燃香、闻香、泡茶。"

（二）日本香道活动中的茶事

"按照日本香会的规制，闻香完毕后要有简单的茶会……特别是在和果子的味道尚留在口里时再喝入香喷喷又略带苦涩的抹茶，那真是绝妙的好味道。再看到身着美丽和服的女士恭敬地奉茶点的举止，更被这唯美的一切陶醉。"

茶事、香事并不是冲突的存在，它们互相独立而又不时交会，或在日常生活中浸润身心，或在文人雅集中助兴，或在宗教活动中烘托气氛。随着文化的复兴和发展，茶事、香事定有更多的资源开发利用，也有更多的人了解、喜欢茶事、香事。

参考文献

常俊玲，2018.《茶疏》与明代茶事美学. 南京师范大学文学院学报，12.

刘静敏，2014. 古今茶事中的焚香. 三联生活周刊（48）.

刘良佑，2003. 香学会典. 台北：中华东方香学研究会.

沈冬梅，2015. 茶何以禅. 三联生活周刊·茶之道，5.

滕军，等，2007. 叙至十九世纪的日本艺术. 北京：高等教育出版社.

屠隆，2011. 考槃余事. 杭州：浙江人民美术出版社.

文震亨，2011. 长物志. 杭州：浙江人民美术出版社.

周嘉胄，2014. 香乘. 北京：九州出版社.

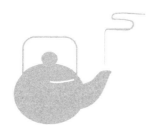

关于茶席的设计语言

潘城

用艺术的方式把握生活的能力，并不是少数几个天才的艺术家特有的，而是属于每一个心智健全的人（西莫恩《论艺术活动》）。以往，我们更多地从茶席的实用功能出发来完成设计，本文通过艺术与视知觉的一些角度对茶席的设计语言加以分析。

一、茶席的平面构成

所谓构成，是一种造型概念，也是现代造型设计用语。其含义就是将不同的形态、材料重新组合成为一个新的单元，并赋予视觉化的、力学的概念。平面构成的要素是点、线、面的构成形式，当然还有图形与肌理。通过点线面这三种基本的要素，可以变化出五花八门的构成形式。

（一）点线面

点是视觉元素中最小的单位。点是相对的，它是与周围的关系相比较而存在的。如在一个千人百席的大茶会上，一个茶席就是一个点；而在一方茶席上，一把茶壶或一个茶杯就是一个点。点有自己的特征与情感，点的大小、疏密、方向等不同的组合能展示出不同的节奏与韵律。

线是点移动的轨迹。线有长度、方向和形状。可以分直线和曲线，虚线与实线。直线使人联想到安静、秩序、坚硬、平和、单纯，曲线让人感到自由、随意、流畅、优雅。中国的绘画、书法都是线条艺术的极致。线与线之间又构成了各种关系，如平行、交接、分割、组合、密集、空间等。茶席的功能分区，往往就是通过这些无形的线分割的。

面是线移动轨迹的结果，有长度和宽度。面的特征是充实、稳重、整体。分为几何形态的面与自然形态的面。面积的大小、分布、空间关系在图形中起着举足轻重的作用，在大部分情况下，面积问题都左右着画面的效果。这里要特别指出，一个常规的茶席，其长宽之间的比例为"黄金分割比"（约等于 0.618：1）是最理想的。黄金比也同样适用于茶席内部的器物布局中。

茶席《海洋奇缘》

茶席《海洋奇缘》局部

茶席《海洋奇缘》（张静作品）是专为亲子活动设计的家庭茶席。茶席富有天真童趣，席面的色彩选择了较为明亮的 TIFFANY 蓝和雅致端庄的灰，最上层用鲜花包装材料纸的雪点网纱，营造一种浪漫的气息，TIFFANY 蓝代表海洋、雅致端庄的灰代表海内的岩石、雪点网纱是海洋中的浪花。席面的壶承选用的是异形木桩和圆形花器，异形木桩形似海洋中缓缓游戏的章鱼，圆形花器中投放了鲜活的金鱼、小石头和小树叶，分别代表着海洋生物、暗礁和水草。壶承中的金鱼给茶席注入了鲜活灵动的能量。席面茶器使用的色彩较为绚烂，嫩黄盖碗、粉红盖碗，透明玻璃器，这些颜色都和萌童们一样可爱、纯净。公道杯选用的是锤纹公道，仿佛是海洋中生动的气泡。席面上还布置了浪漫气息浓郁的洒金白色蜡台，若干贝壳和海螺及花朵花瓣，让家长和小朋友在路过此席面时都赞叹不已。茶席充分运用了点、线、面的结合。

（二）图形与肌理

对于一个图形来说，有两个方面的因素十分重要，一个是图形本身的形态，即图形点、线、面的成形关系与状况；另一个是图形的肌理效果，或者说是材料、质地对图形的反映与体现。在茶席上，这种肌理效果就表现在所选用的铺垫、器物的材质上。在设计中，图形与肌理是可以分别对待的，但对于茶席设计而言，图形与肌理却必须结合在一起思考。

注重图形的韩国茶席

（三）平衡

在茶席中我们应尽量让器物的构图保持一种内在的平衡。对于一件平衡的构图来说，其形状、方向、位置诸要素之间的关系，都达到了最合理的程度，以至于不允许这些要素有任何些微的改变。即使是基础茶艺训练中的紫砂茶席，在收具的状态时，所有器物在视觉上都表现出高度的平衡状态。

整个宇宙都在向一种平衡状态发展，在这种最终的平衡状态中，一切不对称的分布状态都将消失。由此推论，世间一切物理活动都可以被看作是趋于平衡的活动。每一个心理活动领域都趋向于一种最简单、最平衡和最规则的组织状态。不仅茶席艺术在视觉规律上追求平衡，喝茶这种活动本身作用于人的身心也是为了达到一种高级的平衡。

（四）重力

重力是由构图的位置决定的。在一席茶席中，当其中各个组成成分位于整个构图的中心部位，或位于中心的垂直轴线上时，它们所具有的结构重力就小于当它们远离主轴线时所具有的重力。

"孤立独处"能够影响重力，太阳和月亮就为孤立地挂在空旷的天空中而使自己的重力比那些与

注重平衡的茶席作品《融》
（作者 王亚萍）

它们同样大小但周围又环绕着其他一些成分的物体显得大一些，众所周知，在舞台表演中，孤立独处被当作是突出某个人物的手段之一。因此，要在茶席中突显出主体茶器的主角地位，也可以运用"孤立独处"的原则来造成主体器物的视觉重力。

形状和方向似乎也能影响重力。凡是较为规则的形状，其重力就比那些相对不规则形状的重力大一些。这一点可以指导我们在茶具器形的选择上，除了满足茶性与口感的要求之外，不要忽略视觉方面。另外，物体向中心聚集的程度也能产生重力。

素业茶院设计茶席，龙井碗泡分茶茶席

（五）倾斜产生的动感

倾斜势必会使视知觉产生渐强或渐弱的改变。被倾斜放置的茶器，会显示出一种内在的张力，其方向是朝向正面，或与正面相违背。一个处于倾斜方向的茶器，与一个平行于正面的静止物体不同，它总是充满着潜在的力量。我们不妨可以利用茶器各种方位的倾斜来完成一组别出心裁的茶席作品。

（六）左与右

人的视知觉的习惯，在观赏一幅画或一个茶席的时候总是习惯从左向右依次扫描过去。因此，茶席艺术家在设计茶席时不仅要从自己作为一个茶艺师的角度考虑茶席的美感，还要经常反过来站到茶席的另一边，以一位观赏者、茶客的视角和心态来加以观察和调整。

茶席《太极韵》（吴家珍、韩国李圣雄作品）的创意缘于太极文化，是中韩两国的学生对于茶道茶礼的认知与看法，以及对于道家与茶的跨地域文化属性探索。太极生两仪，一中一韩、一男一女、一阴一阳，借着茶这种灵物进入玄妙的境界。茶席的铺垫与坐席融为一体，呈现为一幅太极图，阴阳鱼眼分别摆放两套茶具，茶具图纹略有不同，但规制相同。运用桃

茶席《太极韵》

花的意象源于桃花的隐逸与仙风，桃枝用做茶针，与桃花图案组成一枝。主体茶具为象征天、地、人的盖碗及公道杯。太极生两仪，两仪生四象，四象生八卦，阴阳两部分共八只品茗杯代表八卦。道生一，一生二，二生三，三生万物。万物源于一，终归于一，所以八只品茗杯的水最后入太极图中心的同一只水盂中。茶品为广西六堡茶，性温，安神理气，与养生契合。茶席充分考虑了平衡、动感以及左与右的关系。

二、茶席的色彩构成

严格来说，一切视觉表象都是由色彩和亮度产生的。马蒂斯曾经说过："如果线条是诉诸于心灵的，色彩是诉诸于感觉的，那你就应该先画线条，等到心灵得到磨炼之后，才能把色彩引向一条合乎理性的道路。"这句话对茶席艺术的创作步骤是一种有益的启发，当我们在视觉上解决了平面构成的问题以后，就可以考虑茶席上的配色问题了。

（一）色相环

色彩构成是涉及光与色的科学，有其自身的原理。色彩的功能是指色彩对眼睛及心理的作用，具体一点说，包括眼睛对它们的明度、色相、纯度、对比

刺激作用，和心理留下的影响、象征意义及感情影响。

——色相。即色彩的"相貌"，如大红、柠檬黄、翠绿等。在色环上我们可以明确地分辨出各种不同的色彩和它们之间的相互关系，比如同类色、邻近色、对比色、互补色等。

——明度。是指色彩的明暗关系，色彩越浅，明度越高，反之则明度降低。一种色彩在加白加黑或加灰的情况下的变化就是明度关系的变化。

——纯度。也称为艳度，是指色彩的鲜艳程度，是色彩的"纯洁"关系。鲜艳程度又取决于每个色彩的相混程度的多少。纯度分为高纯度、中纯度、低纯度。高纯度的色彩对比关系往往体现鲜艳、饱和、强烈、个性鲜明的特征；中纯度的色彩对比关系则显得相对稳重、调和、厚重；低纯度的色彩对比关系常常沉闷、乏味，但也含蓄、神秘。

（二）色彩的情感

色彩能够表现感情，这是一个无可辩驳的事实。大部分人都认为色彩的情感表现是靠人的联想而得到的。根据这一联想说，红色之所以具有刺激性，那是因为它能使人联想到火焰、流血和革命；绿色的表现性则来自它所唤起的对大自然的清新感觉；蓝色的表现性来自它使人想到水的冰凉。实验发现，在彩色灯光的照射下，肌肉的弹力能够加大，血液循环能够加快，其增加的程度，以蓝色为最小，并依次按照绿色、黄色、橘黄色、红色的排列顺序逐渐增大。这些都有助于我们了解，创作茶席作品时的色彩是为了让喝茶的人更平静还是更激动。选择怎样的色彩，使色彩的表现力、视觉作用及心理影响最充分地发挥出来，给人的眼睛与心灵以充分的愉快、刺激和美的享受。对于茶席设计来说，我们更多关注的是各种色彩的调性，也可以说是色彩的文化。

但是，研究茶席艺术的色彩，不可一味地致力于研究与各种不同色彩相对应的不同情调，和概括它们在各种不同的文化环境中的不同象征意义。因为色彩的表现作用太直接、自发性太强，以至于不可能把它归结为理性认识的产物。

（三）色彩的组合

在茶席设计的色彩构成问题上，除了重视色彩的情感、调性以外还要学会色面积的配比。色彩世界丰富多彩，即使掌握了色彩的调性还要注重色彩面积的分布关系。特别在茶席铺垫的运用中往往要学会进行色彩分割、重组，经营好几种颜色的面积大小。

三、茶席的立体构成

茶席以实体占有空间、限定空间，并与空间一同构成新的环境、新的视觉产物。既然共属于"空间艺术"，那么无论各自的表现形式如何，它们必有共通的规律可循。

体积是三维形态最基本的体现形式，它由长度、宽度与高度三个要素组成。一个茶席是由点、线、面、体构成，它们的形态是相对的，它们之间的结合可以生成无穷无尽的新形态。所谓形态结构，即是指形体各部分之间衔接、组合关系。

立体是有性格的，直线系立体具有直线的性格，如刚直、强硬、明朗、爽快，具有男子气概；曲线系立体具有曲线的性格，如柔和、秀丽、变化丰富，含蓄和活泼兼而有之；中间系立体的性格介于直线系立体和曲线立体之间，表现出的性格特点更丰富，更耐人寻味。

（一）无框架

这里所说的框架是指造型的外框界限，如一幅画的边框、一件浮雕的外缘、一件工艺品的玻璃罩等。立体造型是没有框架限制的，所以立体的构成也不必考虑受任何框架的限制，在空间中根据设计意图的需要和环境的允许情况，可任意舒展，无拘无束。

茶席往往是在一定尺寸的面积中的设计，但是这里所说的"无框架"是观念上的，并不是实指。例如《青花世家》，整个茶席布置成了一个传统的中国式厅堂，空间虽然还是有限的，但给人一种宏大的视觉效果，仿佛这个空间前后左右还可以不断延伸。这种无框架的特点在茶席的要素中，尤其以插花体现的最多。

（二）力感

这里所谓的力，与自然科学中所论及的力学有所不同，这是人们的心理所产生的感受。因为人们生活在自然之力、人为之力所支配的环境中，所以有关力的心理作用，是自然形成的。只要立体的造型摆在面前，人们肯定会因它们的体积大小不一、形状变化各异而产生很沉重、很坚固；或是很轻、有速度感；或是紧张（内在的力）、萌动欲发；或是松弛、懒散等感受。就是说，立体的量和形，肯定会给人以心理上的力感，而这种力感，是二次元空间所不能全然表现得了的。2016年全国茶艺大赛中的茶席作品，有一个明显的立体构成茶席，运用了力感的体现。

（三）光影的运用

艺术家关于光线的概念应该是由眼睛直接提供的，它与科学家对光线的物理解释有着本质的不同。光线与色彩简直是一对孪生兄弟，研究色彩是不能不谈光线的。在茶席艺术中，光线所能产生的空间效果是绝对不容忽视的要点。当我们知觉到阴影时，就意味着我们已经把视觉对象的样式分离成了两层。阴影放置在稍微不同的环境中，就可以变成对立体和深度知觉的决定性因素。黑暗在人的眼睛里并不是光明的缺席，而确确实实是一种独立存在的实体。也就是说，茶席上的阴影也是一种物质，一件茶器的投影在视觉中是一件新的茶器。光线往往在宗教艺术中起到重要的象征作用，如杭州灵隐寺在夜晚举行的"云林茶会"茶席。

杭州灵隐寺在夜晚举行的"云林茶会"茶席

茶席《流水浮灯》

《流水浮灯》（杜静宇、王雨菲作品）茶席背景源自《聊斋志异》中的意境，某书生夜读困倦，正欲沏茶，温杯之际，发现面前画中有人影浮动，画中的女子也开始沏茶，婀娜身姿，倩影滑动。迷离之际，书生便同女子一同低斟高酌，相互应和，沏毕，书生走入画中，与女子共酌一杯香茗。浑黑一片之后，画中书生与女子皆去，只余茶席空悠悠。两张茶席表现阴阳两界，流水代表阴，浮灯代表阳，以茶作为介体连通两个世界及其中的人物，以茶作媒促和穿越阴阳的爱情。

茶席作者大胆地将茶席至于竹制水盘中，营造出在水一方清新素雅。温润的青瓷器皿置于水中，粗糙的岩石，游动的小鱼，嫩绿的苔藓，细腻与粗犷、动与静的结合，宛如亭台水榭的缩影呈现于世人眼前。另一张茶席上，布置成古朴的文人桌案。朱砂壶、孟臣罐，一卷书、一盏灯，一书生自斟自饮，不时凝望画中女子。整个茶席作品包含了中国志怪文化（聊斋）、皮影与茶的创新结合，结合光影的运用，以故事表演的形式呈现。

（四）将躯体作为表现媒介

如果把茶席看成是一个三维的空间，那么茶艺师在茶席上进行茶道的躯体运动就是第"四维"。也即是在三维茶席空间中加入了时间与运动的因素。其实每一个茶席都是"四维"的，因为茶席随着整个冲泡的过程，器物的摆放是在不断运动变化的。

茶席《月之湖》是一席典型的动态茶席，将茶席与花样滑冰和西洋音乐交融一体。月圆花好时，一轮银盘投射于夜幕笼罩下的湖面。一叶扁舟摇曳于粼粼波光之中，逐渐接近湖心似真似幻的月影，最终逾越真实与虚幻的境界，抵达月之世界。茶席所表现的，即是如此略带故事性的意象。

茶席《月之湖》

还要再次特别强调茶艺师的躯体运动之美。以舞蹈为例，舞蹈演员作为一个人，当然具有自己特定的感情、愿望和目的。然而一旦他作为一个艺术媒介被使用时，除了被观众看到的部分之外，就不再包含别的。茶艺师也是如此，在行茶或茶艺呈现的过程中，茶艺师的身体就成为茶席艺术的媒介之一。这样一来，真实的人体动作所具有的那些为人们所熟知的性质和机能，就成了整个可见式样的总特征的组成部分。

参考文献

鲁道夫·阿恩海姆，1998. 艺术与视知觉. 成都：四川人民出版社.
潘城，2018. 茶席艺术. 北京：中国农业出版社.
王雪青，郑美京，2008. 二维设计基础. 上海：上海人民美术出版社.
王雪青，郑美京，2011. 三维设计基础. 上海：上海人民美术出版社.
原研哉，2006. 设计中的设计. 济南：山东人民出版社.

茶烟轻扬落花风
——论当代茶席之美

罗庆江

摘要： 茶席设计是以茶具作文字的诗歌，都是精炼的、有节奏韵律的情感抒发，是对朴素美善愿景的向往与传递。本文以澳门的经验、以茶席设计实例，说明当代茶席之美。

关键词： 澳门；茶席；美

"茶席"是"茶道艺术"的载体，故"诗意美"是"茶席设计"艺术品位的重要元素。"诗者，志之所之也。在心为志，发言为诗。情动于中而形于言，言之不足，故嗟叹之；嗟叹之不足，故咏歌之；咏歌之不足，不知手之舞之足之蹈之也。"（毛诗序）由说话到感叹，又由感叹到歌咏，再由歌咏到舞蹈，都是内心情感的真诚迸发。茶席设计是以茶具作文字的诗歌，都是精炼的、有节奏韵律的情感抒发，是对朴素美善愿景的向往与传递。

"茶宜精舍、云林竹灶、幽人雅士、衲子仙朋、寒宵兀坐、松月下、花鸟间、清泉白石、绿藓苍苔、素手汲泉、红妆扫雪、船头吹火、竹里飘烟……"只要看到明代著名艺术家徐渭对品茗场景的描述，无不早已心驰神往了！何解？——因万物与我共生，因我们对天地感恩、敬畏、崇拜。"美"，在于无邪、和谐、无争；"美"，在于天人合一。但唐代诗人柳宗元说大自然"美自不

罗庆江（1954—），澳门人。澳门中华茶道会会长，澳门春雨坊茶文化研习中心总监，中国国际茶文化研究会荣誉理事，宁波东亚茶文化研究中心荣誉研究员、河北省茶文化学会专家顾问，茶席设计活动先行者。获澳门特别行政区政府颁授 2009 年度文化功绩奖状。

美，因人而彰"。他点出了人的"情""意"对一切的影响，即所谓"景随心转"。到此，"情""意"压倒了"工艺"，一切艺术也是如此，当代茶道艺术亦无例外。"美，是用生动感人的形象去打动人的感情。"

一、茶席之美

品茗——当然并非简单的喝茶，不仅是生理需要，还是生活的调剂。就像在苦闷劳碌之时偶尔抬头，却发现一道彩虹在看着你，此刻快慰无与伦比！要生活有品位，先要有生活的品质。精致的品茗是种生活艺术，既然美是可以感受到、捉摸到的，我们何不放开怀抱让一方茶席去美化人生？"当代茶道艺术"提倡的是一种生活方式、一种价值。而这价值的高低，却与个人的社会或经济地位无关，完全取决于个人的经验与感受能力。茶席，是为品茗者而设的，即首先是为你自己而设，茶席要彰显你独特的"个性美"。"美"是有法则的，是共通的，脱离了美学的原理，就不会是美了。当代茶道艺术具有"亲和之美""形色之美""和谐之美""雅闲之美"与"诗意之美"的丰满内涵。

（一）亲和之美

有别于博物馆里严肃冰冷、高深莫测的艺术品，茶席是让人亲近、触摸、品赏的艺术，是自己能在生活中体验的真美。也有别于只向人奉茶的日本茶道，中华茶道与友共品的特色打破人与人的隔阂，使人恬适。茶会之上，茶席跟前，奉茶敬茶，无贵无贱。心诚意诚，普天同悦，万物共和。此刻，没有你我，没有主仆，没有尊卑。一个茶席，穿越古今，融化中西。哪怕是不同种族、不同语言、不同宗教，茶席成为一隅无争之地，共融之所。"亲和之美"，美不胜收。

（二）"形""色"之美

"茶席设计"是视觉艺术的一种，是以品茗活动为中心而进行的"形"与"色"的创造。造型与色彩是茶席设计审美的第一步，所以茶席首先要展示的是"形色之美"。有别于日本茶道，中华茶道不仅仅表现苦寂与反思，更多的是表现对美好生活的向往与歌颂。茶席的设计往往是气韵生动、色彩明快，使人觉得心情舒畅、美意绵绵。

（三）和谐之美

茶道艺术不像有些当代艺术要表现出对社会、对人性的讽刺、控诉，几乎所有的茶席设计都是正面的去传颂大自然与人性的美。诚然，缺乏了美术技巧与艺术修养，茶席亦难以称"美"。即如写文章，有了精准的文字还需要文理，丰富了修辞还需有独特的见识与风格——这才叫文采。然而，色彩的运用、结构的紧驰、布局的虚实等，都影响茶席的视觉平衡。一个出色的茶席会使人心

宽意逸、和悦舒畅——这正是茶席的"和谐之美"。

（四）雅闲之美

茶席，因为茶会而生。"惜缘茶会"几乎没有特别的规则，只要求司茶者用心布置一个具有基本泡饮功能的茶席，诚意地泡好一壶茶，与茶友一道享受世间万物知识的真、人伦的善、诗意的美，珍惜一切善缘。当代茶道以茶为中心、无心为要求、敬为宗旨，通过色、声、香、味、触、法，达致眼、耳、鼻、舌、身、意的最佳感受，从物质享受达致精神享受的提升乃至顿悟。故茶道以初心出发，以真心示人，不必矫揉，无须造作。至此，茶席因真挚而动人，茶者超然无我，雅闲方正，肌骨冰清。茶席"雅闲之美"，美若鹤侣鸾俦。

（五）诗意之美

没有意境的艺术，大都只是工艺品。美事不如美意，美意莫如诗。清末诗人林纾曾为画题诗："一亭高立俯群山，路转苍岩待几湾；清晓玉童扫红叶，偶吹余片落人间。"前三句已将"秋山行远图"展现于脑际而无须看画，最后一句简直使图画动了起来，画中顿时飘出了仙气！无尽之意，溢于言表。好一句"偶吹余片落人间"！诗意的美，美在生动活脱的意象，美在无尽的想象空间；诗意的美，美在打动人心。一个充满意象的茶席，是会动的画、无字的诗。当代茶道艺术也都一样，是通过茶席的物象反映意象再化为心象的过程，而"诗意"正是茶席设计的灵魂。

二、澳门茶席鉴赏

茶道之美，是生活体验的淬炼，是对短暂生命的感悟与珍惜之情。就以作为茶席点题或点缀用的茶道花艺而言，我们追求的不是花材的珍贵、形体的曼妙，更重要的是可以用最少、最普通的花材，以简练的手法去展现每朵花的美态，借以对大自然的恩赐而赞叹与歌颂。

在此我以澳门的经验，用其中几件作品向大家说明茶席之美。

2006年，我为澳门中华茶道会会员设下一个茶席设计技能测验，以荷花不同的生态象征为题，用集体智慧创作荷花的初生、盛放及凋敝的《荷韵三部曲》茶席。

银白色的薄纱衬出图案造型的湖绿色涟漪，线条明快，色彩悦目。把鹅黄色的茶具显得特别雅致、飘逸、清爽。看似回荡的涟漪与斜插的荷花令茶席气韵生动，颇感张力。仿青铜鼎炉与紫砂陶镀盘踞一方，庄敬自强。一轻一重、一刚一柔的对比使荷花更显君子儒雅之风，且起着平衡视觉的作用。此茶席设计讲究色调的清新与和谐感觉，以动与静、虚与实、细腻与豪迈的对比营造荷花亭亭净植、不蔓不枝的气质。这就是歌颂出水莲"出淤泥而不染，濯清涟而不妖"高尚品格的《涤尘》。

茶席《荷韵三部曲》之《涤尘》

远接云天的红荷，美而不艳，傲而不骄。忽然一阵骤雨，圈圈涟漪伴着红荷曼舞轻歌，共演君子奏鸣曲。

《惊艳》以强烈的跳色对比，让荷花与茶具相互拱照辉映，营造出高洁丰盛的气氛。以莲茎做成大小相伴、高矮相依的"涟漪"，巧妙地把茶具垫起，使主次分明。荷花的散置随意而不随便，俯、仰、开、合，都经过仔细思量。

"花谢了！"——不少人用来形容伤感的时刻。以枯萎了的君子之花来设计茶席，真的不容易。但生死乃是平常事，花开自有花落时。只喜欢花开的，似乎仅仅懂得生命意义的一半。我认为凋敝的荷花却藏有玄机，更是另一番的意趣，《留馨》就哼出了生命的赞歌。

茶席《荷韵三部曲》之《惊艳》

茶席《荷韵三部曲》之《留馨》

　　枯黄色手拉陶泡饮茶具组、黄杨木刻茶罐茶荷茶匙，这清一色的荷花茶具枯高雅致，还配上树桩茶炉与栗色陶质煮水壶，沉稳却不沉闷，并且流露出丝丝自在与欢喜。我故意将荷叶作壁纸，层层叠叠的裱装在矮方台上去颠覆人们对荷叶的常态概念，造成视觉冲击，为残荷注入新的生命意义。矮台前一串紫黑色的干瘪莲蓬一直延伸，不但提振了茶席的色彩，还使茶席"动"起来。前端两个鲜绿莲蓬，留下几颗莲子，她仿佛悄悄地告诉大家：我没有死去，接天红荷的壮丽景色，又将重现眼前！

　　相比《涤尘》与《惊艳》较活泼的不规则造型设计，此茶席基本沿用了1：0.618这黄金比作设计视线范围，凸显《留馨》的大度与庄严。留意旁边高出矮台的茶席装置，它起着平衡视觉的重要作用，如没了它，茶席的张力就大减了。

　　运用了统一、平衡、调和、律动的美学原理，着重于色彩与造型的视觉感染力，表现出茶席的"亲和""形色""和谐""雅闲"与"诗意"之美。《涤尘》《惊艳》与《留馨》都是为冲泡古法荷花茶而设计的茶席，但同一个茶，在不同茶席上去品赏结果却并不一样，这就是茶席艺术的魅力所在！

三、茶席与诗的奏鸣

　　一个茶席，不但冲击了视觉，还催生了诗意。坐在茶席之前，捧起充满著作者情意的杯子，荷花茶的清香早已渗透心脾。池畔松风轻拂，荷叶凝珠回荡，飘出了10字回文诗："红炉紫茗瀹荷风，茗瀹荷风倚荫松；松荫倚风荷瀹茗，风荷瀹茗紫炉红。"此时，也分不出先有诗后有茶席，抑或先有茶席后有诗了！

茶席《水玉鎏金》

"情动于中而形于言"，动情而诗的，还有因茶者的真诚而诗绪如潮。我有位葡萄牙学生，她虽无美学基础，惟处事真诚。她用了仅有而平凡的玻璃茶具与彩虹般的席巾创作了《水玉鎏金》茶席，把内心对美好生活的赞美与对茶的诚敬，淋漓的表现在茶席之上。看着她专注的冲泡玫瑰乌龙茶，茶叶与玫瑰花在玻璃壶中翩翩起舞，那水与茶与玫瑰花与茶者、茶友，融融于天地之间。此时无你无我亦无他，那刻的相聚虽是短暂，却是永恒。霎时，闪现了一首诗还谱了曲：

　　点点水滴，有缘相逢，
　　迎着光辉太阳飞腾半空。
　　闪耀一瞬灿烂，
　　织出万里彩虹。

　　点点水滴，有缘相逢，
　　怀抱俏然浪漫凝结此中。
　　沉醉茶香茗韵，
　　沐浴姹紫嫣红。

　　把心障卸下，像玻璃透通，
　　暂看是迷雾，
　　转眼便是悦目的彩虹！

　　让愉悦留下，与喜乐相拥，
　　尽管转眼即逝，
　　却是一生回味无穷！

经过积累、沉淀，茶文化已开始升华。当代茶道，是首深情迸发的诗歌。一方茶席，散发着亲和、形色、和谐、雅闲与诗意的美。这源于我国的特色文化，在苦与甜、矛盾与和谐之间取得了平衡，成为美化人生、美化社会的生活艺术。当代茶道，是在寻找生活品位的潮流下出现的一种新的品茗方式，是通过严格的行茶过程去达至高雅涵养的修身活动，是通过茶席的物象反映意象再化为心象的微妙过程。借着个性的茶席，创造一个能给自己静下来反省自我感受的空间。茶席设计，是在创作的过程中学习茶道文化艺术去提升生活品位、增加文化底蕴。

"觥船一棹百分空，十岁青春不负公。今日鬓丝禅榻畔，茶烟轻扬落花风。"唐代诗人杜牧的一首诗正道出了从灿烂归于平实的安和与珍贵，我盼望着坐在惬意茶席之上，心头无事端起茶杯的落花时节！

浅议茶服的美学特征

王志岚

摘要： 中华民族拥有 5 000 多年的悠久历史和积淀，茶文化与服饰文化两者皆为中华传统民族文化中的重要文化。近年来，茶服作为茶文化的重要载体，发展迅猛，不仅成为爱茶人的专属，也适于现代人自然素朴的日常着装，更代表了如今人们的一种追求返璞归真、崇尚自然的生活态度和理念。本文简要概括了茶服的概念，并从四个方面分析了茶服的美学特征，以期为当今茶服的发展趋势提供有益的参考。

关键词： 茶服；茶文化；生活美学

一、前　　言

中国是茶的故乡，茶历史悠久，茶文化深厚。茶文化绵延数千年，与人类生活相伴随，起步于物质形态，升华至哲学境界，滋养人的身心，涵养人的品格，丰富人的精神，启迪人的智慧，慰藉人的心灵，促进了人与自然、人与社会和人与自我心灵的整体和谐与统一。中国国际茶文化研究会周国富会长提出"清、敬、和、美"的当代茶文化核心价值理念。所谓"美"，既指茶叶的色香味形、茶园的美化、茶人的美意、茶境的美妙，更是指生活美满、道德美好、人性美善的概括。茶境之中，自有大美。一个"美"字，是茶文化追求的最高愿景，是茶、人、社会在"天人合一"的哲学境界上的共同升华。

2015 年 4 月 17 日，中国国际名茶博览会暨首届中国茶服展在杭州盛大启

王志岚（1985—），女，四川宜宾人。农艺师，主要从事茶产业与茶文化方面的研究。

幕。在这次茶服的专场展会中，国内众多茶服知名品牌纷纷亮相，茶服作为茶文化发展新时代的重要载体，彰显着中国传统文化的清新素雅之美，吸引着来自世界各国各地热爱中国元素的茶文化和茶服爱好者。茶服的流行与茶和茶文化的魅力是不可分割的，茶可以入百种生活，造千样人生，尤其是随着现代茶事的兴起，带来的"清、和、静、雅"的饮茶方式，加之传统文化的复苏，"中国元素"受到越来越多的关注，富含传统元素与现代工艺相结合的各类茶服应运而生。

二、茶服的概念

茶服这一概念在 21 世纪初开始提出，是新时代对茶文化的一种传承和创新。目前，国内已经有不少学者对茶服开展了相关研究，并对这一新兴的服饰概念进行了一定概括。宋小娟等认为："茶服，即事茶之人所穿的服饰，始于汉代，距今已有上千年的历史。"黄玉冰等认为："中国茶服，广义的指与中国茶文化有关的服饰的总和；狭义的指在一定的中国茶礼仪环境中，泡茶者、伺茶者和品茶者所穿用的服饰，现今日常所指茶服多为后者。"

到 2010 年后，随着传统文化回归以及人们对简约生活方式的追求，以及国学、香道、花道的流行，茶服经过短短几年的迅速发展，开始慢慢演化为一些喜欢慢节奏生活、崇尚自然的人"必备服饰"，成为人们对于清雅生活的一种追求，为业内和业外人士所接受和追捧，逐渐成为当代茶人具有代表性的形象服饰及文化符号，并大大延长了茶产业链。

一款优秀的茶服，应是实用与美观、古典与时尚、气质与舒适的多重结合，把茶之美、人之美、艺术之美融为一体，将中华茶文化和服饰文化的美丽体现得淋漓尽致。在当代，茶服不仅是在茶事活动中烘托氛围、表示礼节的需要，也逐渐成为爱茶人日常生活中常有的衣着形态，以衣会友，以衣待客，共饮一杯茶。

三、茶服的美学特征

茶服之美主要表现在其形、色、韵引起的感官愉悦和精神愉悦等方面。作为茶文化的衍生物，茶服不仅适于品茶的风格，也适于现代人自然、朴素而个性的日常着装，更彰显了中国人文情怀中独特的和谐之美。现代茶服在设计上，融合了汉服的"庄静、宽泛之美"和唐装"流畅、舒适之美"的特点，给人以"清雅、舒适、柔和"的美感，同时也注重面料、细节等方面的运用，越

来越受到人们的关注。

(一) 色彩之美

茶服非常重视色彩的搭配。长期以来，我国传统的茶服主要以素雅和庄重为主，一般情况下不会出现过于夸张的色彩或者图案。在中国人的传统审美观念中，朴素简约是至高无上的美感，在平淡中展现简单含蓄之美，在这种美中进一步体现出一种超凡脱俗的境界。淡绿色是茶服中最受欢迎的颜色，绿色是春天的颜色，也是茶叶的颜色，代表着生命萌发，是生机和活力的象征，因此茶服中用绿色比较多。在茶事活动中，泡茶者穿着淡绿色彩的茶服，和所泡之茶的颜色更为搭配和协调，更能给人带来一种清新雅致的感觉。另外，一些冷色系如蓝、紫、白、灰等也较受消费者推崇。随着现代都市生活的快节奏，人们工作繁忙，早出晚归，浮躁嘈杂，一种称为"素简生活"的新的生活理念渐渐流行起来：穿布衣，吃素食，慢生活，崇尚自然和舒适。因此，一些自然简约的颜色会更符合这样的生活态度，逐渐成为时尚潮流。另外，现代茶服更加强调生态和环保，天然染色剂也用到了茶服色彩的制作上。天然染色剂在中国有几千年历史，对人们来说并不陌生，很多植物的叶、根、茎、花等部位都能成为染料。较为出名的是福建莆田的马兰草，染出的蓝靛色非常漂亮。而蓝靛也是曾经风靡一时的带有乡村特色"蓝印花布"的主要染色剂。用天然染色剂制作的服饰，可以展现色彩的渐变之美，从山水墨色到柔和丹青，体现出一种空灵幽远的意境。

(二) 面料之美

衣服是人体的第二层肌肤，舒适合身是从古至今人们所追求服饰的一大重要原则。茶服面料的选择非常重要，是体现整个服饰气质的一个重要载体。茶服通常使用棉、麻、丝绸等天然布料制成，具有宽松、质朴、美观、大方的特点。在众多面料材质中，棉麻成为目前最受大众欢迎和喜爱的茶服面料。棉麻面料具有很多其他面料所没有的优势，如透气性高、垂感好、不易皱褶、舒适度高等，另外还具有自然环保的特点。棉麻均为全天然纤维，从种植到纺织成布，不使用农药和化学剂，是绿色生态纺织品，低碳环保，这与现在国际服装面料流行趋势相吻合，非常适用于茶服的制作。另外，受地理环境、气候条件的影响，在茶服面料的选择上，南方和北方茶服的款式和面料也具有显著的差别，形成"一柔一刚"的鲜明特点。在南方，因为天气温暖潮湿，茶服大多以麻类、棉类、蚕丝类作为面料，样式柔美细腻、流畅飘逸。在北方，因天气较为寒冷，茶服多采用能够抵御寒冷的毛料、呢料、锦缎等面料，服装样式显得奔放、宽大、厚重，体现出北方地区的刚性之美。

2019 年杭州第六届中华茶奥会茶服设计大赛少儿茶服展示

（三）细节之美

现代茶服在设计上非常注重从历代服饰文化中汲取一些优秀的内容，向人们展示独特的审美和风格，其细节之美主要体现在其大量使用了中国传统装饰元素，如云肩、盘扣、刺绣、纹饰等。这些传统元素在茶服上的使用，均蕴含着巨大的文化价值。云肩"四合八方"的造型特点，体现了中国古代"天人合一"的哲学思想；手工刺绣，中国为最，到目前已历经几千年历史。而现今市场上，盘扣是广大消费者，特别是女性消费者所喜欢的一种热门服饰元素。盘扣起源于清朝时期，其出现取代了沿用千年的系带式门襟闭合方式。男士茶服中的盘扣基本延续了一字扣，而女装的盘扣在时尚引领下，发生了显著的变化。现在的盘扣，已不再仅仅是服饰上的装饰，而是发展为一门独立的手艺，千变万化，包罗万象，成为一道独特的风景线。盘扣除了担任扣子的本职任务，还用千变万化的造型传达着中国人对美好生活的寄托，比如有象征着"心有所属、从一而终"的一字扣，有寓意"永结同心、百年好合"的并蒂莲花扣，象征着"喜乐和美、平安吉祥"的和平扣等数不胜数，成为茶服文化中不容忽视的一个亮点。茶服和盘扣相辅相成，盘扣点缀了茶服，茶服成就了盘扣，两者相互依存，作为"中国元素"已经走上了国际时尚的大舞台。

盘扣

（四）内涵之美

中华民族拥有 5 000 多年的悠久历史和积淀、经久不衰的独特文化魅力，茶文化与服饰文化两者皆为中华传统民族文化中的重要文化，它们都是五千年中华文明传承的宝贵结晶，两者的艺术特色和文化渊源都有着千丝万缕的关系，是我国传统民族文化长河中的耀眼明珠。如今，在各类茶文化节、茶博会等茶事活动现场，最引人注目的莫过于身着各式茶服穿行其间的茶人。各种色彩款式的茶服，展现了爱茶之人的不同风采和韵味。茶服将中国传统文化融入现代服饰设计，让茶与服两者的结合成就了属于每一个茶人特有的气质，弘扬了茶文化，带动了茶产业，更兴起了一股服饰潮流。茶服不仅成为爱茶人的专属，为茶艺表演锦上添花，也适于现代人自然素朴的日常着装，更代表了如今人们的一种追求返璞归真、崇尚自然的生活态度和理念。但无论茶服的外观如何变化，总能带给人清新素雅的感觉，都是接近于茶本来的内涵和意蕴，那就是自然、朴素、舒适，充分体现出中国人文精神中独有的中和之美。

四、结　语

"茶悠亘古而不休，服寄千载清韵扬"。世界的发展离不开中国，中国的繁荣离不开世界。中国的传统文化将越来越受到世界的瞩目，茶服作为一个新时代的文化符号，正在快速流行和发展，茶服也越来越受到更多人的关注，其受到热烈追捧的背后，是我国茶文化"清、敬、和、美"的核心内涵进一步的弘扬和传承，以及一种悠然自若、崇尚自然生活理念的流行。未来，极富传统文化元素的茶服必将跟随我国博大精深的茶文化走出国门，走向世界，成为国际交流中一张鲜活的金名片。

参考文献

陈红波，2013. 周国富全面系统阐述"清、敬、和、美"当代茶文化核心理念. 茶博览（11）：12-19.

陈野，2012. "清敬和美"——构建中华茶文化精神实质的新内涵. 茶博览（9）：18-19.

黄玉冰，2011. 中国茶服的设计研究. 丝绸（7）：40-45.

历莉，2017. 生态茶服审美研究. 长沙：湖南农业大学.

刘影童，2015. 当代中国茶文化服饰的设计研究. 郑州：郑州轻工业学院.

宋小娟，颜粲，2016. 茶文化中茶服的美学内涵. 美术教育研究（6）：39.

丝、瓷、茶相融之美

宋志敏

摘要： 丝绸、瓷器、茶叶先后为我们的祖先分别发现其"原料"的利用价值、发明其制作工艺，并成为源于华夏、惠及世界的生活资料及衍生的思想观念之物质载体。今日的饮茶者，在茶事作为中颇多设席，席上器物铺垫及主与客的衣着则瓷难或缺、丝可添彩；其契合无间，大可彼此助益而更为成就华夏其服的风姿、瓷耀其釉的光彩和茗益天下的惠泽，既为中国文化自信弘扬宇寰的承载，也颇可普适各域而更其成为全球人类生活方式的物质组分、精神领域的共同财富。

关键词： 丝绸；陶瓷；茶饮；相契融合

自西晋杜育在《荈赋》中给出以是采是求的方式，提出对挹泉择器的要求，取式公刘的仪式感和描述"焕如积雪，晔若春敷"的茶汤之美。陆羽在《茶经》中开宗明义提出"精行俭德"的茶事旨趣和行为特征之求真求善。西汉（公元前202—公元8）丝织品经丝绸之路远惠西域以至欧洲，宋元（960—1368），海航往来瓷器成为出口大宗惊艳了中亚和欧陆，在宽泛意义上、茶、丝、瓷自古以来，一直是中华文化向世界传播和文明间交流互鉴的载体，各民族和地域的人们从中获得的物质享用和精神适意可谓良多而久矣。

为行茶品茗而设置茶席，可以融入多种文化含意和艺术手法，所涉器物，则丝织品和瓷器颇可大用，其与茶叶三位一体，可以担当茶席表现的主角和形

宋志敏（1964—），上海人。上海市职业技能鉴定中心茶艺师考评员，上海市茶业职业培训中心教师，上海旅游高等专科学校兼职副教授，第四届全国茶艺职业技能竞赛总决赛执裁裁判。

式美感的特色元素，将华夏的文明成果和民族智慧以美的形式、生活艺术的方式分享于世界，成为"人类命运共同体"之民心相通的有效途径。

一、丝绸的适于茶事

由蚕的吐丝、煮茧抽丝到纺织成布，丝绸用于日常不下两千年。蚕丝纤维以其特殊的构造，获得为人喜爱的观感、触感和体感，最为常用于服装、铺垫、包裹等，又因总体而言产量有限、技术含量高而曾多为少数人所拥有和使用且价格高企，从而开启了世界历史上第一次东西方大规模的商贸交流，为经济与社会发展之资源、技术因素之作用的生动写照。

丝绸，相关于日常生活的穿着和家用，又因织造、染色而品类、纹样丰富，而为古代中国工艺美术领域从业人口多、产品数量大的门类，也因此直系国计民生。丝绸属于高级面料，其品种、图案、色彩既相关于消费能力和选择，也是人们审美、品位乃至个性的生动展示，用于日常铺垫如茶席，则多取其质地、触感、光泽和图案之独到舒适的鉴赏享受和呈现表达效果的形式美感。至于不同等级、织法及做法的丝绸制品，更可适于用作茶巾、杯垫、杯套、壶包、瓯囊，而在陆羽《茶经》里，就有"以洁诸器"的"巾"用"绝布"这种粗绸来制作的叙述。

中西合璧的旗袍，为器物及日常生活方式的革命。小家碧玉、名门闺秀乃至教师学生，各类学校、生活弄巷乃至社交场合，各式各种的旗袍都足以承担女子穿着的解决方案。其中，丝绸旗袍又因其材质、垂悬感、色泽，或奢华而低调，或绚丽而夺目，胜任着较为讲究或有仪式感需求的场合，也约束并衬托着人们举止言行的得体和动人。

作为茶服的丝绸旗袍，突显女士的端庄与秀美（陈晓黎　供图）

丝绸服装的茶事契用，不仅限于旗袍。利用丝绸的多种织法所致质感来制作各种款式的茶服，适用于不同的茶聚场合和时机以及一场茶聚中担当不同职责的茶人之穿着，而有不可替代的使用效果和呈现价值。

二、瓷器的益茶物性

远古人始制陶瓷是出于生活乃至生存的需要，他们用陶瓷所制的盆盆罐罐来做饭、装食物和储运东西。故而，通过研究陶瓷器可以获取对古代文明生动的了解；而陶瓷器的装饰、材料、釉彩、制作等工艺越发达，可以见出相关的文明也越发达。陶瓷工匠在制作时对技艺和想象力的运用，创造出了实用且富于审美趣味的器物，由此，日常的用品也同时概为独特的来自大地而成就于水与火的艺术品。作为古代艺术品，陶瓷是存留于世最多的。

瓷器制作达到成熟的程度，其工艺精细而精湛，明代宋应星《天工开物》有所谓"共计一坯之力，过手七十二，方克成器。其中微细节目，尚不能尽也"之说。缘于原料和工艺，瓷器具有突出的材质特性和观赏美感，于茶事而言，则以益茶为选用的要旨。

陆羽的行茶之道有廿四器，用来饮茶的盛器，则首推"类玉""类冰"、釉色"青而茶色绿"的越窑所出青瓷茶碗，其选用的准则，是益茶。宋代风行建盏，也是瓷器，蔡襄《茶录》就此叙述为"茶色白，宜黑盏，建安所造者绀黑，纹如兔毫，其坯微厚，�之久热难冷，最为要用"，即取其釉色褐黑而深且壁厚保温，利于斗茶观察和饮用适口；明代起，与宜陶绝配的是景瓷，所制壶、杯用于茶的冲泡和品饮，尤其是若深杯，白釉益于鉴赏茶汤本色、高温烧结益于真香蕴藉。由此可见，器之益茶在于有利于对茶汤色香味的孕育乃至形的品赏，源起于商代成熟于东汉的瓷，因其形制精致、吸水率小、光泽好、敲击声清脆且釉彩可素可艳、可简洁可繁盛而在冲泡和品饮上多维度地益茶，故深为人们所喜爱和推崇，其兼得生理体验的舒适和精神感受的饶趣而美不胜收。

瓷茶器用以行茶品茗，从茶荷、茶拨和盖置到茶壶、盖碗和杯盏，其形制、材质、釉彩、纹样，既可以妥帖地呈现中国符号，也可以符合普世价值；既能够传递华夏传统生活方式的艺术意味，也可以包容当今世界通用共感的语汇而适于各国各民族人民的接纳和使用。其中，有设计和创意施展的无限空间，而所谓民族的也是世界的概括说法，正缘于其兼具实用与美观的形式符合人类的共同价值判断和审美接受程度，也是日常生活用器的中国制造进入世界贸易体系高端的前提。这样依托华夏历史资源中的瓷、茶相得而益彰的器饮共同体，曾经对整个的欧洲文明、阿拉伯文明和非洲文明产生了重大影响，甚至达到"整个欧洲的日常生活尤其是英国、俄罗斯这些国家完全是取决于景德镇的陶瓷"的程度，也必定可以光大彰显和风行受用于物质与精神世界互联互通的当今和未来的人类全球社区。

一瓯一盏之组合，堪为简朴精致的茶器日用，予人温润和内敛之美的观感（木耳　供图）

三、茶饮的文化艺术

茶事及相关文化的一切，都肇始于茶之为饮。在风采多姿的茶饮叙述文字中，可以发现在品尝佳茗的色香味之外，饮茶既利于安驻当下又助益人们对自身生命的观照、对天地之道的领悟。此种安心得道概为缘于茶汤品鉴、主客相韵、环境怡人和时机恰当，所发生的体物之美、人情之美、氛围之美和感悟之美，其既富于人文含意又能呈现艺术的形式美感。

采收于植物、制作于人手，其中既有自然景象与气息给予人们的清新感受和生动趣味，又有生产过程中品质形成给予人们的鲜活体验和美好期待，从中可以领略确为难能可贵的人类利用自然的能力或说人的本质力量的对象化所带来意蕴的积淀和审美的愉悦。

作为诗意栖居的生活方式，既求风雅，也需宁静。明人于此叙述为"带雨有时种竹，关门无事锄花；拈笔闲删旧句，汲泉几试新茶"，种竹、锄花和斟字酌句改文章，正是汲泉烹茶的伴随常项，其所契合的是品茗的悠闲自适与风雅的性灵自抒。安顿于逍遥悠闲的生活空间和作息内容，可以是"茅斋独坐茶频煮""竹榻斜眠书漫抛"，即因"茶频煮"而致气爽神清，缘"书漫抛"而能心闲梦稳。然而，人们早已认识到远离人间烟火的隐逸在物理世界和生理需求上的难以实现，故而就有"大隐隐于市"的做法，即身处繁华世界而能泰然自若的心理状态。

随着时代的进展、社会的演变，在当今世界，以此前的所有人类文明为"前体"来有所扬弃而非简单沿袭，其突出的社会生活情形与个人身心状况是基于电子网络的人际乃至万物互联来呈现。观察茶艺、茶道或茶礼的过程及行为方式，从备器、备水、选茶，到泡茶、酌茶、饮茶，主宾之间的相处与品鉴茶饮的相洽，为获得体现茶叶色香味形品质的茶汤，所需要的"专业"知识和技艺，以及茶席上对茶叶投量、冲泡水温、浸泡时间的要素把握，都需要"主人"全神贯注于当下的举动和器物的状态，而每道泡茶都当下可得可酌且可以品鉴到作为结果的茶汤和品饮感受。煮水瀹茶含有的丰富肢体动作及相应技艺内容，其缘于稍有疏忽即会有损茶汤品质、举止随意难免让人失敬，须当心无旁骛而抛却杂念，整个过程对做事者提出的是不遗余力的身心投入去作为，但又没有超出其行为能力，如此就有可能进入最佳状态即专注、有目标、有回馈、忘却烦心事而进入忘我境界。因专注于技艺的运用而获臻美好的身心状态，当代时新名词称为"心流"。

四、丝瓷茶的日常相伴及仪式美感

瓷器、丝绸和茶叶，三位一体而为华夏文明对世界日常生活体系的伟大贡献，其直接改变了人类的生活方式，提升了农业时代乃至工业时代的生活品质。正因三者对迄今的人类文明的作用发挥于日常生活，与人们朝夕相处而在生理、心理上维系着千丝万缕的联系，故而它们既是感官直接触碰使用的，又是思维、情绪、情怀的激发机制和抒发对象，是载体也是呈现。

缘于技术发展，社会结构和人类活动趋向于复杂，劳作经历和生命过程的模块化及系统协作特点，其内容和模式是可以设计、制造和控制的。当代的生命哲学有观点认为，我们人的生命品质在某种程度上是被某些瞬间所定义，那些重要的瞬间，其体验可以通过设计来达到，从而实现其完整与美好。决定你对一段经历的关键感受的，是峰值和节点的瞬间，通俗表述为所谓"多数可遗忘，偶尔特漂亮"。

制造完美瞬间的一个途径，是通过设计做出一个仪式感。其中，人们真切的感受，除了其自身的身心状态，更是由外在的氛围、环境、事件发生、程序推进所触动、引导、渐次提升来实现的。这种感受的实现可以通过体验设计来获得，对感受者本人而言，却是在不知不觉中"自觉"成主动争取。在此，可以发现茶聚雅集正是这样的一个从策划到组织实施的仪式感创造过程，而茶席摆布正是其中的重要环节。

名为《清音拍曲》的茶席，颇可设为以戏曲为题材的茶聚雅集之布设
（王斐斐　供图）

茶聚雅集，茶人的作用可概括为共襄盛举，其不仅为服务的提供者，更可以是茶之生活艺术的享用者——即美的创作者本身，亦为美的鉴赏与体验者。在此意义上，茶人与宾客实为"功能角色"的不时替换，而茶人与宾客的默契互动及知、情、趣的交流，更是这种替换的巅峰时刻，是一种别样的美美与共，及美之感受维度的拓展与层次的丰富。仪式感的创作成功，其完美瞬间的达成，既是茶人或席主及其他茶聚雅集参与者的努力及勠力呈现，也是宾客或体验者的投入及主动"配合"，因而，其为双向双重。

茶聚雅集的完美瞬间，达成于因茶事布茶席，以茶饮为基本考量，丝用于铺垫、穿着、装点，瓷用于瀹泡、盛汤、品鉴，因场合而异，既可适用日常的亲切和谐，也可契合盛典的凝重端庄。然而，这个时刻并非偶然，需要茶人事先进行大量的练习。最后的荣耀感，正是可以设计的。而才艺呈现和完美感受的这一时刻，也或许正是这一生中的荣耀盛典。

喜欢美，就去生出美。我们需要纯粹的愉悦的美，或许其为偶尔，但却是对生命形式的最高犒赏。所谓：Let the beauty we love be what we do。执着于"完成"一件事，"完成"这个动作本身，就能给人们带来极大的荣誉感。而荣誉感的获得，通过创意策划与设计、精心组织与实施和勠力呈现与互动来付出并同时实现。茶聚雅集，概为契于茗饮的美美与共。

结　　语

茶叶在当今地球上产地跨度之广阔、产品形式之丰富、饮茶群体之巨大、涉茶行业之业态的多维可能，构成了茶饮文化的多样性，获得了作为个人素养、团队建设、社会组分之存在发展的广泛性和可持续性，因而具有充沛的活力而具备生动性，因定位于根源性而不能拔除。显然，茶饮文化在当今世界，远非仅限于服务经济发展，而必定以人的全面发展乃至自我实现、社会的健康推动乃至长足进步、世界各国各地各民族的共同体之民心相通为其着眼点和归结，为其最终目的和起始点。

这种缘于广泛普通而可以直接致用的日常事物，不妨设为可以有、应该有的生活方式、生命状态，因其能够对应于人们的身心需求且蕴藉丰富的人文旨趣，可以用来承载优秀的文化传统和扬播民族的智慧才艺；其相关技艺的习得与享用，既是传统的又是现代的，是属于华夏的，也可以、更值得弘扬与交流而为全球的人们所分享而共有。茶饮文化或将进入一个原创时代，其当实现于与世界的拥抱，惠泽于"一带一路"的经贸和文化互通交流，去发明足以影响人类生活的全新器物，形成姿态万千、活力充沛的生活样式和风尚，而其美好，颇可凝聚并呈现于相契的丝瓷茶于一席。

参考文献

宋志敏，2019. 茗饮物事——茶文化小百科. 安徽：安徽科技出版社.
周星娣，等，2019. 海上茗谭. 上海：上海科学普及出版社.

浅析周大风《采茶舞曲》艺术特色

周山涓

　　在广袤的神州大地，尤其是浙江、安徽、江西、福建等茶区，古往今来，产生了很多茶歌。这些茶歌，从内容上来看，主要可分为几类：一是反映茶农清苦生活的，如"一斤茶叶半把米，下世不如去做鸡"等（指茶价便宜，米价贵）；二是反映旧社会人与人之间不良关系的，"如一茶叶两面青，反过面来不认人"等；三是反映茶叶生产的，如"三月采茶茶叶黄，男又忙来女又忙，男呀忙着来种田，女呀忙来采茶忙"，"早采三日是个宝啰，晚采三日变成草啰"，"姐采多来妹采少，多多少少转回家"等；四是反映爱情方面的，如"一把茶叶一把火，唱得对山大哥心里热乎乎"等；五是反映阶级矛盾的，如"啥个子人细饭细茶？啥个子人粗饭粗茶？啥个子人苦饭苦茶？啥个子人……种茶人无饭无茶"。茶区生产、生活需要茶歌，正如茶农们唱的："茶歌唱得响，青枝绿叶蓬蓬扬；茶歌唱得多，茶篓茶袋翻落坡……"

　　中华人民共和国成立后，这些茶歌仍流行在广大茶区，也曾有几支新的茶歌在群众中传唱，但为数不多，且大多是旧曲填新词。19世纪50年代初，时任浙江越剧二团艺术室主任的青年作曲家周大风，常到杭州龙井、梅家坞等茶区参观学习，茶农们总会拉住他说："为我们写支新茶歌吧！"

　　群众需要新茶歌。周大风（1923—2015）心里很激动，也很苦闷。激动的是跃跃欲试，想写出一支新茶歌来；苦闷的是对茶农生活还不是很熟悉。

一、生活是创作的源泉

　　1958年的春天，周大风来到浙南温州泰顺县的茶区体验生活，每天每晚

　　周山涓（1969 —），女，宁波北仑人。北仑大风故居管理者，二级茶艺技师。

与茶农们同吃同住同劳动。茶区群众建设社会主义新家园的热情，技术革新的钻劲，比学赶超的风气，使他深受感动。采茶为什么？炒茶为什么？茶农们的回答是：为了换机器，换钢铁。有了机器钢铁，才能建设国家，改变山区。茶叶是出口物资，1吨茶叶，当时可换12吨钢材，所以，大家的劳动积极性很高，虽然劳动强度很大，但却是有说有笑，气氛愉快。茶叶生产的季节性很强，采茶时恰是插秧季，劳动力紧张，非来个技术革新不可。从小喜欢动手动脑的周大风，为茶农们还设计出了一台茶叶整形机的模型，并提出了一套关于开辟"水平茶园"，实行种茶机械化和电气化的大胆设想。

周大风2004年在泰顺茶区

经过两个多月的生活体验，周大风终于完成了剧本《雨前曲》的创作，同时也写出了《采茶舞曲》的歌词，且把它放进《雨前曲》剧本中作为插曲：

> 溪水清清溪水长，溪水两岸好风光。
> 哥哥呀上畈下畈勤插秧，
> 妹妹呀东山西山采茶忙。
> 插秧插得大天光（后改喜洋洋），
> 采茶采得月儿上（后改心花放）。
> 插得秧来密又匀，采得茶来满山香，
> 你追我赶不觉累，敢与老天争春光。
> 溪水清清溪水长，溪水两岸好风光。
> 姐姐呀，你采茶好比凤点头，
> 妹妹呀，你摘青好如鱼跃网。
> 一行一行又一行，摘下的青叶篓里装。
> 千篓百篓千万篓，篓篓茶叶发清香。
> 多快好省来采茶，好换机器好换钢。

《采茶舞曲》的歌词写好之后，该谱上怎样的曲调，使之插上歌声的翅膀飞出茶区，周大风在思索着。他曾在浙江62个农村剧团、102个演出节目中调查，发现运用越剧形式的有58个剧目，除此则为滩簧，再其次则是歌舞、快板剧，歌剧只有1个。问他们为什么这样喜欢越剧和滩簧，群众回答："海边人喜欢吃海鱼虾蟹，山里人喜欢吃竹笋沙芋。"又说："苏州人糖缸倒在锅里，四川人辣罐翻进锅里，宁波人盐碗覆拉锅里，山东人生葱种在灶里。"浙江人还是喜欢越剧。

在与茶农一起劳动时，周大风曾随口试唱了几句不同的地方音调，征求意见，他们会异口同声地反映"这句好听""这句难听""这句还好"。当用越剧及滩簧音调演唱时，发现他们更加亲切喜爱。因此，就决定《采茶舞曲》的曲调，运用越剧及滩簧，以适应更多群众的口味。

运用了越剧、滩簧的音调，如不越雷池一步，老调老腔，群众还是不满意的。他们要求有新的因素放进去，否则，又会反映"不新鲜"，因为，旧的民间音调已不足以表现新时代群众的思想感情，需要来个推陈出新。

上海文艺出版社 1958 年版
《雨前曲》书封

周大风的初步设想是这样的：用越剧的乐汇，吸收滩簧的结构形式，且要有所发展；既有"戏曲"的音调，又要有"歌曲"的特点，且能合乎舞蹈的节奏，使能载歌载舞；在越剧宫调式的基础上，发展到徵调式及商调式，使之更丰富更新鲜；运用江南民间复调手法，来写伴奏，并加入滩簧"衬锣衬鼓"，以烘托气氛。

二、旋律的来源和加工

歌曲的旋律从哪里来？又如何有中国风味中国气派，并且受群众欢迎呢？为了探索从戏曲、民歌、说唱等中加工演变为歌曲，周大风此前曾写过几个作品，有：《马兰花》中的"迎亲曲"，《五姑娘》中的"田歌"，《金鹰》中的"挤奶舞曲""金鹰之歌""祖国好"等，得到了一些经验和体会。如：①戏剧唱腔是在特定情景下，为某一人物抒发感情。作为歌曲，则要为广大群众抒发共同的感情，且时代感要求更强烈。②戏曲是为专业演员所唱，曲调可以较复杂。作为歌曲，宜从目前群众的音乐修养出发，应多讲究一些"易上口""易记忆""易背诵"。③戏曲在感情上起伏较多变。作为歌曲，可以较单纯些，只集中的抒发一两种特定感情。④戏曲的结构比较复杂，不大用大段反复。作为歌曲，可以大段反复，特别是一曲数词的情况下。⑤戏曲的节奏变化多。作为歌曲，可单纯些，且讲究一些呼应、对称，对于散唱、一拍子等节奏形态尽可能不用、少用。⑥戏曲很讲究花腔、拖腔、过门等。作为歌曲，应尽可能简单些。⑦速度变化在歌曲中应大段的处理。

《采茶舞曲》就是根据上述七点，进行创作的。据周大风回忆，《采茶舞曲》的乐汇来源主要有：引子是新创作的，但受了浙东民间乐曲《细则》的影响；唱腔中运用了越剧唱腔里跳动较大、感情较愉快的乐汇，经重新组织和补充新的乐汇；越剧的曲尾拖腔，一般呈向低延伸，《采茶舞曲》在末句，为了表达高扬的感情，把它反高了。

三、不同结构形式的组合

《采茶舞曲》采用"曲调以越剧为基础，吸收滩簧结构"的做法，这是取两者之长。因为越剧的曲调比较优美，滩簧的结构比较灵活，且都是富有江南地方风格的东西。

越剧的基本结构是以"上、下句为基础，在两个不同调高上构成对仗体"。滩簧的结构形式与越剧是不同的，它是以"起平落（或起平叠落）结构形式为主，在平叠部分又自由地采用数上一下体镶嵌"。越剧是成偶的上、下句，滩簧则不一定是成偶，而可以有"数问一答"，构成平或叠的部分，且辅以"起、落"奇句为其基本特点。

剖析《采茶舞曲》的结构。引子，兼作间奏过门和尾声；"起"部分，保持越剧的上下句结构；"平"部分，仍保持越剧的上下句结构，但加上"冠"及"插"过门，并把中心乐句的节奏缩紧一倍；"叠"部分，吸收滩簧"数问一答"的特点，构成"三上一下"的独立结构，但又是从属于整个"起平叠落"总结构之中，有机地联系着；"落"部分依旧保持越剧上下句结构，并加"附加尾声"二小节；间奏部分。

由于结构上变动了，原来越剧的形式，就遭到了破坏，但又不是原来的滩簧，更多因素接近了民歌中的"起承转合"。

原来的越剧曲调形式，慢板与快板是不混用的，除非是特别情况，才用过门把它衔接。《采茶舞曲》的"起"，相当于慢板，"平"相当于快板，为了衔接，加上一个"冠"。这个"冠"很重要，有承前启后的作用。另从"叠"转"落"时，又为了衔接需要，又来一个切分音，并且每二小节来一个"2"的落音，使与"叠"的二小节一落音呼应，但填词却是四小节一句，使人造成一种错觉。

四、探索调式的再发展

汉族的五声音阶，有着自己的民族特点，而与苏格兰、东欧、希伯来等地的五声音阶不同，我们是利用"三度间音"来作为调式的"转折音"。我们的民族作曲习惯，已把"调式转换""调高转换""多调性写作""调式或调高交替"等，作为一种表现手法和技巧手法，越剧和滩簧也一样。

另外，各地的民间音乐、民间戏曲、民间说唱等，也总是不断地在丰富和发展调式。但能不能再发展呢？《采茶舞曲》在调式安排方面，就进行了一些发展：①在越剧原有 Do 宫基础上，继续保持它与 sol 宫的互相交替的宫调式特点。引子"商调式"，唱腔"徵调式"。②利用 sol 宫关系，避免上行"7"音，自然地发展"徵调式"。③引子、间奏采用其他调式，并明确调式发展的规律是循着"一宫二徵三商四羽五角"演变着的，因而新发展的引子采用"商"。④尾转到"徵调式"，前面来一个宫调式的"阻碍终止"。

那么，《采茶舞曲》究竟是什么调式呢？其实，它不是一支单纯调式的曲子，而以"徵调式"为主，内中伴着宫调式和商调式的穿插，转来转去，以达到变化和新鲜的目的。

五、民间伴奏手法的运用

《采茶舞曲》的伴奏，是采用越剧伴奏乐队的组合为基础，加上滩簧的衬锣衬鼓，但比原来的越剧伴奏要丰富一些。

在主奏乐器中，原来越剧有个鼓板，在《采茶舞曲》把它省略了，使减少戏曲味，增强歌曲味。而越剧的主胡，音色比较清脆、明朗，富有山后回响，欢乐明亮的意境，因而以它为"领"。但发展它的演奏把位和跳跃气氛。

基本乐器群中，以龙胡在低八度齐奏主胡旋律，使之加厚，更重要的是采用扬琴、琵琶、月琴、三弦，在三个八度内齐奏弹乐声部，这个声部用音较密，且有一定的节奏，以此为"背景"，描写茶叶采摘劳动的热烈、跳动和愉快的心情。

笛子是穿插应用的色彩乐器，用点奏，长音飘留音，短过门插奏形式，时续时辍，描写欢乐愉快的心情。革胡或大阮，用拨弦陪衬，也可作色彩乐器看。

以击乐为衬（越剧没有，滩簧里有）。小锣小鼓的隐隐演奏，衬托欢乐、热烈气氛，渲染集体劳动的热情。

《采茶舞曲》在创作初期，得到领导、茶农、编舞、导演、指挥诸同志的具体帮助。原来歌词中"插秧插到大天光，采茶才到月儿上"，周恩来总理提出要注意劳逸结合，因而改为"插秧插得喜洋洋，采茶采得心花放"；编舞者王媛同志为了要把技术革新的新气象反映出来，要求加长，于是周大风又补写了一段热烈愉快的尾声，以适应舞蹈的需要；原曲本来没有"呀末"等衬字，是茶农们在学唱时，即兴加上；轻巧的锣鼓，是乐队指挥沈根荣同志设计的，增加了很多欢乐活泼的气氛。可以说，开门写曲，倾听意见，不断修改，才使《采茶舞曲》渐臻完善。

《采茶舞曲》一经问世，就以崭新的时代气息，浓郁的江南风味，以清新活泼，既可唱又可舞还可奏，在群众中广为流传，久演不衰。如今已有一百余种唱片、磁带、CD、VCD、DVD、书刊等。

六、余音回响

这里记录有关《采茶舞曲》的几个片段。

1958 年 9 月 11 日晚，周恩来总理在北京长安剧场肯定了《采茶舞曲》，并提出修改歌词。

1958 年年底，戏曲大师梅兰芳、舞蹈大师戴爱莲，在杭州观看了《采茶舞曲》后，建议由浙江歌舞团及中央歌舞剧院作为保留节目及出国节目。

1959 年，灌制唱片三张，其中首张唱片突破新中国发行纪录。

1959 年，保加利亚国家歌舞团，改编为管弦乐曲进行演出及广播。

1971 年，毛主席路过杭州，点名要看《采茶舞曲》。

1972 年，西哈努克亲王来杭州，周总理指示，《采茶舞曲》作为外宾招待节目。

1987 年 11 月，入选联合国教科文组织亚太地区音乐教材。

1990 年亚运会，《采茶舞曲》作为我国运动健儿的入场曲。

2008 年 8 月，文化部出访土耳其，表演了《采茶舞曲》。

2012 年央视春节晚会，2014 年文化部春节文艺节目，2016 中国文联春节节目中，《采茶舞曲》频频演出。

2016 年 9 月 4 日，G20 杭州峰会文艺晚会，《采茶舞曲》又一次亮相。

2017 年 4 月，《采茶舞曲》纪念馆在温州泰顺东溪落成。

2019 年 5 月，《采茶舞曲》音博园在泰顺开工建设。

著名作家、茅盾文学奖得主王旭烽在《爱茶者说》中写道："浙江大地，凡有水井处，皆闻大风先生采茶声。"

2015 年 10 月 11 日，周大风仙逝，著名作家黄亚洲挽联云："江南丝竹小桥流水，偏逢大风百代心醉；国中嘉木大道茶经，皆在小曲千载情迷。"

浙江省人大常委会原副主任、浙江大学文物与博物馆学系教授、著名学者、史学家毛昭晰，在周大风仙逝后评价说："周大风的艺术成就尽人皆知，在全世界都享有盛誉，尤其是他的《采茶舞曲》，周总理还替他改过歌词。他的音乐中充满了浙江的地域文化特点、民间文化风格，非常贴近人民的心。我为拥有这样的好朋友而感到幸运。"

茶城之美

——现代都市茶文化地标

胡旭成　王鹏

摘要： 本文以各地数家茶城为例，简述现代都市茶文化地标茶城之美。

关键词： 茶城；广东；昆明；重庆；西安；郑州；宁波

古代城镇有茶店、茶肆、茶坊、茶馆、茶庄，中心城市有集市型茶市，如白居易茶诗名句"前月浮梁买茶去"，说的即是今江西景德镇市浮梁县已有茶叶集市，或称茶叶集散地。

当代茶文化自 20 世纪 80 年代复兴以来，发展迅猛，很多省会或地市级城市，于 20 世纪 90 年代开始兴建茶叶市场或茶庄式茶城，成为都市一道靓丽风景，尤其是茶庄式茶城，已成为很多城市茶文化地标。笔者作为茶城创建和管理者，参观或关注过国内很多茶城，本文就当代茶城之美作一简述。

胡旭成（1963—），浙江宁波人。宁波市金钟茶叶参茸商城有限公司总经理，高级经济师，宁波茶文化促进会理事。已发表《宁波金钟茶城经营实践及发展愿景》《茶都、茶港亟需建设大型茶市》等茶文化论文多篇。

王鹏（1975—），河南太康人。河南大陆商业运营管理有限公司在执行董事，河南省凤凰茶城实业有限公司董事长，河南省茶叶协会常务副会长、省茶叶协会副会长，河南省郑州市金水区人大代表，高级评茶师，高级茶艺师。

一、产区代表性茶城——广东芳村茶业城、
昆明雄达茶文化城与重庆石生国际茶城

（一）广东芳村茶业城

广东芳村茶业城坐落于荔湾区芳村大道中 508 号，与佛山接壤。从规划之初，就志在打造集展示、商务、休闲、体验观光于一体的超大型茶都。总体规划占地 12 万平方米，总投资 10 亿元。由知名企业建华管桩集团有限公司投资、建设、运营，项目定位于信息化、国际性、物流型，以"商流、信息流、资金流、物流"合一为目标，成为东南亚最大的茶行业物资交流中心之一。

该茶城占地面积 2.8 万平方米，建筑面积近 3.6 万平方米，经营面积达 3.2 万平方米，中西合璧的欧陆现代建筑群，演绎了富有岭南特色的骑楼商业街文化。全场有产权式商铺近 400 个，包括独立封闭式商铺和开放经营铺位。这里不但是当今超大的茶叶批发市场，也是普洱茶浪潮最初兴起的地方，普洱茶交易高峰时，年交易额达 750 亿元（含二次交易）。行内广泛流传一句话：即使云南不再生产普洱茶，芳村茶城收藏的普洱茶，可以供给全国茶民消费十年。

这里周边集中了数十个大型茶叶批发市场，如启秀茶叶城、南方茶叶市场、三一茶叶城、锦桂茶叶批发市场、山村茶叶批发市场、芳村国际茶叶市场、万商茶都、广易茶博园、迎海国际茶都、大笨象茶叶城、嘉茗茶城、万象茶叶商贸园、承鸿茶世界等专业茶叶市场等，茶界统称为芳村茶城，是名副其实的全球最大的茶叶茶具集散地。

（二）昆明雄达茶文化城

昆明雄达茶文化城位于昆明市北市区商业黄金地段金实小区南门，隶属于昆明雄达商贸有限责任公司，2003 年创建，是国内较早的大型茶城之一，占地面积 4.66 万平方米，交通便利，拥有完善的配套服务体系和安保设施。茶城以古典建筑、园林绿化、艺术景观为特色，是一家古典园林式的品牌茶文化城，具有深厚茶文化底蕴和丰富的民族文化特色。茶城集品茶、休闲娱乐、旅游观光、茶文化、饮食文化、酒文化、民族文化传播为一体，茶产品远销欧美、东南亚，以及中国港、澳、台地区。

（三）重庆石生国际茶城

重庆石生国际茶城位于重庆九龙坡区巴国城，2018 年 11 月 28 日开业。这是福建籍"上海茶王"叶石生，继 2007 年成功创办上海大宁国际茶城之后的又一杰作。计划总投资 2 亿元，建筑面积约 5 万平方米，经营商户 500 家左右，其规模在西南地区首屈一指。计划未来 3～5 年内，年销售额达到 5 亿元左右，成为融产品销售、文化活动、行业培训、展览于一体的现代化综合型茶

叶流通平台。开业仪式上，该茶城已被中国茶叶流通协会授予全国重点茶市。

该茶城旨在打造重庆高端茶文化专业市场和旅游休闲佳境，设有休闲品茶区、精品茶具及茶工艺品展销区、茶艺培训中心等，尤其是引入世博重庆馆和重庆市创意作品展览中心等配套设施，将茶文化、创作艺术和现代科技相融合，将定期举办国际茶文化艺术节，使重庆的茶文化氛围得到较大提升。

各产区还有更多气派壮美的茶城，如位于湖北恩施城区金桂大道中国硒都国际茶城，占地 200 亩，总建筑面积 42 万平方米，颇为气派，为地市级茶城之佼佼者，可惜因地域和人口等因素，人气有限。

二、销区代表性茶城——郑州凤凰茶城、 郑州国香茶城、西安西北国际茶城

除了茶叶产区，各地茶叶销区近年也建造了很多地标性茶城。

（一）郑州凤凰茶城

郑州凤凰茶城又称凤凰茶文化商业广场，地处郑州历史上八景之一凤凰台遗址，并以此命名，2014 年 9 月 29 日开业。位于未来路和陇海路交会处黄金之地，系郑州东西、南北城区枢纽，陇海路高架快速路贯穿郑州东西，邻近未来路 BRT 快速公交，规划中的地铁 4 号线在此设有站点，周边交通四通八达，到火车站、机场高速等交通枢纽也十分方便。同时，凤凰茶城坐享老城区和 CBD 双圈环绕的优质配套，周边家电、厨具、花卉、家具、豪车及物流等专业市场云集，为凤凰茶城提供了庞大的流动客户群体。

茶城总建筑面积约 15 万平方米，是以茶城为主体，集餐饮、健身、茶主题精品酒店、休闲旅游、办公培训、商务交流、茶文化推广、邻里中心（含购物）、河南特产、旅游产品超市等于一体的茶文化主题综合商业广场，是中原地区第三代茶城业态的先进代表，是全国极具影响力的一站式茶文化购物广场的旗舰。茶城内设有郑州首家茶文化博物馆，占地 1 万平方米，并有 300 米茶文化中心景观轴，布置茶文化特色景观，以及各种别致的茶艺展示品，为客户深入讲述茶文化的起源和发展，营造浓厚的茶文化底蕴。

茶城主楼共高 28 层，主要分为三部分：

一是商场部分规划面积 7 万平方米，规划铺位 500 余个，进驻商家以销售批发茶叶为主，包含茶衍生品茶器、茶家具、文玩、字画等，包括河南茶文化博物馆。

二是写字楼、茶主题精品酒店、美容及健康管理、足疗、电商、企业办公、文化推广等配套项目，面积约 4 万平方米。

三是河南特产购物中心（含旅游）、餐饮等，面积 4 万平方米。

郑州凤凰茶城夜景

近年来，茶城先后被评为全国最具发展潜力茶城、郑州市金水区特色街区建设先进单位、郑州特色商业街区、2015 年中原十大特色商圈、郑州市最具发展潜力旅游特色示范街区，郑州市 2016—2018 年连续三年文明诚信市场，分别为大美郑州摄影基地，河南电视台栏目拍摄基地，郑州市大学生创业基地等。

（二）郑州国香茶城

郑州国香茶城位于南四环附近文德路。建筑面积近 10 万平方米，拥有 500 多间可自由组合商铺，可容纳商家 600 余户。是一座拥有特色建筑风格的茶文化主题公园，整体朱梁黛瓦，融南北建筑特色于一身，包容天下，又兼顾传统。具备十大功能：南茶北销郑州集散中心、中原茶文化交流中心、河南茶叶交易会展中心、河南茶叶仓储中心、河南茶文化旅游体验中心、河南茶艺教学培训基地、国香茶城电商产业园、茶文化主题公园、中原茶叶博物馆、中原普洱茶仓。让人在买茶、喝茶的同时，能更好地体念、感悟博大精深的茶文化内涵。已被中国国际茶文化研究会授予"一带一路"茶文化活动中心。

该茶城以规模化、品牌化、国际化为发展目标，致力打造海内外茶文化传播与交流的纽带与平台。走进国香茶城，即可见到巨大的雕刻着"国香茶城"的形象石、古色古香的月亮门，位于茶城中心广场的汉白玉雕塑"茶圣"陆羽和大幅石刻的茶经书雕，充满艺术风情生动的红色剪纸广场，展示了不同时期的茶人形象，体现出"国韵茶香"之文化底蕴。

茶城内便于开展形式各异的茶文化活动，丰富文化内涵，为茶城树立良好的外界形象。与之配套的还有佛学文化传播中心，体现了禅茶一味的文化内涵；这里还拥有目前河南唯一一家以茶入菜的茶宴馆。

郑州国香茶城门楼

（三）西安西北国际茶城

虽然陕南产茶，但西安不属产茶区。2015年4月18日开业的西安西北国际茶城，位于茶文化特色街区金康路附近，项目总面积约近4万平方米，集茶叶茶具零售批发、茶文化娱乐、茶文化主题餐饮、影院、仓储物料、综合服务等茶相关产业为一体，是西北较大的专业茶叶茶具批发集散地。

该茶城提出"五新"经营理念：①新理念：以商业品牌为主导，着重公共空间设计，强调体验式消费，与顾客一起探索。②新设计：回归原味中国本色，让历史气韵浓厚的人文和纯净写意的自然，流转浸透在一砖一瓦、一窗一格中。聘请省内知名建筑设计院，结合国际最前沿的设计理念，以"追溯历史，把握现在，展望未来"为宗旨倾力打造而成。③新经营：统一市场定位，统一市场管理，统一经营管理，统一信用监督，统一物业服务。④新服务：让消费者贴近高品质生活、获得人性化体验，让客户更贴近专业化和个性化服务。⑤新体系：通过推动体制、机制、品牌、科技、文化的不断创新，开拓艺术型、休闲型、体验型、娱乐型的新的产业增长模式。

三、宁波金钟茶城升级换代——古典与时尚 相融　休闲与赏玩共乐

宁波金钟茶城自2008年9月成立至今，已经走过11周年。虽然市场摊位早已达到300家左右，2017年市场交易额已超3亿元，成为华东地区主要茶叶交易市场之一。但是受城市规划限制，内外观装修一直只能小打小闹，与宁波城市日益增长的茶文化需求不相适应。2018年年初确定整体搬迁，新址在

老江东核心区宁波东方商务中心（原东方鑫林家具城），位于兴宁路与福明路交叉口，宁波东站北侧。新地块地处交通枢纽，更有优势。除了多公交线路经过茶城，边上已开通地铁 3 号，经过茶城的地铁 4 号线将于 2020 年年底开通，距杭甬高速东入口仅约几分钟车程，商业辐射力强盛。

与原有的茶城格局不同，新茶城由 3 幢三层结构的独立商业馆组成，每层6 000 多平方米。商业馆呈环状分布，每层净高 5.5 米，三馆三层的布局让茶城在业态空间布局上有了更多组合可能，一层主体为茶叶，汇聚全国各地名茶品牌及宁波本地特色茶产品，另设参茸与古玩；二层主体为各地茶器、茶叶；三层为文玩、茶叶。二、三层包括茶文化体验或其他相关业态，可打造出多个融合度高的立体化茶文化专区。

三馆中间设有一个约 5 000 平方米的中心广场，覆盖生态绿化，将成为广大市民和茶文化爱好者闹中取静的休闲庭院。

在配套上，东方商务中心商场的现代化硬件设施将满足不同商户的多层次需求，商场地下配备了 660 个超高车位，为经销商和消费者提供便捷的出入体验。

新老商户非常看好新茶城选址，截至 2019 年年底，一层商铺供不应求，二层招商已达 70% 以上，三层已达 50% 以上。

金钟茶城主楼外观

十年树木。金钟茶城生逢其时，参与并经历了新时代宁波茶文化的全面繁荣发展时期。进入第 12 个年头，茶城领导层已由当初的商业决策和单纯茶文化爱好，升华为深深的茶文化情怀，成为事业和生命中不可或缺的组成部分，很多最早进入茶城的商户亦深有同感。

以此次升级换代为契机，茶城领导参观了全国多家著名茶叶市场和茶馆，

金钟茶城广场"茶圣"陆羽雕像造型

结合自身多年实践，深切感悟到茶文化是古老与时尚的行业，随着人民物质与精神文化生活水平的不断提高，饮茶、品茶、吃茶、玩茶已成为居民生活的重要组成部分，新茶城应努力满足各个阶层、各个年龄层次消费者的需求，提出"诚信、健康、休闲、鉴赏"的经营理念，诚信是企业立身之本，健康乃茶文化行业之特性，休闲与鉴赏则需要打造出优美、舒适的空间环境，需要引进文化创意，比如各色茶具的设计，茶文化的提炼，与各种节庆相结合的活动等，让品茗不再局限于喝茶这件事本身，赋予茶更具艺术性的表达。同时欢迎各类茶文化文创项目入驻茶城，借助专业文化艺术团队之手，跨界融合茶和文化产业，结合当下流行的文化商业和互动创意集市，打造成具有宁波特色的文化地标，为市民提供一个人人可参与的艺术空间，让消费者乐于前来体验、鉴赏、消费。

新茶城外立面为古色古香之江南园林风格，各商户装修则要求八仙过海各显神通，能体现各种为人们喜闻乐见的古典或时尚元素，努力做到古典与时尚完美融合。

新茶城以展板等形式，宣传宁波海上茶路启航地、屠隆、屠本畯、屠呦呦《宁波"屠氏三杰"茶之缘》等古今名人茶事。

四、结语：茶城可融入琴棋书画等高雅文化元素，打造未来城市客厅

茶文化的生活层面是柴米油盐酱醋茶，精神层面则为琴棋书画诗酒茶。中国经济发达地区已经进入小康社会，对茶文化的更多需求，已经从生活层面转为精神层面。作为茶文化地标，未来目标要更多融入琴棋书画等优秀、高雅传

统文化元素，努力使之成为市民所向往的城市客厅。如郑州凤凰茶城等，已具备较好的硬件条件，更多需要在软件上下功夫，充实内涵。

金钟茶城将以搬迁新家为契机，站在新的起跑线上，全力打造宁波茶文化地标，经过三五年努力，跻身于全国著名茶城行列。

土家族茶文化美学探析

舒琴　章传政

摘要： 土家茶文化是土家族人民在历史长河中不断与茶打交道，从而形成与种茶、制茶和饮茶等有关的一种约定成俗的文化现象，也是土家族文化的重要组成部分。土家人具有勤劳、善良、淳朴之美，经他们之手创造的文化成果自然少不了那一抹熟悉而独特的味道。本文试从土家族茶俗、茶礼及茶歌三个角度中所涉及的一些美学韵味来探析土家族茶文化之美。

关键词： 土家族；茶文化；美学探析

我国是世界上最早发现茶和利用茶的国家，也是茶文化的发祥地。在中国这片神舟大地上诞生了 56 个民族，不同民族对茶的利用在长期的生产和实践过程中逐渐形成自己本民族的独特文化习俗，如客家的擂茶、德昂族的酸茶、藏族的酥油茶以及土家族的四道茶等。这些具有代表性的茶名或茶俗都是各个民族茶文化的特色，是长期实践、智慧的结晶，是后人应传承、创新、发扬的一笔宝贵财富，同时也丰富了中国文化的内涵。土家族有着悠久的种茶制茶历史，陆羽《茶经·一之源》载："茶者，南方之嘉木也。一尺、二尺乃至数十尺。其巴山、峡山，有两人合抱者，伐而掇之。"这说明"巴山、峡川"一带有大量野生茶树可供生活在这一带的神农氏、巴人利用，而土家先人便是巴人。巴人的制茶方式也很别致。三国魏张揖《广雅》记载："荆巴间采叶作饼，

舒琴（1996—），女，贵州凯里人。安徽农业大学茶与食品科技学院茶学（茶文化）研究生。

章传政（1971—），安徽潜山人。博士后，安徽农业大学茶业系副教授，茶文化研究生导师。

叶老者，饼成以米膏出之。欲煮茗饮，先炙令赤色，捣末置瓷器中，以汤浇覆之。用葱、姜、橘子芼之，其饮醒酒，令人不眠。"既记载了饼茶制作技艺，也记载了"油茶汤"的制作技艺。巴人的制作技艺和饮茶习俗深深地影响土家人的茶文化。土家人在传承先祖的制茶以及饮茶方式的基础上也不断创新并形成自己本民族独具特色的茶文化体系，为土家人的生活添姿添彩。

一、茶　　俗

（一）信仰之美

土家茶俗折射出土家人的勤恳、热情、朴实的形象写照，茶与土家人的生活紧密联系，土家人很好地把茶融为一体。居住在不同地区的土家族人，所形成的茶俗几乎大同小异，也许是在长期发展形成过程中因地域的不同而有所偏差，但这并不影响他们对茶的理解与敬重。土家族人很认可大自然的一些神秘的规律，认为山有山神，而茶得天地之精华，禀山川之灵气孕育而来，自然也应有茶神。如切忌把茶泼于地上，抓茶前要洗洗手，名叫"净手"，间有防止污染茶叶的习俗。"茶不欺客"，倒茶的时候，得依照一定的顺序，一杯一杯端给客人，不能漏掉一个人，除夕之夜或者其他特殊时期会用茶水侍奉神灵或亡灵等，这些举动皆是对茶神的尊敬以及借助茶来表达对已故亲人的纪念。这一习俗体现出土家人对茶的信仰之美。信仰是一个人或者一个民族最重要的精神支柱，好的信仰是崇高的，经久不衰的一股力量。

（二）淳朴之美

土家罐罐茶习俗，是土家人生活中最普遍的待客之道。从古至今，以茶待客相沿成习，饮茶方式多种多样，最朴实的方式反而最能折射出人们内心的淳朴本质。罐罐茶的饮用方式有两种，一是熬罐罐茶，二是烤罐罐茶。熬罐罐茶的茶具有铜铸，也有烧制的陶罐，家里有客人来时，生火煨茶是必不可少的礼数。先在火坑里把火生好，把罐里加入一半水，然后放到铁制的三脚架上，待到罐里的水开了，便把茶叶投入到罐中，用文火煮一会儿，目的是使茶汁充分溢出，茶汤浓度才好。不用多华丽的茶具以及多优美的泡茶手艺，火一生好，主客之间心里就有了温度，拉近彼此心灵上的距离；茶一出汤，让客人更拥有了家的感觉，感受到了主人家的温暖。这些看似不起眼的举动，却无形中发挥着很大作用，既表达了对客人的尊敬与欢迎也体现主人家的热情与友好。

（三）情味之美

"四道茶"是湖北鹤峰款待远方宾客的最高礼节，共敬四次茶，顺序不可颠倒且每次敬茶内容也不一样。这种礼俗是用古色古香陶瓷茶具、红漆雕花茶盘向客人敬茶，敬茶者为未婚少女或少妇，她们在客人中间穿梭献茶，且歌且舞，客人坐着边品茶，边听歌看舞。第一道茶为"白鹤茶"，这道茶的来历带有一段神话色彩的渊源，相传用白鹤井的水泡茶，杯中能飞出两只白鹤。土家族是特别尊奉神的民族，用"白鹤茶"作为款待宾客的第一道茶，可见对客人的热切欢迎与尊敬，代表着为客人接风洗尘。第二道茶叫"泡儿茶"，先盛一碗糯米，再酌红糖，冲开水，意在以茶代酒，让客人压饥。第三道茶叫"油茶汤"，寓意为甜甜蜜蜜，是土家人一日三餐都不可少的饮品，能充饥抵饱。此道茶加入的佐料品种很多，有花生米、核桃仁、芝麻、板栗、嫩玉米等，同茶一起放入碗中，用开水冲泡，量很充足，营养也很丰富。最后一道茶叫"鸡蛋茶"，此道茶起源于土家婚庆之夜的"拜茶"，是最高级别的待客礼俗，用此道代表一轮敬茶的结束，蕴含着土家人对客人团团圆圆的美好祝愿。这带有一定艺术性的茶俗，彰显出土家姑娘们心灵手巧的特色，既能泡出一杯杯好茶的同时也能载歌载舞，增添喝茶者的视觉美感，从而加强人们喝茶的心灵感受。享受茶之味，感受土家人之情，更触及这一土家茶俗情味美。

二、茶 礼

（一）人情和谐美

如果说土家茶俗是载有满满浓厚的情怀感，那土家茶礼则是清素淡雅的岁月感。经得起岁月的雕琢，仍不失那一抹素雅之美。茶文化蕴含着致清导和的思想精髓，土家茶礼甚多，源于生活中各式各样的礼仪社交与茶相结合，有助于和睦家庭邻里。结婚生子、老人大寿等喜庆之事，茶元素更是土家人生活中的特色。如哪家有喜事办酒，给人贺喜去，叫做"吃茶"，所带的礼物称为"茶礼"。婚庆典礼中，待客有鸡蛋茶、面食茶等，饭前的小吃也叫"吃茶"。鸡蛋茶起源于土家婚礼中的"拜茶"习俗。拜茶之前，由主婚人请男方亲朋好友按辈分高低在堂屋和厢房按顺序就座，随后新郎给新娘介绍长辈，新娘随后会将鸡蛋茶捧起给长辈敬茶，长辈喝下鸡蛋茶后，需回赠给新娘"茶钱"，表示对这对新人的祝福，寓意为团团圆圆，婚姻和美。新媳妇进门后的第一天早晨给公爹公婆各敬一杯，公爹公婆接受这杯茶后要回礼，这个礼也称为"茶钱"。这些与茶结合的人生礼仪形式多样，内涵丰富，是属于土家人生活和精神上的宝贵财富。

（二）以茶为善美

除了这些日常生活中的小礼节，"施茶"礼是土家礼节当中最高尚的礼仪。一些土家人在自家门口放一口茶缸，备好喝茶的杯或碗，让各路行人自行取用，它的特别之处在于"博爱"。茶礼、吃茶等这些礼仪基本上都是针对自家人以及有一定关系的亲朋好友，茶作为增加人们之间关系亲密的桥梁，递增之间的感情交流，发挥着重大作用。"施茶"礼则不同，它所面对的人群类别更广，它的意义在于无论自家客家还是生人熟人，都可当中一类人"陌生人"自由且自行可取。"施茶"是以茶为善美，把土家人淳朴、热情、善良的本质体现得淋漓尽致。有一句俗语说"施得三年茶，不生娃也生娃"，虽然夹杂一些因果报应思想在里面，但对于"施茶"这件事本身就是好事，无愧于天也无愧于自己，积德所在，也可以说是对生活有着美好的向往，对生活积极乐观的体现。

三、茶　歌

（一）歌词意境美

中国少数民族歌舞动听优美、民族语言丰富，与茶相融，更具民族特色。土家族聚居区，茶叶历史悠久，茶文化底蕴丰厚，相对应的茶歌种类更是繁多。土家族的采茶歌有《采茶歌》《十二月采茶》《四季采茶》《早采茶》《晚采茶》《茶山姑娘》《姐妹采茶》等这些名目，一般有青年男女对唱，也有自个儿唱。茶歌内容也包罗万象，有直抒胸臆类型的茶歌，一般唱唱收获的喜悦，历史人物的盘古以及对爱情的向往。如《茶山姑娘》中所唱："春到茶山放彩霞，采茶姑娘笑呵呵；采茶姑娘会采茶，制成红茶都爱它。"唱出了土家采茶姑娘心灵手巧之美。《姐妹采茶》中："三月采茶茶发芽，姐妹双双去采茶。姐采多来妹采少，采多采少早返家。三月采茶是清明，奴在房中绣茶巾。两边绣的茶花朵，中间绣的采茶人。"《四季采茶》："春天采茶茶发芽，姐妹双双来采茶；风吹茶树凉风爽，姐妹双双摘细茶。""夏天采茶热忙忙，头戴绿帽遮太阳；野鹿含花归家去，姐妹双双收茶忙。"唱出了土家姑娘的勤劳以及团结友爱之美。茶歌内容描绘的是茶农心中难掩喜悦的真实表露，更是茶农民们浓浓的亲情感。

（二）创作艺术美

爱情是人类历史中永恒不变的话题，以歌来传达自己内心对爱情的渴望与向往的茶歌更是不计其数。如恩施土家族地区的一首《六口茶》歌广为人传，旋律悠扬婉转，歌词通俗易懂，唱起来朗朗上口。其内容描绘的是一对土家青年男女彼此之间的情感追求和试探，在其中，一问一答，茶文化与男女情感之间相互融合。全段歌词分为六段叙述：男：喝你一口茶呀问你一句话，你的那个爹妈（噻）在家不在家；女：你喝茶就喝茶呀哪来这多话，我的那个爹妈（噻）已经八十八；男：喝你两口茶呀……；男：喝你六口茶呀问你六句话，眼前这个妹子（噻）今年多大了；女：你喝茶就喝茶呀哪来这多话，眼前这个妹子（噻）今年一十八；女：呦耶呦耶哓呦呦耶，眼前这个妹子（噻）今年一十八（耶）。悦耳动听的同时更直击人的内心，勾起心中那柔软的一角，产生与土家青年男女一样的情感共鸣。土家人对生活中点点滴滴所见所闻的感触之情融入这一首首茶歌中，既唱出了他们内心真实的情感想法，也体现出他们在长期的劳作中对生活积极乐观的态度，以及善于发现生活中平凡的美从而用他们的智慧创造出一首首脍炙人口的茶歌。茶歌源于生活也高于生活，通俗易懂的同时也具有独特的艺术化之美，美在词曲，更美在创作。

四、结　　语

土家茶文化具有民族性和地域特色之美，本文所提到的茶俗、茶礼以及茶歌，没有刻意针对地域特色去分析它们之间的差异性，只是从较宏观的一个角度去看待土家茶文化当中的某些部分。土家族是一个与茶结缘较早的民族，对茶的利用随时间的推移而有很大的变化以及创新，创造出属于土家族茶文化的独特魅力。但对土家先人遗传下来的某些饮茶方式仍在继承，具有很长的历史渊源，及价值性不言而喻。如油茶汤，是古代巴人的饮茶风尚，对现在的土家人来说喝油茶汤仍是一日三餐都不可缺少的饮料，能充饥的同时，更具有很多保健功能的价值。对土家茶文化从不同的角度去发现它们的价值性以及艺术性，会有很多新颖解读；对民族文化的全面挖掘，有助于优秀文化的传承、创新和发扬。土家茶文化之美——美在茶俗、茶礼、茶歌都体现出了土家人的本质美。茶俗信仰善良的体现，茶礼人情和谐的传递，茶歌勤劳、智慧的表达，这些皆是土家人自身独有的魅力，同时也增添了土家茶文化的美学韵味。

参考文献

方宁，2015."聚空间"土家族茶餐厅设计. 长沙：中南林业科技大学.
龚发达，2000. 土家茶文化. 农业考古（4）：108-110.
龚永新，陈红，2011. 论土家茶文化资源及其开发——以长阳土家族自治县金福村为例. 重庆三峡学院学报，27（6）：35-38.
何辰宇，等，2016. 高温干旱对茶叶生产的影响及应对措施. 江苏农业科学，44（4）：215-217.
张新华，1999. 土家族与茶文化. 茶叶（1）：44-46.
赵振军，等，2013. 恩施土家族茶文化底蕴探析. 农业考古（5）：51-54.
周红杰，2018. 民族茶艺学. 北京：中国农业出版社.

各国客来敬茶礼仪简述

章传政

摘要： 茶最早在中国被发现与利用，传播至世界各地形成国际茶文化，在许多国家和地区形成了客来敬茶的风俗习惯，多姿多彩。

关键词： 客来敬茶；礼仪；国际茶文化

第 74 届联合国大会于 2019 年 11 月 27 日宣布将每年 5 月 21 日设立为"国际茶日"，这是由中国主导推动而确定下来的，反映了世界对中国茶文化的认同，也有利于世界各国茶文化的交融互鉴。诚如英国学者艾伦·麦克法兰在《绿色黄金：茶叶帝国》书中所说"只有茶叶成功地征服了全世界"，茶在中国最早被发现与利用之后，在药用与食用的基础上，逐渐普及饮茶并形成中国茶文化，继而传播至多个国家和地区得以最终形成国际茶文化。茶叶之所以能够成功地征服全世界，国际茶文化之所以能够形成，国际茶日之所以能够确定，是因为茶叶具有重要的经济、社会和文化等方面价值，给人类生活带来了美好。美好有哪些具体体现呢？仁者见仁智者见智，美好当然体现在诸多方面，考虑到客来敬茶是许多国度的共同风习，但是各自又有着不同的要求，所谓入乡随俗，随俗了则一团和气，不随俗则反生嫌隙，不能不重视，因此本文拟从客来敬茶角度进行考察。

一、中国——多民族各有特色

西汉时期，中国茶业进入了有文字可据的信史时代。辞赋家王褒（公元前90—前51）《僮约》中"烹茶尽具"就是规定在家中来客之后要烹茶敬客。两晋南北朝时期，客来敬茶已经成为中华民族普遍的礼俗。弘君举《食檄》记载："寒温既毕，应下霜华之茗，三爵而终。"客人到来，见面寒暄之后，先请饮三杯茶，再请客人吃些茶点，"应下诸蔗、木瓜、元李、杨梅、五味、橄榄、悬豹、葵羹各一杯"，花色达到 8 种之多。

客来敬茶深入人心，成为传统礼仪，给人们生活带来了美好，儒学集大成者朱熹（1130—1200）有对联曰"客至莫嫌茶当酒"。杜耒（？—1225）有诗云"寒夜客来茶当酒"。而且不同地区不同民族还形成了多姿多彩的特色茶俗，如湖南嚼茶、浙江咸茶、闽南功夫茶、蒙古族奶茶、白族三道茶、藏族酥油茶、布朗族竹筒茶、回族三炮台茶、壮族打油茶、满族盖碗茶、土家族擂茶等。

客来敬茶作为日常生活中司空见惯的待客之道，彰显了中国礼仪之邦的传统美德。但是，人们必须遵守客来敬茶的各种要求，才能发挥客来敬茶的美学功能。以三道茶为例，虽然畲族、白族都有三道茶习俗，都是表达主人欢迎客人的美好情意，但也有细微差别。畲族主人在冲第二道茶时，如果发现有还未喝完的茶，主人就要查问是谁。不喝主人泡的茶，会被认为是看不起他，是对其不尊重。当客人走时，主人就会把茶水往其脚后跟泼去。所以到畲族做客，一定要注意，只要提前告诉主人喝够了就会避免尴尬。与畲族相比，白族的三道茶则是佐料更丰富，仪式更隆重，气氛更热烈。

在很多地区，客来敬茶时都有类似的讲究。所谓"七分茶，三分情"，主人若斟茶过满，则是不尊重客人。主人敬茶时应双手奉送，添茶时要一手提壶，另一手摁住壶盖。客人接茶时也要用双手，并说"谢谢"。为了表示尊重主人，不论是否口渴都应喝点茶。若是不想喝了，就合上杯盖。到了告辞前，应将茶喝完。主人与客人都遵守这些礼仪，就实现了客来敬茶的美学功能。

2017 年 4 月 1 日，笔者摄于北川羌族自治县

二、日本——以茶道为代表

在日本，客来敬茶的典型表现是茶道。日本茶道源于中国，以茶会为中

心，是一种仪式化的、为客人奉茶之事，综合独特道具、茶室装饰、点茶礼仪等，将日常生活行为与宗教、哲学、伦理和美学融为一体，包含修行、礼仪、社交、艺术四个要素，成为综合性的文化艺术活动。

日本茶道已成为日本美的象征，程式严谨，强调古朴、清寂之美，追求心物如一，讲究"四规七则"。四规即和、敬、清、寂，待客亲善，互相尊敬，环境幽静，陈设高雅。七则即：茶要提前准备好，炭要提前放好，茶室要冬暖夏凉，室内插花要像野花一样自然，遵守规定时间，即使不下雨也要准备好雨具，一切为客人着想。

日本茶道仪式中，主人与客人行、立、坐、递接茶碗、饮茶、观看茶具，以至擦碗、放置物件和说话，都有特定礼仪。在狭隘简陋的空间中，融合宗教的、道德的、礼仪规矩的、艺术的、从饮食到扫除诸多方面，将人们的举止洗练为稳重的美，给予人们心灵以深层慰藉。

三、韩国——茶礼待客

在韩国，客来敬茶更多地体现为茶礼。叶茶法是一种较为常见的茶礼表现形式，主要包含迎宾、温茶具、沏茶、品茗四个程序。主人必先至大门口恭迎，并以"欢迎光临""请进""谢谢"等话语迎宾引路。而宾客以年龄高低、顺序随行。进茶室后，主人立于东南向，向来宾再次表示欢迎后，坐东面西，而客人则坐西面东。茶沏好后，主人右手举杯托，左手把住手袖，恭敬地捧茶至来宾茶桌上，再回到自己茶桌前捧起茶杯，对宾客行"注目礼"，说"请喝茶"，来宾答"谢谢"后，一起举杯品饮，品尝糕饼、水果等各式茶食。

2016 年 5 月 22 日，笔者摄于韩国

四、越南——先主后客

越南人认为第一次冲泡的茶汤滋味较淡，而后面的茶汤则比较浓，品质最好。因此越南谚语说"最后的茶好，最先的酒好"。越南人饮茶时，先倒满自己的茶杯才给客人斟茶，先主人后客人的顺序旨在把味道浓郁的好茶留给客人。这种敬茶方式与中国不同，如果不知道容易误解为越南人不好客。

五、印度——右手敬糖茶

印度的北方人喜欢喝茶，也习惯客来敬茶，甚至形成了家庭茶规。

客人来访时，主人首先请客人坐到铺在地板上面的席子上，男人盘腿而坐，女人要双膝相并屈膝而坐。接着，主人给客人奉上一杯加糖的茶水，并且摆上水果、甜食等茶点。客人不能马上伸手接茶，而应客气地推辞，说谢谢，当主人再次向客人献茶时，就应双手接过。然后，一边吃茶点，一边慢慢品饮，显得彬彬有礼。而且，印度人左手是用来洗澡和上厕所的，因此绝对不会用左手递送茶具。

六、阿富汗——敬茶三杯

阿富汗人好客，不管客人是否为伊斯兰教徒，也无论穷富，都一视同仁，习惯客来敬茶，并且形成了三杯茶之礼。阿富汗人诚恳、热情地招待客人，饮茶时往往要求喝三杯，因为阿富汗人认为一杯是解渴，第二杯表示友谊，第三杯表示礼节。客人如果不想再喝时，可用双手在杯子上遮盖一下表示谢绝。

七、哈萨克斯坦——茶点丰盛

奶茶是哈萨克斯坦的传统饮料。哈萨克人早上、中午、晚上饭前饭后都要喝奶茶。哈萨克斯坦人好客，习惯客来敬茶。客人到访时，进门后首先邀请客人到餐厅喝茶。如果客人拒绝喝茶，就被当作敌视与最不礼貌的行为。

哈萨克斯坦的早茶时间长，茶点很丰盛。客人早晨起床洗漱之后，主人会请客人先去喝茶，不知情的外国客人还以为这是早餐，就会吃得饱饱的，可是，早茶过后，主人会来邀请客人一起共进早餐，这时客人就有点尴尬了。

八、乌兹别克斯坦——先主后客

茶在乌兹别克斯坦是重要的交际媒介。乌兹别克斯坦人围坐在一起，一般由主人专门负责泡茶和敬茶。与中国礼仪不同的是，第一杯茶通常是给主人自己，第二杯茶给德高望重的长者。

主人给客人倒茶时，一般只倒三分之一，寓意是茶水越少，凉得更快，这也是在炎热天气时对客人表示尊敬。客人要用右手接过茶杯，左手放在胸前，口说"谢谢"表达谢意。

九、塔吉克斯坦——小杯敬茶

客来敬茶是塔吉克斯坦的传统礼节。塔吉克斯坦每个家庭都有专门的茶室，由一个人泡茶，第一杯茶由泡茶人自己喝下，然后再奉茶给客人。塔吉克斯坦人喜欢用小杯斟茶待客，小杯可能只盛 10 毫升的茶水，这是以一种特殊的方式表达好客。

塔吉克斯坦人为客人先斟一点茶的时候，意思是希望能够留住客人，与客人做长时间交流。如果主人斟满一杯茶，则表明他没有时间长谈了。假如客人到访，恰逢主人正准备出门，塔吉克斯坦人是不会直接说出来的，而是通过斟茶来表示。主人将茶水斟满，这时客人就应该明白，赶快喝掉碗中的茶，说对不起，自己只是顺路来看看，有事要走了，这样主客就都避免了尴尬。

塔吉克斯坦人邀请朋友到家里做客时，很少直接说"来做客吧"，而是说"来喝茶吧"。塔吉克斯坦谚语说"无茶食不谓喝茶"。喝茶时，主人会为客人准备丰盛的茶点。

十、埃及——多饮为谢

埃及人习惯客来敬茶。一般情况下，埃及人家庭待客时，每个人要饮 3 次所冲泡的茶，多喝不限，少喝则不行。埃及人认为客人不喝斟上的茶水，或者留一些在杯里，就预示主人的女儿找不到婆家。因此客人一定要喝完主人斟上的茶水，而且客人要再三向主人表示感谢才合乎礼节，否则就是犯了忌讳。

十一、英国——风靡下午茶

众所周知，英国形成了世界有名的下午茶，茶文化提高了妇女地位，培育了绅士风度。下午茶也是客来敬茶的一种方式。

下午茶不仅讲究茶具和茶叶，就是点心也要求精致。盛点心的瓷盘一般为三层。最下面一层是一些有夹心的味道比较重的咸点心，如三明治、牛角面包等。第二层是咸甜结合的点心，一般没有夹心，如英式 Scone 松饼和培根卷等传统点心。最上面一层是蛋糕及水果塔以及几种小甜品。吃的时候要注意顺序，从点心盘的最下面一层往上吃，要是乱了顺序就不合规矩了。

在英国各种茶会中，男性扮演着礼貌的参与角色，处处体现对女性的尊重，这对培育尊重女性、女士优先的英国绅士风度起到了促进作用。在英国维多利亚时代，要求参加茶会的男士们身着燕尾服。现在，白金汉宫每年举行的正式下午茶会时，依然要求男士身穿燕尾服，头戴高帽，手持雨伞。

十二、荷兰——客人选茶

荷兰人也喜欢客来敬茶。主人大多是邀请客人到家里饮用午后茶。客人一到，就被请入茶室。主人打开精致的茶叶盒，让客人挑选自己喜爱的茶叶。主人用初沸的开水冲泡，大约 5 分钟后，把茶壶放入茶套内保温，方便随时取饮。

荷兰人饮茶通常是一人一壶，这与其他国家比较是个明显的区别。客人将茶水从茶壶里倒入碟子里饮用。为了表示对主妇泡茶技艺的赏识，客人饮茶时大多会发出"啧啧"的赞叹之声。

十三、乌克兰的客来敬茶

乌克兰人热情好客，经常邀请亲朋好友到家中喝茶，女主人先将瓷茶壶里沏好的酽茶倒进客人的茶杯，然后将茶杯端到茶炊前续水调整浓度，同时用自制的茶点招待客人。俄罗斯有俗语说"无茶炊便不能算饮茶"，乌克兰也一样，喜欢用茶炊煮茶。茶炊和奉茶已经成为乌克兰人殷勤好客的标志。

乌克兰人客来敬茶重视礼仪，向器皿里倒茶时要求不能太满，如同中国"茶满欺人"的寓意。如果茶汤溢出了杯面，就是相当失礼的行为。尤其是在一些较为讲究的场合，茶具会因奉茶对象性别不同而稍有差别。若是奉茶给女性，应使用带有碟子的茶杯。若是奉茶给男性，则应使用带有金属杯托的茶杯。

结　　语

客来敬茶以"敬"为本质与核心，表达对人的尊敬，取得和谐共处的目标。而从具体实践形式来看，客来敬茶体现在美，美与敬相辅相成。美在茶叶，绝大多数国家都讲究使用品质好的茶叶，要求茶叶具有良好的色、香、味、形等品质特征，甚至像中国、荷兰等国家都事先让客人选择自己喜欢的茶叶。美在茶具，茶具之美主要体现在功能美与艺术美两方面，像中国、日本、塔吉克斯坦等许多国家都讲究使用精美的茶具，甚至要求把茶具上有图画和文字的部位朝向客人，以便客人欣赏茶具之美。实际上，美还体现在泡茶之水、品茶环境等诸多方面，但最主要的，美在茶事礼仪。譬如语言美，基本上每个国家都使用敬语，文明的话语、温馨的话语让人感到宾至如归、交流融洽。譬如行为美，像主人奉茶或者客人接茶时，要注意是使用哪一只手或者还是使用双手；像客人喝茶时，绝大多数国家都要求喝干净，甚至要啧啧有声表示赞美。

客来敬茶发源于中国，绽放于世界，给人们生活带来了美好。美包括生活美和艺术美两个最主要形态，而生活美又分为自然美和社会美。上述一些国家的客来敬茶具有代表性，既体现了生活美，又体现了艺术美。不同的国家和地区，客来敬茶都体现出茶文化的乐感文化特色，而遵守具体的细节要求则更容易实现和谐共处的美好结果。

参考文献

关剑平，2007. 中华茶道. 合肥：安徽教育出版社.

关剑平，2011. 世界茶文化. 合肥：安徽教育出版社.

黄英妮，校注，2012. 茶经. 杭州：浙江教育出版社.

李荣林，2018. 客来敬茶的对联欣赏. 茶叶，44（4）：218-221.

李盛仙，2004. 神州茶俗各不同. 绿化与生活（6）：49-50.

李玉林，2014. 畲族和白族的"三道茶". 烹调知识（4）：61.

夏涛，2008. 中华茶史. 合肥：安徽教育出版社.

姚国坤，2008. 图说中国茶文化. 杭州：浙江古籍出版社.

周国富，2019. 世界茶文化大全. 北京：中国农业出版社.

日本煎茶的生活美学

曹建南

摘要：散茶在日本称为"煎茶"，和日常生活有着非常密切的关系。本文从生活美学角度探讨了日本人对散茶的感官审美、文人煎茶的审美情趣和生活饮茶促进和美的社会功能，展现了日本饮茶文化的一些特点。

关键词：日本；煎茶；常茶；生活美学

日语的"煎茶"，有广义和狭义的两种用法。广义的"煎茶"相当于汉语的"散茶"或"叶茶"；狭义的"煎茶"单指散茶中除经过遮光栽培的玉露茶、采摘粗老叶子制成的"番茶"、经过高温烘焙的"焙茶"等茶叶品种以外的供茶壶沏泡的散茶。

在现代日本，抹茶仅用于某些茶事活动或宗教仪式，和日常生活相去甚远。日本人的日常饮茶都是煎茶，与煎茶相关的价值取向和审美情趣是日本生活美学的重要组成部分。本文拟探讨日本人在散茶的生产和饮用方面所表现的生活美学问题，阐述日本饮茶文化的一些特点。

一、煎茶的感官愉悦美

感官愉悦是人们对美的最基本的感受。人们所说的茶之美，主要就表现为对茶叶的形色香和茶汤的色香味的愉悦感。日本煎茶叶形和叶色大都基本相同，也没有把茶叶放入透明的玻璃杯中冲泡的习惯，用陶瓷的茶壶沏茶是无法欣赏茶叶在水中舒展浮沉的美感的。因此，日本人对煎茶的感官愉悦主要就是

曹建南（1953—），江苏常州人。上海师范大学退休副教授，宁波东亚茶文化研究中心研究员。

对茶汤的色香味的视觉、嗅觉和味觉美感。

虽然 1654 年隐元禅师东渡时，利用散茶的煎茶文化就已传入日本，但在 18 世纪以前，日本人普遍饮用的是必须把茶叶放在锅釜中煎煮的"涩茶"，日本茶业界称之为"黑制煎茶"。因苦涩味较重，人们往往在茶汤中加盐进行调味，以获得最佳的饮茶味觉。山冈俊明《类聚名物考》说："凡本朝山家土民，每旦煎茶入盐，称'朝茶'。"在茶汤中加盐调味的饮茶法在日本大概有较长的历史，本山荻舟《饮食系图》引《松亭漫笔》（1850）："空腹入盐而饮时，直入肾经，且冷脾胃，故生诸多疾。"松亭的意图主要在反对空腹饮茶，但从中也可以看出，煎茶入盐的习惯直到 19 世纪中期在日本民间依然存在，反映了人们对咸味茶的味觉美感的认同。

古代日本人曾有在茶里加"甘葛煎"的记载。甘葛，是一种藤本植物，至秋冬时节其液甘甜如蜜，古代日本人煎煮后作为甜味剂使用，称为"甘葛煎"。古代日本没有制糖技术，砂糖传入日本的最早记录是鉴真东渡时带去的"砂糖二斤十四两"。后来，室町时代末期，砂糖通过南蛮贸易进入日本，庆长年间（1596—1615）漂流至中国南部的日本人带回了甘蔗的苗木，并用在中国学会的制糖技术开始制糖，至江户时代的享保（1716—1736）之后，砂糖才开始在日本社会普及。初期的砂糖价格昂贵，这大概是长期以来日本人没有用砂糖而是用食盐给茶调味的重要原因。明治维新以后，崇尚西洋文化成为时代潮流。欧洲人饮红茶加牛奶、砂糖的习惯给人一种新的饮茶体验，于是，有人提倡在茶汤中加牛奶和砂糖，说是"其味美，且裨健康者也"。但也许是甜味的蒸青绿茶不合日本人味觉美感的原因，在茶汤中加牛奶和砂糖的饮茶法，除英式红茶以外，最终没有流行起来。

比黑制煎茶更给人味觉美感的是 1738 年宇治的制茶家长谷宗圆开发的"梨蒸煎茶"。"梨蒸煎茶"是宇治方言，现代茶业界称为"青制煎茶"。这是一种蒸青绿茶，茶叶不用煎煮，用茶壶冲泡。茶汤除苦、涩、甘味以外，还含有鲜味，日本人称之为"旨味"。尤其是玉露茶和被覆茶，在茶叶栽培过程中通过一定期间的遮光，增加了茶叶的甘味和"旨味"的成分，作为日本的高档绿茶而受到消费者的青睐。现在的日本蒸青绿茶生产企业，就是通过栽培方法和制茶技术来调整苦、涩、甘、旨的各种成分在茶汤中的比例，形成各自的产品风味特色以获得市场份额的。有关统计显示，"旨味"成分氨基酸含量和茶叶的市场价格成正比，历年的全国茶叶品评会的一等奖的都是氨基酸含量特别高的茶品，可见"旨味"是日本人饮茶口感的一个重要价值尺度。

消费者则根据不同茶品的特点采用适当的沏泡方法，以获得最佳味觉感受的茶汤。吉祥道闲《茶事心教辨》（1882）说："煎茶专以甘味为肝要者也。……

茶味据其人所好，甘苦浓淡可随意。然煎方恶时，必损香气，岂可不用心乎。"意思是说，煎茶的口感最要紧的甘味，甘苦浓淡应根据个人的口感爱好，沏茶方法不对的话，必然有损茶的香气，必须用心沏泡。还说，喝茶必须懂得"初碗饮茶之气，二碗饮味，三碗饮甘"的道理，否则"虽精良之茶，亦不知其有香气、甘味，名茶亦可无诠"。日语的"无诠"，即"无价值""无意义"的意思，这里强调的是饮茶者要学会充分享受茶的香气、滋味和回甘给人带来的感官愉悦之美。

日本煎茶的茶叶外形和商品包装

现在的日本绿茶比较讲究沏茶的水温和浸泡时间。例如，玉露茶通常以50℃左右水温，浸泡 3 分钟左右为宜。可以通过提高水温或延长时间来加快或增加"旨味"成分的析出，以获得最佳口感的茶汤。再如，深蒸煎茶通过延长蒸汽杀青的时间，降低了苦涩味和蒸青茶的青草味，形成圆滑柔润的口感，沏泡时以 70～80℃的水温浸泡 30～40 秒为宜。

除"番茶"和"焙茶"等低档茶叶以外，日本蒸青茶的香气一般都是较为淡雅的清香，汤色以绿色为主，根据不同的茶叶种类有浓绿、翠绿、黄绿等种种汤色。日本人认为，绿色"是众多颜色中最美的色彩之一，是给人获得兴奋和沉静二者居中平衡的感觉，抚慰人们精神使之平静的颜色"，是"象征和平、真实、久远、健全、理想的色彩"，因此，浅绿色的茶汤"最能发挥积极的饮茶情趣之精华"。茶汤的淡雅清香也"不是令人浮躁的气味，而是令人神清气爽、沉着冷静的香气，和绿色的（茶汤）有较深的相通之处"。日本人对汤色的视觉美感由此可见一斑。

茶汤以绿色为美的视觉审美观还表现在对茶具的选择上。上面说过，日本人没有用透明玻璃杯沏茶的习惯，因此，汤色的欣赏主要依靠茶杯。为了突出汤色之美，茶杯内壁以白色为宜。上田秋成《清风琐言·选器》（1794）："茶盏，或云茶杯，是亦以小器为宜。西土明世制造白瓷者宜。……或云椀，或云钟，或云瓯，其形仅有少异。以白瓷为贵者，以易候茶之青黄也。"柳下亭岚翠《煎茶早指南》（1802）也说："茶钟，虽有样样形，皆以小而内白、高台之高者为佳。内白者，最赏煎茶之色故也。高台之高，为持不热也。"两者都明确指出，茶钟内白是为了能欣赏煎茶的汤色。"高台"即圈足，意思是圈足较高的茶杯不易烫手。宜兴的紫砂壶，自江户时代以来一直受到日本茶人的青睐，但紫砂杯却不怎么流行，其原因大概就在于紫砂杯不利于欣赏日本煎茶的汤色之美。

早在 20 世纪 30 年代，日本医学博士诸冈存（1879—1946）就指出，现代美学教育只注重视觉和听觉的美感培养是一个极大的错误。他说："味和香对于生命具有更为直接和根本的意义。因此，我们必须说味觉和嗅觉的培养是非常重要的事情。茶，不仅限于味觉和嗅觉，还能使其他所有的感觉变得敏锐，给人以对此进行思考和识别的能力，并且使人变得善于识别任何事物。"认为通过饮茶，不仅可以培养对生命至关重要的味觉和嗅觉的审美能力，提高人们对美的敏锐性，还能增强人对事物的思考和识别能力，强调了饮茶的感官愉悦在美学教育中的重要意义。

二、文人煎茶的生活美学

深田精一《木石居煎茶诀》（1849）："煎茶家有二，一者文人茶，一者俗人茶也。"他认为，"文人茶以茶饮清事之真趣为主，甘于淡泊"。

饮茶是文人的生活乐趣之一，体现了文人的生活美学特色。古代日本文人崇尚中国文化，中国产的煎茶器具最受文人追捧，但也受日本饮茶审美观的制约。例如日本文人喜欢用中国的紫砂壶，但由于紫砂杯不利于欣赏日本煎茶青黄的汤色，他们会配上内壁白色的青花杯。

文人大多喜静厌噪，不乏杜门谢客甚至隐逸山林者，茶是文人杜门蛰居时重要的"生活伴侣"。文人画家田能村竹田（1777—1835）在《杜门煎茶图》上题诗曰："满园竹树昼萧骚，独见茶瓯翻素涛。十日杜门唯爱静，背人非敢作孤高。"诗前小序云："蝶园老兄为人恬淡和谐，与物无忤。屏居六十年，煎茶自娱。顷征予画，因作斯幅，并系一绝见意。"蝶园是竹田好友，因向竹田求画，竹田遂作《杜门煎茶图》并题诗遗之。隐逸文人放弃了功名利禄的欲望，追求恬适清雅的生活美学，崇尚"精行俭德"的道德标准，茶是他们追求生活之美和道德修养的重要手段。《杜门煎茶图》反映了江户后期隐逸文人煎茶自娱的生活情趣。

儒学家斋藤拙翁在《煎茶集说·序》中也说，著者大岛"顷者来卜居吾津箕山之麓，与余茶磨山庄相接，呼唤可通，旦夕相邀。于山影泉声之间，炷香

19 世纪的文人煎茶器具（选自京都国立博物馆《日本人和茶》）

瀹茶，出所藏墨帖画卷相与品评，以解胸中郁结，亦足以助考槃余兴也"。明确指出，炷香瀹茶，品评书画是隐逸文人"解胸中郁结"和"助考槃余兴"的重要手段，目的在于追求生活之美，成德乐道。

和志同道合的"同人"畅谈，谈古论今，切磋文艺，是文人的生活乐趣，畅谈时以茶助兴是文人生活美学的另一种表现形式。田能村竹田赞《心友交欢图》曰："与同心友相会，随意快谈，稍倦则煮茗温酒，或展观古之法书名画，论榷古今，鉴别真赝，销闲遣兴，亦复一乐。"山本德润《煎茶小述》（1835）也说："同人对话，嘉宾适至，砖炉火活，铁铫汤沸，砂瓶点绿，瓷碗啜翠，幽人清赏，雅客幽娱，其兴味不可言。"可见，以茶会友，以茶助兴是文人生活美学的重要形式。

文人煎茶对饮茶环境的审美情趣也有其特点。我们知道，抹茶道的典型的饮茶环境是草庵茶室，这是人工营造的"市中山居"，是模拟的自然。和抹茶道的模拟性自然不同，以风雅为"真趣"的文人煎茶更注重真实的自然，把优美的大自然作为理想的饮茶环境，在饮茶的同时发现和领略自然之美。卖茶翁高游外是广受文人煎茶圈内崇拜的人物，他在京都荷担鬻茶，春逐樱花，秋觅红叶，总是挑选山紫水明、风光秀丽的场所。《卖茶翁偈语》中多有描写在河畔泉侧、涧前桥塊、松下枫旁、花丛茂林煮茶卖茶情景的诗作，可见，远离凡尘、回归自然和向往自由是卖茶翁对煎茶环境的审美意趣。

卖茶翁的煎茶环境审美观为文人煎茶的环境美学树立了标杆。山本德润《煎茶小述》说："酒楼妓馆，非茶之地；吹弹歌舞，非茶之席。"这显然不是说酒楼妓馆不能喝茶，也不是说不能喝着茶欣赏吹弹歌舞，而是强调这些场合不是文人饮茶的理想环境。山本在文中提示的理想的饮茶环境是："茅舍竹屋、小楼静室、松坞朝霞、枫林夕照、梅窗雪晓、蕉轩雨夜",都是能让人和大自然融为一体的场景,在这样的场景饮茶才能置身于自然,亲身感受自然之美。这和抹茶道在充满紧张而拘谨氛围的斗室中进行点茶的意趣是截然不同的。如果说抹茶道的模拟性山居斗室体现了"平等"的道德理念和"侘寂"的审美意趣的话,那么文人煎茶对饮茶环境的要求则反映了崇尚自然和追求自由的志向。

三、"常茶"的生活美学

"常茶",是茶文化研究家小川八重子(1927—1995)仿照民俗学家柳田国男的"常民"而提出的一个概念。柳田国男时代的"常民",指的是乡村的农民,但第二次世界大战后日本迅速工业化,农民人口大量减少,工薪族人口迅速增加,于是有人提出,工薪族才是现代日本的"常民"。由此可见,所谓"常民",就是我们中国人所说的"平民百姓",而"常茶"就是平民百姓日常生活中的饮茶,包括家庭、邻里、职场等场合的饮茶,茶叶种类主要是煎茶、番茶和焙茶。"常茶"是最能反映日本民众生活美学的茶文化现象。

先说家庭的饮茶。日本的家庭大多有全家人一起喝茶的习惯,通常是早晚各一次。清晨,家庭主妇沏茶供佛龛中的祖宗牌位,一壶茶中倒出一杯供上佛龛,剩余的就是家人共饮的早茶。晚上,晚餐后孩子做作业即将结束的时候,母亲会沏上一壶茶招呼大家一起喝茶。日本人之所以把家居的餐饮、起居空间称为"茶の間",就是因为家人总是在这里一起喝茶、聊天的缘故。"茶の間"是日本人的家庭茶空间,在这个空间演绎着一幕又一幕"一家団欒",即一家团圆,其乐融融的家庭和美剧。

其次是邻里的茶会。社区的邻里茶会是加强邻里纽带关系,促进社会和谐的民间饮茶习俗。和我国上海青浦的阿婆茶、浙江余杭的打茶会、江西安福的表嫂茶类似,日本的邻里茶会大多也是以女性为主角的。典型的有岛根县松江地区的"啵嘚啵嘚茶"、富山县朝日地区的"叭嗒叭嗒茶"和冲绳县那霸地区的"哺库哺库茶",都是用茶筅将散茶的茶汤击拂出泡沫,然后再添加少许其他食品而成的民间茶饮。"啵哒啵哒"和"叭嗒叭嗒"是模拟击拂之声的方言拟声词,"哺库哺库"是形容泡沫的琉球方言。女人们聚在一起,喝着茶,唠着家常,形成一个以喝茶为由头的邻里社群。

在高知县、爱媛县的一些地方,至今保留着从前为过往商旅、行脚僧人提供歇息、茶饮的施茶亭,日本人称之为"茶堂"。随着交通干道的改变和交通工具的发达,茶堂早已失去了原有的施茶功能,成了村民们聚会、喝茶、唠嗑

"叭嗒叭嗒茶"是妇女们唠嗑的茶会（选自《周刊朝日百科》第110号）

的去处。日本人没有睡午觉的习惯，每天下午，村里的大爷、大妈都会聚集在茶堂度过一段悠闲的时光。到茶堂喝茶、唠嗑是当地许多老年人愉快的生活日课。此外，各地的城镇居民也有形式多样的邻里茶会，人们在享受适合自己味觉美感的茶汤的同时，也分享着生活的乐趣。

最后要说的是职场的饮茶。日本的职场通常每天有两次工间茶歇。按日本的习惯，工间茶歇时都是女员工为男同事沏茶，并把沏好的茶一杯杯送到男员工的桌上。接待来客也是女员工给客人沏茶、敬茶。为男员工沏茶和给客人敬茶都不是女员工的工作内容，没有哪一份劳动合同能写进这样的条款，这只是一种社会约定俗成的习惯。但日本人认为，职场中女员工为男同事沏茶，并把茶送到男同事桌上，这是女性心灵美的体现。因此，虽然不是劳动合同规定的工作内容，女员工也非常乐意承担这样的分外工作，并努力掌握沏茶技艺，以沏出可口的好茶赢得同事们的赞誉。男员工喝着女同事亲手沏的热茶，心存一份感谢，有利于职场的和谐。

历史学家会田雄次在《日本人的意识构造》中指出，职场饮茶不是由专职的茶水员提供，而是由女员工承担的做法，不但体现了女员工的女性之美，还能营造职场的家庭氛围，让人感受到如同家庭般的温暖。他说，"如果像美国那样，员工们在洗手间喝上一杯凉水，那对于解渴来说无疑是最好的办法，但是，却没有任何的情趣。如果不是打字员而是由专门的茶水员给员工提供茶水的话，那么，（工间茶歇的）意趣就会减半，就不会产生由非专职茶水员提供服务而形成的某种温暖的氛围"。

1997年，鹿儿岛市的某位女议员曾经对职场女员工承担沏茶工作的问题提出反对意见，提倡男女员工轮班承担沏茶工作或各人自我服务。第二年，该市女性政策科实施的调查结果表明，由女员工为大家沏茶的职场占 75.5%，由女员工给来客敬茶的占 91.8%，情况并没有太大的改变。

随着日本饮茶机性能的完善，2000 年前后开始，许多职场设置了饮茶机，给员工的饮茶提供方便。没有表情的饮茶机虽然是解渴的有效手段，但却无法营造职场的家庭般温暖的氛围。因此，现在仍有许多职场坚持由女员工用茶壶沏茶，以维持职场饮茶的生活美学效果。

茶给人类带来的不仅仅是解渴或保健的效果，还有调整性情、增进感情、促进和谐的社会功能。全面认识茶和人类美好生活的关系，积极弘扬茶文化，营造美好生活，促进社会和谐是今日茶人的重要责任。

参考文献

李翠梅，2016. 生活美学. 北京：清华大学出版社.

林屋辰三郎，等，1972. 日本の茶书 2. 东京：平凡社.

刘悦笛，2019. 东方生活美学. 北京：人民出版社.

田能村竹田，1916. 田能村竹田全集. 东京：国书刊行会.

熊仓功夫，等，1999. 绿茶文化と日本人. 东京：株式会社ぎょうせい.

辑四

诗文之美

试论《茶经》中的生生之美

王俊暐

摘要：茶文化是中华优秀传统文化的重要组成部分，体现了中华民族道法自然、天人合一的审美追求。唐代陆羽《茶经》是世界上第一部茶书，在茶文化发展史上具有里程碑式的意义，被后世奉为经典。"生生之美"是中国传统文化中独特的审美观，《茶经》中一以贯之地体现出作者崇尚自然、和谐、生机而淡雅的审美情趣。

关键词：《茶经》；陆羽；人与自然；生生之美；天人合一

茶文化是中华优秀传统文化的重要组成部分，其中蕴藏古人对自然、生命以及天人关系等问题独特的认识，体现了中华民族道法自然、天人合一的审美观。在茶文化发展史上，唐代陆羽的《茶经》具有里程碑式的意义。它是世界上第一部茶书，被后世茶人尤其是爱茶的文人（如皮日休、欧阳修等）奉为经典，对中国乃至全世界尤其是亚洲的茶文化产生过极其深远的影响。陆羽也因此被后人尊为"茶圣"。"生生"，出自《周易》中的"生生之德"，意为生命创生。"生生之美"是中华传统文化独特的审美理念，它揭示了传统哲学和美学中生命论的本质，包涵艺术与生活方式的真谛，蕴藏极深的哲理和极高的智慧，代表中华民族2000多年前就达到的艺术境界与智慧水平，是中国哲学与美学的核心范畴。对"生生之美"的阐释，是建立在对民族文化足够的自信之上。透过《茶经》中体现出来的生生之美，我们可以管窥中国茶文化持续千年的不朽魅力。

王俊暐（1983—），女，江西泰和人。江西省社会科学院副研究员，研究方向为生态批评与茶文化。

一、自然之美：南方之嘉木

"生态审美的第一个原则是自然性原则"，"生态的审美旨在具体地感受和表现自然本身的美"。陆羽对茶的审美感觉是自然至上的，《茶经》开篇说的是："茶者，南方之嘉木也。"非常言简意赅，但其核心词"嘉"（表美、善），体现了陆羽对茶这一天成之物的高度赞赏。赋茶以美好至上的品质，本质上体现的是作者对自然的热爱和敬畏。以"嘉木"来比喻茶树，除了是对茶树自然之美的歌颂，还有另一层比拟之意。众所周知，中国文人一向有以"嘉"称颂某类植物，进而以该植物的品质来比况君子美德的传统，比如屈原在《橘颂》开篇称橘树为"嘉树"，苏轼更是有以拟人手法为茶作传的名篇《叶嘉传》。显然，陆羽也是以嘉木自比，寄托对美好品德的追求，以及对自然之美的顶礼膜拜。

陆羽画像

茶的自然之美还体现在采茶、制茶、煮茶和饮茶的全过程中。在讲到茶的优劣时，陆羽说："野者上，园者次"（自然天成的茶比人工种植的更好）；讲到采茶时机的选择时又说："采不时，造不精。"（采摘要遵循时令，否则就难以制出精良的茶来。）这种判断标准体现出陆羽对自然造化的敬仰，对自然规律的顺应以及对自然奥秘的领悟。故而在"六之饮"论述饮茶观时，陆羽感慨道："於戏！天育万物，皆有至妙。人之所工，但猎浅易。"（天生万物，都有它最精妙的地方，而人所擅长的不过是那些浅显易做的。）人与天之渺小与伟大的对比跃然纸上。

二、生机之美：晴采之；山水上

当代不少哲人认为，中国哲学（尤其是儒家）的核心问题乃是"生"的问题。"生"即生成、生命、生机，既是"生生之德"，也是"生生不息"。由此联系今人所说的"生态"的"生"，就是对生命的敬畏以及对有机的、循环的生命状态的追求。这种生命之美深深地体现在品茶艺术中，它让人得到审美的满足的同时，更有对天地之大德的感悟。

"三之造"关于采茶时间的选择说道："有雨不采，晴有云不采，晴，采之……"这与前述采以时或古今大多遵从的宜早不宜迟的采摘原则似有矛盾之处，但是，如果从更科学和更艺术的角度看，其中蕴藏玄机。其一，晴天无云无雨，湿度小，不仅有利于茶叶的干燥，更是与茶性向阳（见"一之源"）的天性相契合。其二，春季晴日，碧空如洗，天地万物生机勃勃，采茶人内心欢喜，采茶效率自然更高，鲜叶能得到更快更好的处理，所制之茶必定优质美味。

"水为茶之母"。懂得欣赏和享受茶这一神圣，必然要用与之相匹配的水之饮之。在这方面的极致讲究，当以茶圣陆羽为代表。陆羽一生遍尝天下名水，其识水之能几成传奇。"五之煮"有云："其水，用山水上，江水次，井水下。其山水，拣乳泉、石池慢流者上；其瀑涌湍漱，勿食之。久食令人有颈疾。又多别流于山谷者，澄浸不泄……其江

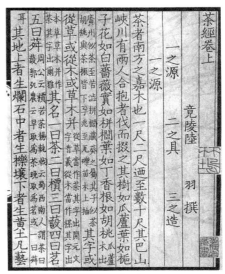

《茶经》书影

水，取去人远者，井取汲多者。"虽然后世对其中"其瀑涌湍漱，勿食之"一句多有疑惑，但是整体来看，陆羽择水的核心要意就是：流动的水，不断更新的水更适合煮茶水越好；离人类活动（污染）越远的水越好。在科学技术尚不发达的时代，除了经验之外，对大自然生机奥妙的参悟，当是对这种标准更合理的解释。

三、和谐之美：体均五行去百疾

陆羽生逢乱世、历经坎坷，始终怀抱济世之志又不忘山林之志。儒释道三种精神在他身上很巧妙地融合一体，而这种融合可用中国哲学的基本理念"天人合一"来概括。"天人"即人与自然之关系。尽管学界对"天人合一"的说法不一，但基本能达成人与自然和谐统一的共识。"天人合一"是"生生之美"的哲学基础，阴阳相生的生命美学是"生生美学"的基本内涵，对"生生之美"的追求深刻影响了中国人的艺术和生活。

除了前述的以茶为表征的对自然的敬畏和茶道思想中体现的有机生命观之外，《茶经》还寄托了作者无处不在的追求和谐、向往与自然合一的审美取向。这尤其体现在"四之器"中风炉的构造上：

风炉以铜铁铸之，如古鼎形，厚三分，缘阔九分，令六分虚中，致其杇墁。凡三足，古文书二十一字。一足云："坎上巽下离于中"；一足云："体均五行去百疾"；一足云："圣唐灭胡明年铸。"其三足之

间设三窗。底一窗以为通飙漏烬之所。上并古文书六字，一窗之上书"伊公"二字，一窗之上书"羹陆"二字，一窗之上书"氏茶"二字。所谓"伊公羹，陆氏茶"也。置墆堁于其内，设三格：其一格有翟焉，翟者，火禽也，画一卦曰离；其一格有彪焉，彪者，风兽也，画一卦曰巽；其一格有鱼焉，鱼者，水虫也，画一卦曰坎。巽主风，离主火，坎主水，风能兴火，火能熟水，故备其三卦焉。其饰，以连葩、垂蔓、曲水、方文之类。其炉，或锻铁为之，或运泥为之。其灰承，作三足铁柈台之。

陆羽将自己的"陆氏茶"与伊尹的"伊公羹"相提并论。但是，伊尹借负鼎调汤谈的是王道，而陆羽借风炉煮茶谈的是天道，即"体均五行去百疾"和"坎上巽下离于中"的审美诉求。所谓"体均五行去百疾"，是说世间万物皆由金木水火土五种元素构成，五行之间相生相克；表现在人体也一样，只有五者均衡协调、和谐统一，才能健康无疾。而"坎上巽下离于中"的字面意思是：煮茶时，坎水在上面的锅中，巽风从炉底之下吹入生火，离火在炉中燃烧。风能旺火，火能煮水。这与后文说风炉内的墆堁分"翟""彪""鱼"（分别对应坎、巽、离）三格相呼应。陆羽运用五行八卦理论表达的是相生相成、均衡和谐的理论，以期为茶、为人求得均衡与健康，其"天人合一"的审美追求展露无遗。

"天人合一"的审美观贯穿《茶经》始终。"六之饮"对饮茶活动的精神意义有一类比式的概括："至若救渴，饮之以浆；蠲忧忿，饮之以酒；荡昏寐，饮之以茶。"相较于饮水解渴、饮酒消愁，饮茶能让人保持清醒和理智，是一种更为积极的精神状态和审美活动。尤其是"九之略"对野外茶事活动场景的描写，更让人感受到陆羽对超越现实、追求天人和谐共生的审美境界的推崇。

其造具，若方春禁火之时，于野寺山园，丛手而掇，乃蒸，乃舂，乃焙于火干之……

其煮器，若松间石上可坐，则具列废。用槁薪、鼎栃之属……若瞰泉临涧……若援藟跻岩，引絙入洞……

作者专用一章写户外制茶煮茶时可省略的步骤或器具，字里行间透露着他对这种充满野趣和生命气息的饮茶方式的向往。在大自然广阔的空间里，茶人可贴近大地，回归本性，细细品味茶的美好。生生之美"不是站在高处远远地观望，而是全身心地投入自然，有时候、特别是在审美的初期，甚至需要忘掉自我，与自然融为一体。"这种回归自然、与自然交融的意境，让人想到广为现代人推崇的"诗意栖居"，即一种积极的、超越世俗的人生态度，是以敬畏之心、朴素之爱回归自然、感受自然，在自然之美中净化心灵、忘却烦忧，优雅而诗意地存在着。

四、淡雅之美：最宜精行俭德之人

"诗意地栖居"还表现在物质需求的简化。大概从两晋南北朝时期开始，茶被赋予精神内质而逐渐成为一种文化，一些政治家甚至提倡"以茶养廉"来对抗当时的奢靡之风。而到了陆羽生活的中晚唐时期，审美趣味逐渐由雄浑壮丽转向淡雅，与陆羽交往甚密的皎然在著名的《诗式》中提出寄情山水、抒发真情实性的审美标准。这种审美取向体现在《茶经》中，就是对淡雅的品茗境界的追求。

陆羽在茶文化史上第一个明确提出"茶之为饮，最宜精行俭德之人"，并为诸多后世文人和茶人推崇。精，择也，上好的品质才可谓精；俭，约也，即少的意思。精行俭德之人追求高品质的生活，不事奢华豪纵。唐代盛行奢豪华丽的宫廷茶，陆羽亲历安史之乱的动荡，目睹社会由盛转衰，必然会有知识分子的反思。"俭"是对"奢"的矫正，对消费的节度，对欲望的节制，其与今天生态主义极力主张的简单生活有着类似的诉求。虽然后世如宋代宫廷、明清贵族曾几度将茶文化再次引向穷其精巧、极尽奢华的歧途，但总体而言，饮茶在中国文化中属于一种简单质朴的生活方式。简单的生活让人在降低物质需求的同时，将更多的精力用于内心的充实。一杯清茶，不需要太多的代价，它让人于繁华喧嚣中享受内心的宁静与闲适，从而有更多的时间和空间感受生命的真实。

陆羽崇尚精俭、雅而不侈的饮茶风格还集中体现在他对器物的选择上。首先，二十四器多倾向于取材坚而耐用、朴素古雅的木、竹、陶等，铜铁较少，金银几无。其次，在饮茶工具的色彩喜好方面，陆羽有其独特的审美品位。这突出表现在他对各种盛汤茶碗的评述中。当时，白色的邢瓷非常有名，盛出的茶汤呈红色。但陆羽坚持认为越瓷胜于邢瓷，其主要的理由是："邢瓷白而茶色丹，越瓷青而茶色绿。"相较于白色衬出的红色而言，青色衬出的绿色更接近茶天然的颜色，在审美层面上显然更有益于茶。这与陆羽崇尚自然的审美观紧密相关，因而显得淡雅脱俗。

陆羽又说："茶性俭，不宜广，广则其味黯澹。"饮茶活动是一项少数志同道合者远离尘嚣、谈文论道的雅事，它不事热闹、不求量多，已经远远超越了药用或解渴的物质意义。惟有真正超越世俗、懂得天然雅趣的人，才能在这一极具符号意义的审美过程中体悟造化神妙的意境。也正是经由这种顺应自然的艺术活动，茶人与自然建立了和谐共生的审美关系。

茶壶与茶杯

参考文献

曾繁仁，2018. 改革开放进一步深化背景下中国传统生生美学的提出与内涵. 社会科学辑刊（6）.

陆羽，陆廷灿，2014. 茶经 续茶经. 北京：中国书店.

蒙培元，2004. 人与自然——中国哲学生态观. 北京：人民出版社.

王玲，2009. 中国茶文化. 北京：九州出版社.

王诺，2010. 生态批评的美学原则. 南京师范大学文学院学报（2）.

魏士衡，1994. 中国美学思想探源. 北京：中国城市出版社.

浅论皎然茶诗的美学意境

张西廷

摘要： 唐代高僧、诗僧皎然，兼综儒释道，茶文化造诣高深，其诸多茶诗内涵丰富，质朴自然，禅意灵动，很值得探索和研究。本文试从美学角度作一浅析。

关键词： 皎然；茶诗；美学；意境

皎然是生活在唐代时期湖州的一位著名诗僧。史称他是东晋大诗人谢灵运的第十世孙，也有学者考证，皎然更有可能是东晋大政治家、大军事家谢安的第十三世孙。

皎然既是一位集儒释道于一体的大诗人、得道高僧，又是一位对茶产业、茶文化有深入研究的大学问家。

因为皎然，诗歌的规则和要求才进一步确定，唐诗的数量和内容才如此丰富和灿烂。著有《昼上人集》（又称《皎然诗集》《杼山集》）十卷、《诗式》五卷、《诗议》一卷。

张西廷（1962—），浙江安吉人。湖州陆羽茶文化研究会副会长，《湖州陆羽茶文化研究》主编。

因为皎然，湖北竟陵的陆羽才会落脚湖州，并在湖州写成《茶经》，成为"茶圣"，成就其千秋大业。皎然自己研究茶，自己种植茶，自己也制作、饮用茶，对茶叶生产、制作及典故等都有很高的造诣，在陆羽写作、修改《茶经》的过程中，提供了很多的帮助。

因为皎然，世界茶文化宝库中的"茶道"才会在日本得以传承并发扬光大。是皎然第一次提出了"茶道"一词，后人誉其为"茶祖"，很有道理。

今年是皎然诞辰 1300 周年，研究皎然、宣传皎然，具有更加重要的意义。本文从美学的角度，对皎然流传于世的茶诗进行粗略的分析，以表示对这位唐代诗僧、茶学先祖的纪念，也以此文，向各位诗界、茶学界方家请益。

应该说，皎然是所有诗僧中写茶诗最多的一位。据统计，唐代诗僧中茶诗最多者是皎然（25首），其次是贯休（18首）和齐己（17首）。皎然的茶诗，不仅数量多，涉及面也很广。他的咏茶诗，对采茶、制茶、煎茶、品茶、名茶、茶禅、茶市、茶会、茶情、茶道等，都写得很有深度、很有韵味，而且富有哲理性。从美学角度欣赏皎然的茶诗，可以体会到三种美的意境：一是形意之美、二是情意之美、三是禅意之美。

扬州广陵古籍刻印社 2016 年版《皎然诗集》书封

一、形意之美使皎然的茶诗显得清新、灵动

皎然的茶诗，质朴自然，不事雕琢，却显得清新灵动，饱含意韵。

首先，皎然的茶诗，多的是质朴自然，形同直叙，却于自然中孕育美感。是为高手。有典型意义的茶诗，如《顾渚行寄裴方舟》。诗云："我有云泉邻渚山，山中茶事颇相关。"怎么个相关呢？且看："鶗鴂鸣时芳草死，山家渐欲收茶子。伯劳飞日芳草滋，山僧又是采茶时。由来惯采无近远，阴岭长兮阳崖浅。大寒山下叶未生，小寒山中叶初卷。"这是告诉我们种茶、采茶的时节。指出不同的环境所生长的茶叶的采摘时间和品质有所不同；说明雨后、日暮和过时采的茶青品质都不是最好。记下了茶树生长环境、采收季节和方法、茶叶品质与气候的关系，层层相扣。"吴婉携笼上翠微，蒙蒙香刺冒春衣。迷山乍被落花乱，度水时惊啼鸟飞。家园不远乘露摘，归时露彩犹滴沥。初看怕出欺玉英，更取煎来胜金液。昨夜西峰雨色过，朝寻新茗复如何。"还写了紫笋茶在当时的市场购销情况："女宫露涩青芽老，尧市人稀紫笋多。紫笋青芽谁得识，日暮采之长太息。清泠真人待子元，贮此芳香思何极。"从这首诗可以了解到当时的茶叶生产活动和技术，是研究当时湖州茶事的重要史料。

其次，皎然的茶诗，对茶叶、茶事的描述、比拟，形象生动，极富美感。比如，写剡溪之茶，在皎然的诗里是"金芽"，烹茶的饮具用"金鼎"，"雪色"的"素瓷"里茶沫飘香，纵使"仙琼蕊浆"也难以比拟。"越人遗我剡溪茗，采得金芽烹金鼎。素瓷雪色缥沫香，何如诸仙琼蕊浆。"极尽描述铺陈之能，极具形态意象之美。

再次，皎然的茶诗，十分注重环境的描写和衬托。如《九日与陆处士羽饮茶》："九日山僧院，东篱菊也黄。俗人多泛酒，谁解助茶香。"这是描写重阳日与陆羽在寺院里赏菊品茶的情景。"山僧院"即烘托出清幽之环境，篱墙根前的菊花正茂，菊花象征孤标亮节、高雅傲霜的人品。在这里既是写实，又是寓意具有高格人品的一诗僧、一隐士。没有浓烈刺激的酒，只有清新淡然的茶，一切都是那样自然，却又无比清幽。在《访处陆士》亦有："莫是沧浪子，悠悠一钓船。"临池煮茶对月，此时微风轻轻吹过，水面泛起涟漪，而月光的清辉随波起伏，一切是那样宁静而美好。

可见，皎然追求品茶环境的"纯任自然""静雅清幽"之美，正如《诗式》所言："诗不假修饰，任其丑朴。但风韵正，天真全，即名上等。……成篇之后，观其气貌，有似等闲，不思而得，此高手也。"因此不管是"僧院""菊""茶香"构成的僧院品茗环境，还是"月""山""水""风""钓"与"烹茶"构成的月下品茗之境，诗中物、景无不是生活中所见所闻之平常事物，一切都是那样真实、自然。然而，就是这些平常之物，寥寥数笔，平实如画，却勾勒出一幅幅韵高清幽的品茶环境图，凸显皎然的取境风格。

二、情意之美使皎然的茶诗显得真切、隽永

唐代开放包容的社会氛围，使一个世外之人，也活得超然洒脱，生趣盎然。那时的湖州女道士李季兰算一个，同时生活在湖州的高僧大德皎然也应该算一个。史载：皎然博学多识，幼时有异才，精通佛教经典又旁涉经史诸子，其为学兼于内外，为文融贯情性，为道达于禅律，堪为有唐一代诗僧之翘楚。

皎然生性洒脱，才华横溢，本来就受人敬重。特别是在参与了颜真卿组织编撰的《韵海镜源》后，影响力进一步扩大，交际范围大大拓展。与其密切来往的就有韦应物、卢幼平、吴季德、李萼、皇甫曾、梁肃、崔子向、薛逢、吕渭、杨逵等当时的各界文化名人，大家在一起或吟诗赋文，或品茗论道，交谊颇深。

其中，交往最深者便是人称"茶圣"的陆羽。公元755年安史之乱，陆羽

随难民过江，公元 756 年，陆羽经江西到达湖州；在那里，他们相知相识，他们相扶相助，甚至结成了生死相依的忘年交（"缁素忘年之交"）。40 多年，他们的友情达到了生相知、死相随，生死不渝的超然境界。

与朋友的深情厚谊，使皎然的茶诗，也显得格外真切，显得分外隽永。这特别表现在咏陆羽的诗句中。

皎然是唐代诗人中咏及陆羽且现今存诗最多的一位，计有寻访诗 3 首、送别诗 2 首、聚会酬唱诗 6 首及联句多首，为后代研究陆羽提供了许多资料和重要线索。如其中有名的一首，《寻陆鸿渐不遇》："移家虽带郭，野径入桑麻。近种篱边菊，秋来未着花。叩门无犬吠，欲去问西家。报道山中去，归来每日斜。"皎然在诗中赞扬了陆羽为茶事辛苦勤作的精神，而他对陆羽的一片深情也跃然纸上。该诗诗句清新自然，一气呵成，明白如话，真如清水芙蓉，不事雕饰。

更为可贵的是，如果因故与陆羽久不见面，皎然就会很想念他并远道赶去拜访。譬如陆羽因湖州战乱而避居镇江丹阳茅山之时，皎然就曾经长途前去拜访，结果却因陆羽外出而不遇。事后皎然写了一首《往丹阳寻陆处士不遇》："远客殊未归，我来几惆怅。叩关一日不见人，绕屋寒花笑相向。寒花寂寂偏荒阡，柳色萧萧愁暮蝉。行人无数不相识，独立云阳古驿边。凤翅山中思本寺，鱼竿村口望归船。归船不见见寒烟，离心远水共悠然。他日相期那可定，闲僧著处即经年。"陆羽客居丹阳与湖州阻隔，皎然远道前去拜访因陆羽而不遇，心中颇为惆怅。诗句中，与陆羽长久离别而思念的心情就像那悠悠的流水绵绵无尽，因为没有见到故友的孤独、失望、惆怅的复杂心情和浓情诚意，被表现得淋漓尽致。

皎然在《访陆处士羽》一诗中云："太湖东西路，吴主古山前。所思不相见，归鸿自翩翩。何山尝春茗，何处弄春泉。莫是沧浪子，悠悠一钓船。"从字面上理解，这一次皎然是在春季去寻访陆羽的。"尝春茗"和"弄春泉"均借喻春景，既含蓄又明快。作者曾在地处太湖附近的姑苏城郊寻访陆羽不遇，心情不免有些焦急，看到鸿雁飞翔的貌状时，就越发想挚友陆羽了。于是心中产生了一连串的假想：莫非陆羽到哪座山上去品尝春茶了？或者跑到哪儿去观赏春泉了？最后又自圆其解地想，也许陆羽悠闲自得地划着扁舟到哪里去垂钓了吧？赤诚之心，跃然纸上。

而皎然和陆羽欢聚的时候，却是另一种愉快的气氛。如《九日与陆处士羽饮茶》："九日山僧院，东篱菊也黄。俗人多泛酒，谁解助茶香。"重阳饮茶，以茶代酒，显示佛门禁酒而与那些只知"泛酒"而不习饮茶的"俗人"的不同。秋日的雅集若此，春日的欢聚亦不会逊色。请看《春日集陆处士居玩月》："欲赏芳菲肯待辰，忘情人访有情人。西林可是无清景，只为忘情不记春。"众人在"有情人"陆羽的新宅"清塘别业"聚会，玩花赏月，品茗唱和，达到"忘情"的程度。足见是何等的投入，何等的愉快。

《赋得夜雨滴空阶送陆羽归龙山》则表现了皎然对陆羽的依依惜别之情："闲阶夜雨滴，偏入别情中。断续清猿应，淋漓候馆空。气令烦虑散，时与早秋同。归客龙山道，东来好杂风。"陆羽要出远门考察茶事，皎然不能同往，在欢宴送别之际，写下这首送别之诗。时值早秋，绵绵夜雨滴敲打着空寂的台阶，断断续续的猿声传入驿馆，衬托着依依离别之情。好在秋高气爽叫人气爽神清，多少驱散些烦思和愁虑。末尾一句，作者不忍分手，叮嘱陆羽到达龙山完成茶事之后，一定要早日回来湖州。真是难舍难分，情意浓浓。

日本汲古书院 2014 年版
《诗僧皎然集注》书封

由上述皎然咏陆羽所涉及的寻访、聚会、送别三个方面的诗作可以看出，皎然虽然年长陆羽十余岁，但自他们从 756 年在湖州成为莫逆之交，直到 800 年左右皎然仙逝，前后长达 40 余年的时间，他们一直保持着深厚的友谊。而这种真情厚谊，在皎然茶诗的字里行间，流露出来的才是真正意义的美啊。

三、禅意之美使皎然的茶诗显得含蓄、高深

佛教禅宗强调以坐禅来彻悟心性。唐代禅宗已与饮茶很好地结合在一起。皎然是大德高僧，在他的眼里，一枝一叶、一花一草，无不透露出禅意，何况是其生活、修炼中不可或缺的茶。这在他的茶诗中，可以明显地得到印证。他的一首《饮茶歌送郑容》诗云："丹丘羽人轻玉食，采茶饮之生羽翼。名藏仙府世莫知，骨化云宫人不识。……"诗中把茶称作是天上仙物，饮之能使人祛疾荡忧、羽化成仙。

再来读皎然的《访陆处士羽》："太湖东西路，吴主古山前。所思不可见，归鸿自翩翩。何山赏春茗，何处弄春泉。莫是沧浪子，悠悠一钓船"。皎然曾在太湖附近的姑苏城郊寻访陆羽不遇，心情不免有些惆怅，而眼前青山葱绿，空旷的天空中鸿雁翩翩，"诗情缘境发"，如是作者展开一系列想象与猜测，好友是在哪儿品尝春茶？还是去观赏春泉了呢？或许，陆羽正悠闲自得地划着小叶扁舟在江河中垂钓吧！山是静幽的，天是空旷的，大雁勾起的是心中的无限怅然，这是一个静幽的境界，空灵的境界，而"赏春茗""弄春泉""悠悠一钓船"，又分明是禅的境界。

皎然在《饮茶歌诮崔石使君》中所写的"三饮"也很好地表达了"茶道"的意境：茶如神仙所饮的琼蕊之液，竟是如此美妙，饮过之后，醒脑提神，只觉天地间的景物格外明亮，从这"物境"缘出心中之舒畅；再饮则让人心清神滤，恰如一阵飞雨涤尽尘世污浊，从而拥有了洁静而空灵的心境；三饮之后，味出茶中之道，心胸旷达，烦恼一扫而光，没有必要再去苦心参禅解忧了。可见"三饮"表达了"物境""心境""意境"三个层次，层层递进，最终达到"忘忧"的茶道意境。"孰知茶道全尔真，唯有丹丘得如此"，茶道的意境是如此纯净高雅，有如仙人得道，飘逸脱俗，世上凡俗之人又怎能体会？毫无疑问，在皎然心中茶道境界之美在于"忘忧"，在于"若仙"。

皎然《诗式·诗议》云："夫境象非一，虚实难明。有可睹而不可取，景也；可闻而不可见，风也；虽系乎我形，而妙用无体，心也；义贯众象，而无定质，色也。凡此等，可以偶虚，亦可以偶实。"在他看来，"境"存在于有时虚，有时实，有时虚实结合之中，包括物境、心境和意境三种。物境包括眼睛可以看到的景象，还有看不见但可以感受得到的风以及无定质的色；心境是指内心的感受；意境则是物境与心境的统一。

正是这种"物境""心境"和"意境"的审美体验，使皎然的茶诗充满禅意，读之回味无穷。

浅析唐代诗、序赋写茶会之美
——以吴颉、钱起、吕温、白居易诗、序为例
竺济法

摘要：本文对唐代部分诗、序呈现的茶会艺术之美作一浅析。

关键词：茶会；吴颉；钱起；吕温；白居易

茶会，是茶事活动的主要形式。当代各种茶会繁多，如全民饮茶日、敬老茶会、茶文化研讨会、论坛等，大多比较热闹，为人们喜闻乐见。

早在唐代，士大夫间已盛行茶会，留下很多诗文歌赋，从中可领悟到茶会之美。本文简述唐代诗、序所记茶会之美。

一、台州风雅诗茶会

唐代茶会影响最大的，当数贞元廿一年（805）三月初三，新茶飘香时节，台州府为日本高僧最澄举行饯别茶会。最澄于贞元廿年从明州（今宁波）登陆，到台州天台山学佛，翌年学成将要离开台州前往明州候船之时，台州府为其举行隆重而风雅诗茶会。参与这次茶会的，有台州地方官员、社会名流，还有最澄和弟子义真、翻译丹福成 3 位日本友人。这是有史记载的首次有中外友人参加的茶会。

茶会上，台州司马吴颉、录事参军孟光、临海县令毛涣、乡贡进士崔谟、广文馆进士全济时、天台座主行满、"天台归真弟子"许兰、天台僧人幻梦、国子明经林晕 9 人，即兴赋诗赠别，诗题均为《送最澄上人还日本国》，载中华书局 1992 年出版的《全唐诗补编》。

上述九诗均未写到茶。吴颉（生平未详）所作《送最澄上人还日本国诗序》，文辞优美，除了交代茶会由来，结尾才写到"酌新茗以饯行，劝春风以

中华书局于 1992 年版《全唐诗补编》（收录
《送最澄上人还日本国》九首诗）

送远"，点出是以茶饯别，系本次茶会点睛之笔：

> 过去诸佛，为求法故，或碎身如尘，或捐躯强虎。尝闻其说，今睹其人。日本沙门最澄，宿植善根，早知幻影，处世界而不著，等虚空而不凝，于有为而证无为，在烦恼而得解脱。闻中国故大师智闓，传如来心印于天台山，遂赍黄金，涉巨海，不惮滔天之骇浪，不怖映日之惊鳖，外其身而身存，思其法而法得。大哉其求法也！

> 以贞元二十年九月二十六日，臻于临海郡，谒太守陆公，献金十五两、筑紫斐纸二百张、筑紫笔二管、筑紫墨四挺、刀子一、加斑组二、火铁二、加火石八、兰木九、水精珠一贯。

> 陆公精孔门之奥旨，蕴经国之宏才，清比冰囊，明逾霜月，以纸等九物，达于庶使，返金于师。师译言请货金贸纸，用以书《天台止观》。陆公从之，乃命大师门人之裔哲曰道邃，集工写之，逾月而华，邃公亦开宗指审焉。最澄忻然瞻仰，作礼而去。

> 三月初吉，遐方景浓，酌新茗以饯行，劝春风以送远，上人还国谒奏，知我唐圣君之御宇也。

> 贞元二十一年三月巳日，台州司马吴顗序

早春三月，为欢送日本高僧举行饯别茶会，文人雅士品茗吟诗，畅叙友情，该是何等风雅！

该序言另一亮点是，记载了时任刺史陆淳清廉友善之高风亮节，说最澄拜谒太守（即刺史）时，曾献黄金十五两以及日本纸笔珠宝等物，被陆淳谢绝，嘱以换取文房四宝等，抄录《天台止观》及经文，带回日本，留下佳话，流芳百世，让后人得以了解陆淳清廉之美。

二、钱起二诗记茶会

> 竹下忘言对紫茶，全胜羽客醉流霞。
> 尘心洗尽兴难尽，一树蝉声片影斜。

这首题为《与赵莒茶宴》的优美茶诗，作者是"大历十才子"之一钱起。钱起（722—780），字仲文，吴兴（今浙江湖州）人。天宝十年（751）进士，曾任蓝田尉，官终考功郎中。诗以五言为主，多送别酬赠之作，有关山林诸篇，常流露追慕隐逸之意。与刘长卿齐名，称"钱刘"；又与郎士元齐名，称"钱郎"。有《钱考功集》。

钱起画像

该诗大意为：某年夏秋之际，诗人与好友赵莒，在山野竹林下品赏紫笋茶，寂静山野，唯有蝉鸣喧闹，不知不觉中已见夕阳西下。诗人嗜茶，感觉佳茗胜过流霞美酒，令人忘却世俗，尘心尽洗，身心愉悦。

诗题茶宴，其实是双人茶会。两人全天品茗论诗，想必是带了方便食物的，但主题是对饮紫笋茶。

无独有偶，钱起另有茶会诗《过长孙宅与朗上人茶会》：

> 偶与息心侣，忘归才子家。玄谈兼藻思，绿茗代榴花。
> 岸帻看云卷，含毫任景斜。松乔若逢此，不复醉流霞。

该诗大意为，某年初夏榴花开放时节，诗人原本去拜访长孙好友，因与偶遇方外高人、息心伴侣朗上人，与之品赏佳茗，天空海阔说玄理，论诗文，闲谈竟日，以致忘记还要拜访长孙才子。诗人想到，此情此饮，即使话传说中仙人赤松子、王子乔，也不复再饮流霞美酒矣。

钱起上述二诗，以高超的诗歌艺术，展示了山野竹林间，疏影半斜，蝉声一树；白云古寺中，榴花绽放。在这些特定环境中，与文友、禅僧对饮，富有诗情画意，优美空灵，俗念全消，意犹未尽，让人体会到闲情逸致，陶醉于深深的禅意之中，具有独特的艺术美感。

三、吕温茶宴序言美

三月初三是中国古代民间传统上巳节，俗称"三月三"。此日可在水边洗濯污垢，祭祀祖先，称祓禊、修禊、禊祭、禊。后又增加了祭祀宴饮、曲水流觞、郊外游春等内容。如著名的晋代兰亭曲水流觞，上文台州钱别茶会等，均

选在三月初三。

就茶会来说，唐代与台州饯别茶会同时期的，还有大臣、诗人吕温所作《三月三日茶宴序》。

吕温（771—811）字和叔，又字化光，唐河中（今永济市）人。贞元十四年（798）进士，次年又中博学宏词科，授集贤殿校书郎，荐任左拾遗。曾出使吐蕃滞留经年。使还，历户部员外郎、司封员外郎、刑部郎中。后贬道州、衡州刺史，卒于任。有政声，世称"吕衡州"。有集十卷，内诗二卷。

吕温画像

《三月三日茶宴序》全文如下：

> 三月三日，上巳祓饮之日也，诸子议以茶酌而代焉。乃拨花砌，憩庭阴，清风逐人，日色留兴，卧指青霭，坐攀香枝。闲莺近席而未飞，红蕊拂衣而不散。乃命酌香沫，浮素杯，殷凝琥珀之色，不令人醉，微觉清思。虽五云仙浆，无复加也。座右才子南阳邹子、高阳许侯，与二三子顷为尘外之赏，而曷不言诗矣。

该序大意为，某年三月三日修禊之日，吕温与南阳邹子、高阳许侯等雅士，于姹紫嫣红、莺飞草长之庭院，以茶代酒，酌香沫，浮素杯，不令人醉，微觉清思，尘外之赏，宜于品茗言诗。"闲莺近席而未飞，红蕊拂衣而不散"等句，辞藻华美。

该序与上文钱起《与赵莒茶宴》一样，题为茶宴，主题其实为茶会。说明茶宴即茶会，两者通用。

四、白居易想羡茶会留佳作

上文四篇茶会诗、序，均为作者参与茶会而撰，唐代还有作者未参与茶会，而留下优美诗作的，这便是大诗人、大臣白居易（772—846）所作《夜闻贾常州、崔湖州茶山境会，想羡欢宴，因寄此诗》：

> 遥闻境会茶山夜，珠翠歌钟俱绕身。
> 盘下中分两州界，灯前合作一家春。
> 青娥递舞应争妙，紫笋齐尝各斗新。
> 自叹花时北窗下，蒲黄酒对病眠人。
> （自注：时马坠损腰，正劝蒲黄酒。）

唐代贡茶常州阳羡紫笋茶和湖州顾渚紫笋茶遐迩闻名，湖、常两郡每年早春，都要在两州毗邻的顾渚山境会亭举办盛大茶宴，邀请社会名流品评贡茶品质。时任苏州刺史的白居易，分别受到常州贾刺史和湖州崔刺史邀请。史载白居易于宝历元年至二年（825—826）任苏州刺史，九月离任，在任时间仅 17 个月，由此得知其是宝历元年五月到任，其时茶季已过，因此此次茶会当在宝历二年早春时节，白氏因马坠损腰不能参加，于是写下该诗分寄贾、崔两刺史。

清宫殿藏本白居易画像

白氏在诗中表达因不能参与此次茶会而深感遗憾，只能在苏州"想羡""遥闻"，他想象两郡太守在境会亭欢宴之情景：一是品评新茶，佳茗两相媲美，难分伯仲；二是歌舞之乐，青娥递舞，曼妙多姿，佐以美酒佳肴，尽显地方官场只奢华。可以想象，如作者能参与这次盛会，应能会写出更为优秀之诗文。可惜时不再来，白氏当年秋天即离任苏州，此后再无机会参与湖、常两郡紫笋茶会了。

结语：茶会因优美诗、序流传后世

上述茶会、茶宴，因吴顗、钱起、吕温、白居易等名家诗、序流传后世，唐代及后代，还有更多优秀茶会，通过诗词曲赋、书画等形式流传于今，本文不作赘述。这说明，优美诗词曲赋、序、书画等，是传承茶文化的较好载体，如果没有这些优美诗、序记载，当代就无法追溯这些集体或个性化茶会信息了。

比较而言，当代各地茶会、研讨会繁多，文集繁多，但耐读精品不多，不符史实、夸大其词之讹误不少。由此而言，类似上述优美而简短之茶文化诗、序，很值得传承与弘扬。

参考文献

陈彬藩，等，1999. 中国茶文化经典. 北京：光明日报出版社.

陈尚君，1992. 全唐诗补编. 北京：中华书局.

钱时霖，等，2016. 历代茶诗集成·唐代卷. 上海：上海文化出版社.

茶与中国传统生活美学
——以陆绍珩《醉古堂剑扫》为例

姜新兵

摘要： 本文梳理了《醉古堂剑扫》中 30 余则茶文小品，认为有六个方面体现中国传统生活美学的表现形式：文人雅士性情之升华，格致优雅的品茶意境，简约恬淡的生活追求，与酒与墨与香的真情对话，品茗斗茶的闲适雅致，内心丰盈的满足感受，展示了书中茶与中国传统生活美学的密切联系。

关键词： 醉古堂剑扫；陆绍珩；茶文化；生活美学

《醉古堂剑扫》中选入了 70 余则关于茶方面的条文，描绘了茶与中国传统生活之美的细节，道出了明代文人对品茶境界的追求，是能比较集中反映明代文人享受茶在中国传统生活各种美的一本选集。本文中的《醉古堂剑扫》使用的是日本嘉永 5 年（1852）常足斋藏本。

一、《醉古堂剑扫》及其作者

《醉古堂剑扫》是明代陆绍珩所编选的一部清言小品集，全书分集醒、集情、集峭、集灵、集素、集景、集韵、集奇、集绮、集豪、集法、集倩十二卷，共一千多则。文字简练明隽，条目众多，是一部促人警世，言短旨远的人生哲言小集，涉及了修身、养性、处世、为人、雅致、心境等内容，是一部晚明文人向往人生美好生活追求的言谈语录。长期以来一直题为陈继儒所作，并改名为《小窗幽记》，流传较广，成敏研究认为《醉古堂剑扫》是在明末天启

姜新兵（1979—），山东莱阳人。杭州西湖风景名胜区管理委员会一级主任科员，从事西湖龙井茶基地一级保护区行政管理工作以及茶文化研究。

四年（1624）刊行，而《小窗幽记》最早版本刻于清乾隆三十五年（1770）。认为是清代书商利用陆绍珩名不见经传，而陈继儒是明末著名文人，书商为谋利而盗用陈继儒之名，将书名中含有不平之气的"剑扫"改成"幽记"的一部作品，并对部分条文进行了少量改造。

日本嘉永 5 年（1852）常足斋藏版本《醉古堂剑扫》

经对照《陈继儒全集》也无《小窗幽记》的记载，虽然如此，《醉古堂剑扫》与陈继儒仍有相当密切的联系，这不仅是体现在书中所引书目中有《眉公秘笈》，在陈继儒《茶话》的 18 则条文中，有相当一部分也被收录入《醉古堂剑扫》。

陆绍珩，字客父，生平事迹不详，大概生活于明代晚期。从《醉古堂剑扫》自序中可知其为松陵（今苏州吴江区）人，曾流寓北京，爱茶，这不仅从其中数量可观的茶文可以显现，在本书中的自序也说：

> 惟是高山流水，任意所如，遇翠丛紫荟，竹林芳径，偕二三知己，抱膝长啸，欣然忘归。加以名姝凝盼，素月入怀，轻讴缓板，远韵孤箫，青山远黛，小鸟兴歌，侪侣忘机，茗酒随设，余心最欢，乐不可极。

另外他在集景、集韵的引文中也两次提到茶或茗，而明清之际的其他清言小品集，如《菜根谭》涉及茶的条文有 3 则，《增广贤文》只有 1 则，《围炉夜话》则没有，《醉古堂剑扫》也成为我国古代清言小品集中收录茶文最多的一部。

二、《醉古堂剑扫》中茶与中国传统生活美学的表现形式

自《茶经》问世以后，不乏有关茶的著作，尤其是明中叶以后，专门论茶的著作较多，据蔡定益研究，现存明人茶书有 50 种，这些著作已不仅仅是论述茶叶的制作、品饮等方面，更融入了一些文人的精神写照，出现了一些体现儒家的和谐中庸和道家的道法自然以及佛教的禅茶一味等内容。这些内容也是《醉古堂剑扫》编选时的一些重要参考，如选集中直接引用的陆树声《煎茶七类》和屠本畯《茗笈》中等语句，现选取其中的 30 余则茶文进行分析：

（一）文人雅士性情之升华

自唐代以后，茶已成为人们日常生活中的一个重要物品，不仅有解渴的作

用，在后代逐渐还发展了其本身不具备的性情作用，可涤烦，令人气爽神清：

> 好香用以熏德，好纸用以垂世，好笔用以生花，好墨用以焕采，好水用以洗心，好茶用以涤烦，好酒用以消忧。（集灵）

> 茅斋独坐茶频煮，七碗后，气爽神清；竹榻斜眠书漫抛，一枕余，心闲梦稳。（集素）

关于茶的这种效用，《本草纲目》中从中医学的角度上也有相关评价："惟饮食后浓茶漱口，既去烦腻，而脾胃不知，且苦能坚齿消蠹，深得饮茶之妙。"《茶经》中说的"茶之为用，味至寒，为饮，最宜精行俭德之人"，将茶的特点与人的品格进行了联系，《醉古堂剑扫》中也呼应这一观点："煎茶非漫浪，要须人品与茶相得，故其法往往传于高流隐逸，有烟霞泉石磊块胸次者。（集韵）"

（二）格致优雅的品茶意境

《醉古堂剑扫》中对煮茶或品茶的自然环境中最宜于松间、竹林：

> 云水中载酒，松篁里煎茶，岂必鎏坡侍宴；山林下著书，花鸟间得句，何须凤沼挥毫。（集峭）

> 竹风一阵，飘飏茶灶疏烟；梅月半湾，掩映书窗残雪。（集灵）

在时间上则宜雪、宜夜、宜冬、宜雨：

> 临风弄笛，栏杆上桂影一轮；扫雪烹茶，篱落边梅花数点。（集情）

> 夜寒坐小室中，拥炉闲话。渴则敲冰煮茗；饥则拨火煨芋。（集素）

> 焚香啜茗，自是吴中习气，雨窗却不可少。（集韵）

陈继儒有言："品茶一人得神，二人得趣，三人得味，七八人是名施茶。"明人张源的《茶录》也沿用了这种观点："饮茶以客少为贵，客众则喧，喧则雅趣乏矣。独啜曰神，二客曰胜，三四曰趣，五六曰泛，七八曰施。"《醉古堂剑扫》则云："酒有难恋之色，茶有独蕴之香，以此想红颜媚骨，便可得之格外。（集绮）"

可以说明对饮茶环境的雅致和追求的意境，文人的意趣所在，明代文人追求淡雅韵清茶艺意境与风貌逐渐形成。

《醉古堂剑扫》还相当程度地体现了晚明文人在茶的饮用方式上，也有慕古倾向，这么多条文中，提到的均是煮茶，而当时民间已有撮泡、壶泡等方式。同样，明代杭州人陈师在《禅寄笔谈》中也说："杭俗烹茶，用细茗置茶瓯，以沸汤点之，名为撮泡。北客多哂之，予亦不满。"这一方面能说明文人的理想追求，另一方面也用煮茶这种既需要慢慢煮，又需要细细品的生活审美方式表达出来："香宜远焚，茶宜旋煮，山宜秋登。（集情）"

当然，茶具、水的选择和茶叶的采煮要求也是一种不可或缺的条件，好的冲泡器具、水和精当的茶叶采制方法有利于提高茶叶的品赏：

蜀纸麝煤添笔媚，越瓯犀液发茶香，风飘乱点更筹转，拍送繁弦曲破长。（集情）

佳人半醉，美女新妆。月下弹琴，石边侍酒。烹雪之茶，果然胜有寒香；争春之馆，自是堪来花叹。（集绮）

采茶欲精，藏茶欲燥，烹茶欲洁。（集素）

（三）简约恬淡的生活追求

从本书可得知，晚明文人已逐渐摈弃了在煮茶过程中加入一些佐料的做法，更愿意体味茶中的真味：

名茶美酒，自有真味，好事者投香佐之，反以为佳，此与高人韵士误坠尘网中何异？（集醒）

茶中着料，碗中着果，譬如玉貌加脂，蛾眉着黛，翻累本色。（集韵）

茶的苦对应人生方面更多的是一种层次感、丰富感和时间感，在略苦的滋味中体味生活恬淡之美，苦中深味甜意。当有明窗净几，清茶幽香，高僧禅意，即可读书，可观画，可弹琴：

花棚石凳，小坐微醺，歌欲独，尤欲细，茗欲频，尤欲苦。（集醒）

茅屋三间，木榻一枕，烧清香，啜苦茗，读数行书，懒倦便高卧松梧之下，或科行吟日。常以苦茗代肉食，以松石代珍奇，以琴书代益友，以著述代功业，此亦乐事。（集素）

明窗净几，好香苦茗，有时与高衲谈禅；豆棚菜圃，暖日和风，无事听闲人说鬼。（集情）

（四）与酒与墨与香的真情对话

茶与酒的相对，在明代文人眼里并不像现代显得对比这么强烈，《醉古堂剑扫》中多次把酒和茶进行同列，但更多的不是来进行比较优劣，而是一种在不同意境或不同场合中不同作用的发挥：

热汤如沸，茶不胜酒；幽韵如云，酒不胜茶。茶类隐，酒类侠。酒固道广，茶亦德素。（集素）

书者喜谈画，定能以画法作书；酒人好论茶，定能以茶法饮酒。

（集倩）

明人依旧沿用了宋人茶色尚白的审美习惯，所以《醉古堂剑扫》中也出现了茶与墨的对话：

> 茶欲白，墨欲黑；茶欲重，墨欲轻；茶欲新，墨欲陈。（集素）
> 茶见日而味夺，墨见日而色灰。（集素）

当宾来客至，一杯茶代表了主人对来客的尊敬之意，而悠远的清香也必不可少：

> 问妇索酿，瓮有新刍；呼童煮茶，门临好客。（集醒）
> 茶熟香清，有客到门可寻；鸟啼花落，无人亦自悠然。（集倩）

当然在与客人清淡的内容上面，早已没有了魏晋时期的尚虚、尚无的清谈之风，更多的是接近平常人家的一种闲聊：

> 垂柳小桥，纸窗竹屋，焚香燕坐，手握道书一卷。客来则寻常茶具，本色清言，日暮乃归，不知《马蹄》为何物。（集景）
> 家有三亩园，花木郁郁。客来煮茗，谈上都贵游、人间可喜事，或茗寒酒冷，宾主相忘，其居与山谷相望，暇则步草径相寻。（集景）

那些魏晋时期清谈讨论的本末、有无、体用、言意、自然和名教的诸多哲学命题已不再是品茶论道的主要内容，所以《庄子》中的《马蹄》篇也可以是"不知为何物"了。

寺庙中高僧对茶的应用，《五灯会元》中有大量记载，《醉古堂剑扫》也引用了陈继儒关于云林和尚的一段茶事："云林性嗜茶，在惠山中，用核桃、松子肉和白糖，成小块，如石子，置茶中，出以啖客，名曰清泉白石。（集韵）"

（五）品茗斗茶的闲适雅致

《醉古堂剑扫》中已把这种兴盛于宋代的斗茶"雅玩"中以技巧和胜负的作用去除，茗战不再以较量茶好坏或者技艺高低为主要目的，而是与孔子所说的"诵诗读书，与古人居；读书诵诗，与古人谋"有异曲同工之妙：

> 谷雨前后，为和凝汤社，双井白茅，湖州紫笋，扫白涤铛，微泉选火。以王濛为品司，卢仝为执权，李赞皇为博士，陆鸿渐为都统。聊消渴吻，敢讳水淫，差取婴汤，以供茗战。（集素）

本则中除了列举了唐代的茶人卢仝和陆羽外，还有东晋的王濛和晚唐的李德裕。王濛是东晋名士，擅长清谈，也特别喜欢喝茶，而且，有客人来，便一定要客同饮，只是当时的人却不太习惯，故《太平御览》卷八百六十七中引《世说》载："王濛好饮茶，人至辄命饮之，士大夫皆患之，每欲往候，必云：

'今日有水厄'"（注：本条不见于今本《世说新语》），王濛好茶的形象流传了下来，也使茶在历史上有了第一个贬名。李德裕是唐代宰相，赵郡赞皇人，也被称为晚唐良相，但据《太平广记》卷三百九十九中记载李德裕担任执政大臣时，差人从惠山千里迢迢将泉水运到京城长安，称为"水递"，后在僧人的劝说下，取缔了这种劳民伤财的做法。

从技艺或比赛的角度，《醉古堂剑扫》实际上对茗战也是不太赞成的："则何益矣？茗战有如酒兵；试妄言之，谈空不若说鬼。（集奇）"

（六）内心丰盈的满足感受

苏州人陆绍珩与杭州人许次纾、田艺蘅、高濂、陈师等为代表的江南士人群体，也都是爱茶人。生活在一个风气开化，物质厚实的环境中，造就了他们不同的精神气度，从审美的角度来看会发现江南士人回归个体生命感受，从礼教的藩篱中蹈空而出的生活选择带有感性温润的色彩，在一碗茶的陪伴下，体现出了物质之外精神生活的一种满足感：

> 读理义书，学法帖字；澄心静坐，益友清谈；小酌半醺，浇花种竹；听琴玩鹤，焚香煮茶；泛舟观山，寓意奕棋。虽有他乐，吾不易矣。（集灵）
> 半轮新月数竿竹，千贴残书一盏茶。（集素）
> 千载奇逢，无如好书良友；一生清福，只在茗碗炉烟。（集奇）

三、《醉古堂剑扫》中的茶文对时下茶文化的启示

近年来，国内茶文化空前繁荣，各种茶文化组织、论坛、书籍等如雨后春笋般的出现，在促进茶文化传播和茶产业发展过程中发挥了一定的积极作用，但针对饮茶与中国传统文化的密切联系或者能够体现简约、性灵、意境的中国传统生活美学则研究较少。《醉古堂剑扫》中一半以上的涉茶语句集中在集灵、集素、集景、集韵这4卷中，其中集素和集韵又占了这其中的绝大部分，这些茶文既能体现儒家的入世哲学，也明确传达了道家的出世文化，是一部既发人深省的小品语录集，又是展示茶与生活美的良好借鉴素材。

《醉古堂剑扫》中饮茶讲究的氛围和环境对当下茶馆的设置安排、茶艺的环境布置、文化活动中的茶席摆设仍有相当程度的借鉴意义。从深层面看，茶文化的研究方向也应更着重于对中国传统文化的学习，对生活美的认知，以及对那些月下雪前中的空灵意境、自我独饮中的闲情逸致、茗碗炉烟中的清福生活真谛的追求，去感受那种"宠辱不惊，闲看庭前花开花落；去留无意，漫随天外云卷云舒"淡泊自然的人生境界。

参考文献

蔡定益，2016. 明代茶书研究. 合肥：安徽大学.

成敏，2014. 从《醉古堂剑扫》到《小窗幽记》——版本变化及其背后的文化风尚变迁.
　　中国文化研究（4）：166-171.

赵洪涛，2015. 明末清初江南士人的生活美学. 深圳大学学报（人文社会科学版），32
　　（6）：113-119.

朱郁华，2005. 陈继儒的茶与时大彬的壶. 农业考古（2）：89-93.

浅谈梅尧臣茶诗之淡美

李书魁

摘要：茶与文人有着不解之缘，被称为宋诗"开山祖师"的梅尧臣，诗风闲清雅致，别具一格。其涉茶诗不仅记录了北宋时期茶业种植、加工和销售的种种情景，还揭示了造成农村凋敝、农民贫困化的深层原因，折射出梅尧臣于平淡中追求自我修养、怜悯疾苦的人生态度与其精行俭德的茶人情怀。

关键词：梅尧臣；茶诗词；平淡诗学；北宋茶事

古人云："茶之为物，可以助诗兴而云山顿色，可以伏睡魔而天地忘形，可以倍清谈而万象惊寒，茶之功大矣。"至唐代，随着饮茶风习的兴起和日渐普及，茶树的栽培种植从巴蜀地区越过秦岭、三峡，向北、向东广为流传。茶业中心的东移，茶叶生产和消费的发展有利地带动了茶叶贸易的繁荣，饮茶风习不论是在社会上层，还是在乡村僻野已弥漫开来，茶从最初的宫廷饮料和达官贵人阶层进入寻常百姓家中，不仅成为开门七件事，而且渐渐融入了"琴棋书画诗酒"的行列，上升到了文化的审美程度。

两宋 300 余年，教育兴盛，文化经济空前繁荣，茶叶种植已呈现出了产业化的趋势，长江以南的地区皆有茶叶生产，制茶造茶技术达到顶峰，茶文化内容异彩纷呈。宋徽宗在《大观茶论》中曰："荐绅之士，韦布之流，沐浴膏泽，熏陶德化，盛以雅尚相推，从事茗饮。"这个时期，饮茶的方式比唐代更加丰富，在唐代煎茶的基础上发展出点茶、分茶等技巧，斗茶、分茶的游戏盛行令文人士大夫、市井百姓都乐此不疲，茶逐渐形成一门艺术，既可以寄情又可托以言志，引得历代文人雅士的喜爱、赞赏，应运而生的茶诗作为茶文化的有机

李书魁（1982—），湖北襄阳人。中国农业科学院茶叶研究所《中国茶叶》编辑，主要从事茶叶信息与茶文化等方面的研究。

组成部分,随之大量出现的茶诗词堪称是中国茶文化艺苑中的奇葩。

在宋词与宋诗中频频出现茶的主题,从各个不同的侧面反映了当时的饮茶习俗、风尚以及文人的精神世界,成为两宋诗坛中的璀璨华章,也成就了前无古人、后无来者的妙趣奇致。茶诗作为茶文化的一个有机组成部分,也呈现出"雅"的品格,是透视文人士大夫心态的一面镜子。宋代文人将修身养性的观点与茶文化完美结合在诗歌中,使"茶"具有了审美情趣和理性色彩,被称为宋诗"开山祖师"的梅尧臣便是其中之一。

一、梅尧臣其人

梅尧臣,字圣俞,宣城(今安徽省宣城市)人。生于真宗咸平五年,卒于仁宗嘉祐五年。宣城古名宛陵,世称宛陵先生。他生于农家,幼时家贫,酷爱读书,初试不第而家庭无力供他继续攻读再考,便随叔父到河南洛阳谋得主簿一职,先后在孟县、桐城县连续担任主簿职务,连任三县主簿之后例升知县。后调任建德(今安徽东至县)、襄城县(今河南襄城县)等地。于皇祐三年得宋仁宗召试,赐同进士出身,为太常博士。因欧阳修推荐预修《唐书》,随后升为国子监直讲,累官至尚书都官员外郎,故有"梅都官之称"。

梅尧臣为人诚厚,重仁义,守节操,清高自恃,关心民间疾苦。《梅公亭记》中赞颂他"以仁厚、乐易、温恭、谨质称其人"。后人评价他居官清廉正直,宦清流徽,堪与玉峰山比高,与兰溪水比长。梅尧臣的一生虽然在仕途上并不得意,屡试进士不第,但却结交了一群诗文好友,彼此切磋才艺、吟诗作文,使得他在诗坛上颇具盛名,毕生致力于诗歌创作,现存诗歌 59 卷、2 800 多首。他在当时和欧阳修齐名,且都是诗歌革新运动的推动者,并称"欧梅",对宋诗起了巨大的影响,在诗坛上声望很高而被誉为宋诗的"开山祖师"。他善于以朴素自然的语言,描绘出清新淡雅的景物形象,寓真挚情感于平淡诗句之中,欧阳修评价梅诗"以闲远古淡为意"。

梅尧臣画像

在公务之余,梅尧臣常寄情于山水,流连于建德、东流、池州的青山绿水之间,写了不少咏景咏物咏友的诗,其中茶诗有 50 多首,不仅数量多而且不乏上乘之作,有古诗、律诗以及绝诗等,还有众多茶诗茶赋。这些茶诗内容丰富,包罗万象,既有对茶及其相关事物的认识和看法,如《尝惠山泉》《建溪新茗》《颖公遗碧霄峰茗》等；又有逢友会亲时饮茶品茗的生活，如《逢曾子固》《会善寺》《中伏日陪二通判妙觉寺避暑》等。既有记录茶事和饮茶心境的，也有借茶励志修身、托物言志，还有以茶明志讽政的。在此从他众多茶诗中挑选几首试做赏读，以期从梅尧臣对茶的认识中折射出清和朴素、含蓄淡雅的茶人情怀并管窥茶在宋代社会生活中的独特地位。

《宛陵先生文集》书影

二、清新淡雅的梅尧臣茶诗

元代龚啸在《宛陵先生集·附录》中称梅尧臣："去浮靡之习，超然于昆体极弊之际，存古淡之道，卓然于诸大家未起之先。"梅尧臣自己也曾用"作诗无古今，惟造平淡难"评价自己的诗歌，描写日常之事物、讲究字句的对仗工整，构造出一种平淡悠然而又别有生趣的意境。他擅长于诗歌，追求看似平淡却充满意蕴的创作；他擅长饮茶，能品评不同等级的七品香茶。梅尧臣的这一风格也反映在他的涉茶诗上，他的茶诗涉及仁宗时期甚至北宋时期的茶生活，描写茶叶生长、采制、加工、品饮等过程的平常之景，用清新自然的文字写出，以独特的眼光反应了茶叶的功用和茶叶文化成熟的过程，作者已然将这种追求内化为一种风格气韵，灵活运用，使之悄然弥漫在自己的诗歌创作中，只有细细品味方可觉出其中滋味来，这种清新隽永之调，也即是他本人所说的"不尽之意见于言外"。

（一）涵演深远之美

梅尧臣的涉农诗是北宋中叶农业生产、农村经济和农民生活的真实记录，不仅是出色的文学作品，在农业史、政治史、科技史上也具有极高的史料价值。其中，他的《宛陵集》中有大量关于茶叶和饮茶的咏歌，涉及宋代政府的"茶榷"专营，茶场管理、种茶、品种、采茶、焙制、贩运、饮茶等诸多方面，为我们留下许多茶叶种植史、经济史以及当时士大夫中喜欢的品种和饮茶习惯等第一手史料，并且他在对农村风物的描绘中往往渗透着对民生的关怀或是政治上的寄寓，并寻求纾解民困之道。

景祐元年（1034），33 岁的梅尧臣应举下第，除德兴县令知建德县（今属浙江）事。在从家乡宣城赴任途中，他写下了 50 多首纪行诗。在知建德期间，他深入茶区亲自考察茶叶的生长气候、采摘、制作、出售的全过程，作有《南有嘉茗赋》："南有山原兮，不凿不营，乃产嘉茗兮，嚣此众氓。土膏脉动兮雷始发声，万木之气未通兮，此已吐乎纤萌。一之曰雀舌露，掇而制之以奉乎王庭。二之曰鸟喙长，撷而焙之以备乎公卿。三之曰枪旗耸，搴而炕之将求乎利赢。四之曰嫩茎茂，团而范之来充乎赋征。……抑非近世之人，体惰不勤，饱食粱肉，坐以生疾，藉以灵荈而消腑胃之宿陈？若然，则斯茗也，不得不谓之无益于尔身，无功于尔民也哉。"

南国茶叶生长之地，春雷刚发声，茶叶已萌芽，茶农开始了茶叶采摘的辛勤劳动。第一批最鲜嫩最上等的春茶要进贡给皇上做贡品，第二批茶叶要奉送给王卿贵族享用，第三批茶用于维持生计，第四批茶叶要给官家送去充征赋税。宋朝贡茶的品类和数量都日趋扩大，贡茶"采择之精，制作之工，品第之胜，烹点之妙，莫不盛造其极"，这种对贡茶品质的精致追求导致各地"争新买宠各出意，今年斗品充官茶"，茶贵早而贵新，加上税赋繁重、制作工序之繁琐给茶农造成了很大的负担。茶季到来之时，"女废蚕织，男废农耕"，男女老少都参与茶叶生产，昼夜为茶事劳作。但辛勤劳作并不能给从事茶叶种植和生产的茶农带来生活上的改观，宫廷对贡茶的穷奢极欲和大批为了献媚以取宠的官员反而给茶农带来无尽的艰辛与苦难，茶叶的榷制还导致了私藏和私贩的大量出现，于是民不聊生的茶农"小民冒险而竟鬻，孰畏峻法与严刑"。迫于生计，甘冒严刑危险、铤而走险私卖茶叶养家糊口。而居庙堂之高的贵族们无所事事，饱食终日而"藉以灵荈"来"消腑胃之宿陈"。

茶事本是闲暇韵事，看似无关大体，而就是在这样的风雅之中，以天下为己任的梅尧臣也不失时机地表达了自己对贫苦民众的关注之情。他没有用激烈的言辞、鲜明的对比、浓重的色彩烘托等来表现茶农所受的苦难，而是仅仅采取白描的手法将所见事实一一道来，揭露当时社会矛盾和贫富对立，直叙民间疾苦，充满了对茶农的体恤之情，展现出梅尧臣对贫苦茶农的怜悯，这种闪光的内心世界正是茶圣陆羽所提到的"精行俭德之人"所应具有的茶道精神和人生态度。

（二）文雅清丽之美

梅尧臣与欧阳修私交甚好，两人常互相切磋诗文，也一起共品新茶，并交流尝茶心得。嘉祐三年，建安太守徐仲谋给欧阳修送来了新茶，"建安三千里，京师三月尝新茶"。欧阳修请好友梅尧臣品饮此新茶，并作《尝新茶呈圣俞》的七言长诗，梅尧臣即复诗《次韵和永叔尝新茶杂言》作答："自从陆羽生人间，人间相学事春茶。当时采摘未甚盛，或有高士烧竹煮泉为世夸。……兔毛紫盏自相称，清泉不必求虾蟆。石瓶煎汤银梗打，粟粒铺面人惊嗟。诗肠久饥不禁力，一啜入腹鸣咿哇。"诗中开篇这句"自从陆羽生人间，人间相学事春茶。"指出了陆羽在茶史上的功绩，开创了千古饮茶之风，至今仍为人们歌颂陆羽功绩而广泛引用。诗文称颂建茶之美，描写建茶味盖天下、色倾夷华的发展之势，接着赞美欧阳修精于鉴别品评茶叶，感谢他寄赠茶叶给自己，解除了自己诗肠饥漉之渴。随后用较多笔墨夸赞了建茶的品质，并认为清澈、澄明的水与"兔毛紫盏"相配，两者相得益彰，美妙景观让人惊嗟。"一啜入腹""六腑无昏邪"，既满足了视觉，又让心灵得到了释放。结句"诗肠久饥不禁力，一啜入腹鸣咿哇"生动形象地表露了诗人饮茶之后的缕缕诗情。

对于茶的等级，梅尧臣亦有自己独特的见解，他有一首诗称道李仲求寄来的建溪洪井茶——《李仲求寄建溪洪井茶七品云愈少愈佳未知尝何》，算得上是难得的品评之诗："忽有西山使，始遗七品茶。末品无水晕，六品无沉粗。五品散云脚，四品浮粟花。三品若琼乳，二品罕所加。绝品不可议，甘香焉等差。一日尝一瓯，六腑无昏邪。夜枕不得寐，月树闻啼鸦。忧来唯觉衰，可验唯齿牙。动摇有三四，妨咀连左车。发亦足惊疏，疏疏点霜华。乃思平生游，但恨江路赊。安得一见之，煮泉相与夸。"梅尧臣对一至七品的建溪洪井茶进行了审评，并分别地加以简要的评语，一品（绝品）不可议，二品罕所加，三品若琼乳，四品浮粟花，五品散云脚，六品无沉粗，七品（末品）无水晕。记录了当时通过茶汤泡沫效果来分出茶的品次，"琼乳""粟花""云脚"是茶百戏时搅拌茶汤所呈现的不同的图案，从一个侧面体现了宋人点茶技艺的妙趣。

除了歌咏各种好茶和点茶评茶技巧，梅尧臣的茶诗中还透露出茶与生活的密切关系，如在《送毕郎中提点淮南茶场》中他提到了茶官的工作"到山问茶事，遍山开几旗。"在《送良玉上人还昆山》写道："来衣茶色袍，归变棋色服。孤舟洞庭去，落日松江树。水烟晦琴徽，山月上岩屋。野童遥相迎，风叶鸣橡槲。"用"茶色"作形容词描述衣服的颜色，此处的茶从大众生活中的日常饮品，已然变身为一个生活中的概念，从写茶嬗变出谦洁、宁静、淡泊、清雅等象征意义，使得品茶不仅只是一种行为，一种消遣，更代表着一种审美情趣和情感寄托。

三、结　语

　　如果说茶的本性是"中澹间洁、韵高致静"，那么梅尧臣则是同茶相宜的"精行俭德"之人。品梅诗如饮茶，初读时似觉平淡无奇，细品中方能感知茶味之真谛。从简单平淡的陈述语气来抒发内心的情感，字里行间反映了他的情怀，其于平淡中追求自我修养，追求理想的人生态度与茶的品性十分相似——茶有香高淡雅之灵性、韵高至静之品格。透过梅尧臣的茶诗还可以发现，宋朝时期茶不仅成为诗词文化中的一种重要意象，还是宋代人生活不可缺少的一部分，茶的自然品性已经提升为生活中的审美对象。清新淡雅的梅饶臣茶诗既包含着彼时士大夫对简淡恬静生活的向往，也是其清虚和穆人生态度的体现，让后世的人们得以从流传千年的茶香氤氲中感受到宋代王朝的雅致风尚。

参考文献

陈友冰，2012. 论梅尧臣涉农诗的文学个性及其史学价值. 安徽农业大学学报（社会科学版），（3）：103 - 113.

刘皓琳，2014. 梅尧臣茶诗研究. 重庆：重庆师范大学.

余悦，冯文开，王立霞，2007. 北宋茶诗与文士雅趣简论. 河北学刊（6）：142 - 146.

赵佶，2018. 大观茶论. 北京：九州出版社.

日本茶语 "数寄" 之美

——以桃山时代《山上宗二记》为例

[日] 顾雯

摘要： 室町时代末期到战国时代是日本茶汤的创成期，也是对选用茶道具充满创意的时代。茶汤创始者们选用不落俗套，别有意趣的茶道具，称之为"数寄"。以后"数寄"成为评价茶道审美的重要词语。茶人称之为"数寄者"，茶道具也称之为"数寄道具"，茶室也称之为"数寄屋"。"数寄"一语本身也成为茶汤、茶道的代名词。本文浅析"数寄"在日本茶汤创成期的审美价值和意义。

关键词： 日本；桃山时代；《山上宗二记》；数寄；审美意义

相聚在茶室，主客共享时间和空间的移动，共享统一的规范，从入座，观摩茶室里外的风景装饰和点茶流程，享受茶点和抹茶，实现参会者的一期一会。参加一次正式的茶会，从进入茶室之前的庭院，茶室建筑、茶道具、茶花、抹茶、茶点和怀石料理，还有主客的服装，如和服上，都会感受到日本文化的美。日本茶道在"数寄"审美观下，呈现出丰富多彩的姿态。特别是从室町时代末期到战国时代的日本茶汤创成期，对茶道具别开一面，充满创意性的选用，为"数寄"。茶人称之为"数寄者"，茶室称之为"数寄屋"，"数寄"一语本身也成为茶汤、茶道的代名词。当代哲学家久松真一（1889—1980）在其

顾雯（1965—），女，祖籍安徽舒城。日本东海大学经营系观光经营学科教授，日本茶汤文化学会会员，佐贺茶学会理事，宁波东亚茶文化研究中心荣誉研究员。

著作《茶的精神》①中对"佗数寄"之美学属性归纳为不均齐、简素、枯高、自然无为、幽玄、脱俗、静寂之七个特征。可见"数寄"是评价茶道审美的重要表现。

本文以《山上宗二记》为例，探讨"数寄"在日本茶汤②创成期的审美观和意义。

一、日本茶道史中"数寄"之由来

日本茶道史，可归纳为"煎茶"（8世纪）⇒"喫茶"（13世纪）⇒"茶会"（14世纪）⇒"茶数寄"（15世纪）⇒"茶数寄＝茶汤之道"（16世纪）⇒"茶道"（19世纪）的不同时代。由此可知"数寄"在日本茶道史上的位置。14世纪室町南北朝时期的"歌会""茶会"等艺能的流行，歌道的"歌数寄"应用到茶会，15世纪室町战国时代出现了"唐物数寄""茶数寄"和"佗数寄"的审美价值取向。16世纪随着"茶汤"的确立，17世纪"数寄"几乎成为"茶汤"的代名词。19世纪明治时代"茶道"作为艺术、哲学和自我人生价值实现之道，成长为日本文化的中核③。源于日本歌道的"数寄"，成为日本茶道审美观的中核。

日语"数寄"一词，有喜欢、着迷、好奇、玩赏、执着、用心之意④，还有以风流，风雅为友之意⑤。在歌道中，指歌人的心之志向，持有献身执着，禅心离俗，温故知新的理念。室町时代临济宗歌僧清岩正彻（1381—1459年）首先提出"茶数寄"，在记录其言行的《清岩茶话》⑥中指出"茶数寄"者，应是保持茶道具整洁，嗜好茶道具，懂得鉴赏茶道具，如建盏、天目、茶筅和凉水罐等道具的人。而不介意茶道具，只知道斗茶而品辨出不同茶味和茶铭的则是"茶饮"者。那种大碗茶豪饮，连茶味的优劣也不知的，则可谓"茶食"者，或"牛饮"者。这里出现了对茶者的三种分类，即"茶数寄"者，"茶饮"者和"茶食"者，或"牛饮"者。由此可知"数寄"不但是评判茶者的一个基准，也是表明对舶来茶器嗜好和执着的一种心之志向。100年后，茶书《山上

---

① 日本佛教学者，禅宗思想家。《茶的精神》1948年著，后编入《茶的哲学》，讲谈社学术文库1987。

② 数寄、茶汤和茶道，是出现在不同的时期代表日本茶道文化的用语，现在三者通用。

③ 冈仓天心（1862—1913）著《茶之本》（The Book of tea，1906、明治39年）著。

④ 《大言海》《広辞苑》《古语辞典》（旺文社1960年初版、1994年第8版）。

⑤ 鸭长明（1155—1216）《発心集》。

⑥ 收录于分上下两卷的歌论书《正彻物语》（1430—1459?）。上卷《彻书记物语》，下卷《清岩茶话》。以随笔形式，论述了和歌的风体论，歌人的逸闻，歌学典故和对初学者的助言等，提倡幽玄体为歌学的理想。

宗二记》（1558）明确提出，村田珠光（1423—1502）、武野绍鸥（1502—1555）和千利休（1522—1591）都是"茶数寄"者。"茶数寄"就是不但有歌心，还要有禅心，具有鉴赏茶道具的眼力和为此道献身的执着。如武野绍鸥不仅参禅，也是连歌师，还是选用大量新参茶道具的发现者。心敬法师（1406—1475）① 提出连歌道的意境是枯寒，武野绍鸥认为"茶数寄"也应如此。

《山上宗二记》书封三种

二、《山上宗二记》中的"数寄"道具

《山上宗二记》作者山上宗二（1544—1590），号瓢庵，桃山时代堺市富商。该书主要记录其茶汤老师千利休口授的秘藏传书②，另在抄录《珠光一纸目录》秘传书的基础上，回顾记录武野绍鸥和千利休的"数寄杂谈"。包括记录有 224 点茶道具。从大茶叶壶、茶碗、茶釜、清水罐、污水罐、墨迹、绘画、小茶壶、花瓶、小道具自在钩（自由调节茶釜高低位置时使用的铁制，或者竹制的挂钩）等 23 种类，是当时深受注目的最新茶道具记录册。针对 123 点的茶道具作以传承由来，所有者，评价和具体形状描写的记录。为此《山上宗二记》亦有《茶器名物集》之名。

---

① 天台宗歌僧，以歌僧清岩正彻为师。

② 山上宗二，千利休茶汤大弟子，20 岁出头就开始独立举办茶会，招待茶汤大师利休，今井宗久等参会。以"萨摩屋"跻身于堺市的数寄名人之列，对茶汤的造诣深厚，因惹怒当时的权力掌控者丰臣秀吉（1537—1598）惨遭杀害。其《山上宗二记》由茶汤之兴盛史、大茶壶、茶碗、墨迹、挂轴、花瓶和小茶壶等来历鉴赏介绍和作为茶汤者觉悟的十条规范，另附十条规范，茶汤者自传和老师利休的口传注记组成。校勘本收录于《茶道古典全集》（第六卷，千宗室编，淡交社，1956 年）。

　　《山上宗二记》中直接附有"数寄"道具评价的有 26 点（见表《山上宗二记》的数寄道具）。在比例上，仅占评价道具整体的 1/5。如被评定为数寄道具的绘画有玉涧的青枫、岸之绘和烟寺晚钟三幅，徐熙的鹭一幅。《山上宗二记》中列举了中国绘画 31 点，其中有 15 点是玉涧[①]的作品，而被评为数寄道具的 3 幅都属于泼墨山水画，烟寺晚钟，则是潇湘八景图中的上作。

《山上宗二记》的数寄道具

点数	种类	名称	所有者	评价
1	茶碗	善好茶碗	堺、宗及	数寄道具可
2	清水罐	芋头形	宗及	依据使用者数寄可□
3	釜	绍鸥笠釜	绍鸥	可为数寄
4	釜	绍鸥筋釜	绍鸥	可为数寄
5	污水罐	绍鸥备前物的面桶	绍鸥	数寄道具也
6	污水罐	棒尖	みぎた屋?	数寄道具也
7	污水罐	宗及备前合子	宗及	数寄道具也
8	污水罐	宗易的捕章鱼罐	宗易	数寄道具也
9	污水罐	备前物的龟蓋	万代屋（宗安）	数寄道具也
10	墨跡	虚堂（智愚）	大纳言殿秀長公	天下无双的数寄道具也
11	绘画	玉涧/青枫	关白秀吉样	名物? 数寄道具也
12	绘画	玉涧/岸之绘	总见院殿御代火入失	数寄道具
13	绘画	玉涧/烟寺晚钟	关白样	名物欤，数寄道具也
14	绘画	徐熙/鹭绘	奈良、漆师屋（松屋）	数寄道具也/100 贯斗绍鸥申候/
15	浓茶罐	万代屋肩冲	贺州金沢、前田殿	别而数寄道具也
16	浓茶罐	圆座肩冲	宗易	目闻的一种/一段数寄道具/形和比有意思壶也（现存）
17	浓茶罐	珠光の抛头巾肩冲	万代屋宗安	数寄方，此一种
18	浓茶罐	宗壁肩冲	宗二	此壶其方存知ノ通数寄道具也/（绍鸥褒美也）
19	浓茶罐	圆壶尻膨	御茶半袋程入大/数寄道具也	

---

　　① 天台宗书僧曹若芬（1180/1190—1260/1170），字仲石。婺州金华人。曾为杭州上天竺寺书记。晚年归老家山，自号玉涧。玉涧《潇湘八景图》在 14 世纪末 15 世纪初传入日本。参阅衣若芬著《无边刹境入毫端——玉涧及其潇湘八景图诗画》2011 年《东华汉学》第 13 期。

（续）

点数	种类	名称	所有者	评价
20	浓茶罐	楢柴肩冲	关白样	天下一数寄/天下三大名物也/数寄之眼/壶的样子、宗易杂谈能承候
21	浓茶罐	鸭肩冲	关白样	称为名物的数寄道具/一段之数寄道具也
22	浓茶罐	珠光小茄子宗易杂谈委承候	……（信长）	名物/数寄道具/茶道具万中顶上/天下四大茄子之一
23	浓茶罐	高山圆壶（唐物）	高山（右近）（关白样、拜领）	不属于名物/但数寄道具也/当世所持者比较多
24	花瓶	紫铜无纹角木形	观世彦左（右）卫门（宗捗）	不被人知的数寄道具也/是由道陈目发掘
25	花瓶	吊船形	道陈昔所持宿屋町、赤根屋	在宗易舟之内是数寄道具的优/600贯
26	小道具	自在	由绍鸥、宗易之爱好被发掘	犹以当世数寄道具候

26 点数寄道具的构成有唐物、和物和南蛮物。来自中国的唐物有 15 点，包括绘画 4 点，虚堂墨迹 1 点，浓茶罐 9 点，唐物花瓶 1 点。获得数寄道具的唐物 15 点中，拥有名物和数寄道具双重评价的有 6 点，只有 1 点高山圆壶，注明不是名物，而是数寄道具。对自在这种新启用的小道具，评价为数寄道具。

《山上宗二记》记录的墨迹作品一共有 13 幅，圆悟克勤（1063—1135）有 3 幅，虚堂智愚（1185—1269）有 7 幅，圆照，即无准师范（1178—1249）有 3 幅。称之为天下无双的数寄道具的仅有圆悟的七世法孙虚堂的 1 幅作品。而其他 12 幅墨迹，《山上宗二记》提出了只要符合三个条件，一是"祖师"，即禅僧系谱上的人物。二是"语录"，即书写的内容。三是"样子"，即字数、行数和书写纸张的寸法，裱装的材质和寸法等，就可成为数寄道具。为此开辟了"茶会上首创悬挂墨迹之端"。

除了数寄道具，《山上宗二记》记录和评估更多的是名物道具。数寄道具和名物道具的比例为，茶碗是 1/7，清水罐是 1/5，茶釜是 1/18，污水罐是 5/8，墨迹是 1/13，绘画是 4/31，茶盒是 9/44，花瓶是 2/19。由此可见具有传统、权威的唐物道具做为名物道具依然倍加尊重，而新创的、别有意趣的茶道具，称之为数寄道具。至于"侘数寄道具"，仅有备前烧窑的 2 点花瓶，占

评价道具整体的 2%。这一属于少数派，非主流的"数寄道具""侘数寄道具"的选用，其意义却在日本茶道研究史上得到极大的重视。

三、《山上宗二记》中茶"数寄"的意义

《山上宗二记》中的"数寄"一词，一共有 70 多处。其意可分为以下四种。一指喜欢，二指茶汤本身，三指茶汤所追求的境地，四指判定选择茶道具的一个基准。

何谓党茶数寄媒者，《山上宗二记》提出了古今的名人，如珠光、引拙（天王寺屋鸟居引拙，生平不详）、绍鸥。都是持有隐遁之心，理解佛法和歌道之人。这些茶数寄者即使不持一物，觉悟在胸，创意和手艺在手，可为侘数寄。

《山上宗二记》还具体指出了作为数寄道具的三个外部条件：一是形状，二是比例，三是整体姿势。如在茶碗项目中，指出唐物茶碗不时兴了，如今时兴高丽茶碗，今烧（乐）茶碗和濑户茶碗。这些唐物以外的茶碗只要在上述三个条件上合适的话，亦可成为数寄道具。在茶釜项目中，指出虽然当世流行口窄之物，其实铁器外表的皮肤感觉最为重要，只要整体姿势和皮肤感觉好就能成为数寄道具。明确了可成为数寄道具的条件。墨迹因为开启了茶室中悬挂禅林祖师语句的先河，具有前所未有的创意，可为数寄道具。自在这种小道具，虽然自古有之，却被绍鸥和宗易发掘应用到茶室中，别有意趣，可谓当世的数寄道具。可见独有所创，不落俗套，别有意趣，姿态良好的茶道具才可为数寄道具。

《山上宗二记》列举的数寄道具中，现在唯一传存的浓茶罐，即传利休所持圆座肩冲。口缘部高高伸直，肩部钝圆，从形状和比例上与众不同。高度只有 8.5 厘米，比一般的浓茶罐要矮些。《山上宗二记》评价为"很有意思的壶"，这一基准使其进入数寄道具的行列。

传为千利休所持圆座肩冲（五岛美术馆藏）

由上可知启用茶道具，有独创性，加之道具的姿势和感觉合适，虽不是名物道具，也可成为数寄道具。虽然是名物道具，也要有意思的，与众不同，才能成为当代的数寄道具。即有创意、不落俗套和别有意趣，是数寄道具的判断基准。

　　"茶数寄"，16 世纪之前是从热爱舶来品道具出发的，《山上宗二记》提出了"数寄道具"和"名物道具"，两者并不是一个对立的构图。因为从以上被评估的 26 点数寄道具，可知数寄道具是从以唐物为中心的名物道具中有条件的选择，同时把选择范围扩大到国产和朝鲜、南蛮道具的。数寄道具的选择象征了从唯一的审美选择开启了多样化审美选择，从而造就了充满创意的日本茶汤创成期。

<h1 style="text-align:center">结　　语</h1>

　　数寄得到后世茶人们的继承，"数寄的根本，是具有创意的人，最羡慕具有鉴赏眼力的人"[①]。虽然"茶汤有很多，第一创意最为肝要，仅仅知道茶道具很多，却不会数寄者，会很无聊，以古道具为基础，要有创新之心，才是数寄的第一"[②]。《山上宗二记》的"侘数寄"作为"数寄"理想版的表现，恕别稿另述。

<h2 style="text-align:center">参考文献</h2>

古晃，2005. 茶之汤的文化. 京都：淡交社.

桑田忠亲，1957. 山上宗二记研究. 京都：河原书店.

---

　　① 《长暗堂记》（1640）久保权大辅利世著（1571—1640）校勘本，收录于《茶道古典全集》（第二卷 千宗室编 淡交社 1956 年）。

　　② 针屋宗春：《宗春翁茶道闻书》，校勘本收录于《茶道全集》卷 12（创元社 1935 年）。

辑五

自然生态之美

彩色茶树让茶产业前景更美好

王开荣

摘要： 本文简要叙述了彩色茶树的开发进展，介绍了彩色茶树的叶色分类及品种，论述了彩色茶树发展带来的科技创新需求，对彩色茶树的产业应用前景进行了展望。

关键词： 彩色茶树；茶产业；前景

彩色茶树是指新梢叶色呈黄、白、橙、红、紫、黑等绿色以外色泽的一类茶树种质资源。彩色化是近年来茶树种质资源开发利用的一大进步，有力地扩展了茶树物种含义，茶树种质从此由清一色的绿色家族跃变为色彩缤纷的彩色家族，而茶的世界在变得更加丰富、多彩和有趣的同时，给茶科技带来新的机遇和使命，茶的应用空间将更加开阔。

王开荣（1964—），浙江余姚人，硕士，宁波市林业特产科技推广中心正高级工程师，著有《低温敏感型白化茶》《印雪白茶》。

一、彩色茶树种质资源开发进展

我国是茶叶的故乡，长期以来，人们对茶的利用主要定位于饮料作物，而对茶树资源的选择，都倾向于清一色的绿叶树种。历史上，只有北宋有过一段崇尚白叶茶的短暂时光。现代茶业的推进使茶的开发利用在深度和广度上取得了重大进展，但直到20世纪90年代，浙江安吉白叶种品种白叶1号的出现，迎来了绿叶茶树种质一统江山的"破局"曙光，21世纪初浙江余姚黄叶茶品种黄金芽的育成，则掀起了白化茶产业化发展热潮和非绿色茶树种质开发热情。近年来，各地发掘出黄、白、紫色等叶色的许多新种质，研究进程也有加快迹象。

宁波茶产业科技团队从发现自然变异种黄金芽始，二十年来致力于珍稀特异茶树的种质开发、基础研究与应用研究，通过自主开发的创新技术，创制出大量全新叶色、变异类型的新种质，实现了从一个茶芽到一片茶园、从一个品种到一类品种、从一色品种到多色品种的飞跃。随着今年最新一批茶树新品种的育成，茶业迎来了彩色茶树种质的新时代。因此说，2020年是彩色茶树种质时代的元年！

（一）彩色茶树叶色组成

根据目前拥有的种质资源为样本，按感官叶色和色卡指标，结合色差、色素等分析结果，将茶树种质资源进行二级叶色系列分类。

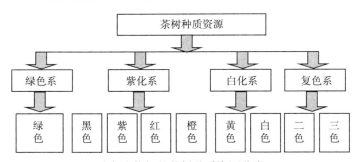

叶色为依据的茶树种质资源分类

一级叶色分为绿色系、白化系、紫化系、复色系4大色系，其中绿色系、白化系、紫化系为基本色系；紫化系分为黑色、紫色、红色、橙色4个亚系，白化系分为黄色、白色2个亚系，复色系分为三色复色、二色复色。

每个亚系的不同种质叶色仍然有着一定的差异，这种差异组成了该色系范围内递次分布的不同色阶组成，是鉴别不同品种的重要依据。黄白色、金黄色、黄色、黄绿色等色阶组成了一组黄色系叶色序列。

彩色茶树叶色亚系的代表性样本

黄色白化系茶树的色阶组成

（二）彩色茶树主要品种

据不完全统计，全国共获得新品种权、良种权、品种登记的彩色茶树品种共 27 个。其中宁波占了全部品种的四分之三，其中 12 个早生品种和 5 个亚系为宁波特有。

现有彩色茶树品种（系）

色系		全国		宁波	
		数量	其中早生	数量	其中早生
白化系	白色	5	2	3	2
	黄色	11	4	8	4

与人类美好生活

（续）

色系		全国		宁波	
		数量	其中早生	数量	其中早生
紫化系	橙色	1	1	1	1
	红色	1	1	1	1
	紫色	4	1	2	1
	紫黑	1	1	1	1
复色系	二色	3	1	3	1
	三色	1	1	1	1
合计		27	12	20	12

　　白色系白化茶（或称白叶茶）品种起步最早，品种有早生种瑞雪1号、瑞雪2号，中晚生种白叶1号、千年雪、中白1号；黄色系白化茶（或称黄化茶、黄叶茶）呈后来居上的态势，品种有特早生种黄金甲、黄金蝉，早生种黄金芽，中晚生种御金香、醉金红、黄金毫、中黄1号、中黄2号、中黄3号等。其中白叶1号、黄金芽、御金香是当前推广规模和产业化成效最显的三个品种。

　　紫娟是第一个紫化系茶树品种，育成较早，但因适制性、感官品质的不足，未能像白化茶那样发展得风生水起，也导致后来资源开发少，研究者寡。当前紫化系茶树主要集中在宁波，品种（系）有千秋墨、四明紫墨、四明紫霞、虞舜红、金川红妃等，分别呈紫黑色、紫、红、橙等叶色。从目前研究进展推测，紫化茶的潜在价值却不容轻视。

（三）彩色茶树种质特性

　　佛经云，相由心生，万物皆由因。研究表明，彩色茶树的缤纷叶色在于内在光合色素和品质成分等代谢产物的不同，更有着遗传特性等种质性状的差异。

　　茶树叶色主要是由叶绿素、类胡萝卜素和花青素三大类色素组成。其中，叶绿素类主要由叶绿素 a 和叶绿素 b；类胡萝卜素主要由 β-胡萝卜素、新黄质、紫黄质、黄体素等；花青素则由天竺葵色素（Pg）、矢车菊色素（Cy）、芍药色素（Pn）和锦葵色素（Mv）、花翠素等组成。而绿色系、白化系、紫化系三大色系与三大色素的对应关系十分明确。以绿色系茶树的色素为基准，白化系茶树的色素组成特征是：花青素几乎为零或极低，叶绿素、类胡萝卜素含量出现下降，下降程度与白化程度呈正相关；黄色或呈白色的区别在于类胡萝卜素的比例组成。而紫化系茶树的三类色素含量均很丰富，叶绿素含量、类胡萝卜素含量与绿色系相近，花青素含量随着叶色的加深而大幅上升。

不同叶色茶树的花青素含量水平（鲜重）

单位：微克/克

茶样	1	2	3	4	5
叶色	黄色	橙色	紫红	深紫	紫黑
花青素含量	微量	470.9	2 946.6	3 336.8	4 298.6

白化系茶树的高氨基酸、低茶多酚的含量特点，使得其具有品质优势，但光合色素含量往往低于常规绿色茶树，总体上表现出较弱的生态适应能力；而紫化茶由于丰富的色素含量，具有高花青素、高茶多酚的品质特点，导致茶叶呈味强烈，有违一般人群的喜好，但其生态适应性强，呈色季节长，价值潜能与白化茶完全不同。

二、彩色茶树伴生的科技创新

彩色茶树的不同种质特性，直接影响到种质鉴别、育种、育苗、栽培、加工和产品评价等现有技术的适用性，给种质开发和基础研究带来新研究课题，给茶产业科技带来一系列技术变革甚至重构的要求。

（一）基础研究与种质开发

迄今为止，围绕白化茶的白化机理、白化规律等基础研究还有许多内容有待突破，而今紫化系、复色系及其他全新种质的出现，不同叶色种质的性状表达、呈色机理、代谢规律、遗传特性等研究内容将变得十分庞大；在种质开发层面，面对丰富、鲜明、直观而差异化的外在叶色，种质创制、筛选、早期鉴定的方法有待进一步创新。

（二）生态选择与栽培管理

彩色茶树比常规茶树多要考虑的生态优化目标是，不同叶色的理想表达和叶片生命的生态指标，尤其是生态适应能力弱的白化系茶树；而当把不同色系茶树同园种植成多彩茶园时，首先解决好品种间的生态适应、物候、质量性状等协调匹配程度和技术对策，避免因种性差异造成茶园管理与采摘困扰；彩色茶树树势强化和品质优化往往不呈正相关，甚至相反，要根据不同栽培阶段目标，对土肥、光照、温度、修剪等管理措施差异化对待，尤其是叶色表达、品质起决定性作用的光照、温度等生态要素管理，是彩色茶园栽培的重点和特色技术要求。

（三）鲜叶采摘与加工工艺的技术创新

常规茶鲜叶采摘时，芽梢嫩度一般作为衡量鲜叶开采的唯一指标，而彩色茶树宜采用嫩度为主、色度为辅的双重指标。当嫩度偏小时，应以叶色优化为主；但当嫩度偏大时，则先服从嫩度指标。叶色、叶质的不同，导致传统茶类产品加工的技术"位移"，如白化茶树导致的绿茶、白茶工艺的品质冲击，黄化茶树品种对传统黄茶产生的叠加效应，紫色茶树对绿茶品质风格产生的颠覆等。今后，随着紫化系、复色系的产业化，茶树品种与传统工艺的矛盾更加复杂。因此，充分考虑工艺、工序、技术参数对传统茶类色泽特征和其他品质的适用程度，调整、优化、创新、拓展彩色茶的产品加工。

（四）茶类品质与评价标准的技术创新

这是彩色茶面临的最直接挑战。我国六大茶类是以绿色鲜叶为原料、按感官色泽进行产品分类的，并在绿色茶树品种一统天下的时代，这样分类方法既直观科学又通俗易懂。而彩色茶树的应用，改变、颠覆了六大茶类的品质特征，在生产、市场认知难以适从的同时，现有法定的品质评价标准也无法应用。"七彩 VS 六茶"，成为产业发展过程中一个极为有趣的现象，也是一项非常复杂而迫切需要及时解决的技术创新课题。

三、彩色茶树的应用前景展望

茶树生化成分十分丰富，现代科技和产业进步已经实现了茶树在饮料、食料、菜料、油料、生化原料等领域的应用，而彩色茶树具有内质外在的差异化优势，使得其在饮料产品和茶树资源跨领域应用中更具拓展空间。

（一）传统饮料应用

彩色茶树的高氨基酸、高茶多酚、高花青素的超高含量，无疑有助于提升茶叶品质，而彩色茶树对绿茶等传统茶叶品质风格的改变甚至颠覆，如白叶茶、黄叶茶采制的绿茶，干茶、汤色、叶底均变成黄色，紫色茶采制的绿茶，干茶黑，汤色紫，叶底靛，不仅增进市场对茶叶品质的兴趣，还会衍生出新型的花色产品，推动传统茶产品的创新和突破；当前，规模快速扩张，产业大面积承压，彩色茶树可望为缓解中清一色绿色茶树同质化竞争的困局寻找出路。

（二）食品原料应用

粉茶、抹茶成为近年来茶产业从饮料向食品领域迈进的新亮点。但粉茶、抹茶适制品种不多，但适用优质品种少，产品花色更少，而彩色茶树由于不同叶色的品质特色，有望在丰富粉茶、抹茶花色产品中显示优势，同时拓展出更广泛的食品或食品辅助原料，变饮茶为吃茶。

不同色泽的粉茶及其冲泡后汤色

（三）菜肴原料应用

茶为菜肴虽有悠久历史，但囿于常规茶树的苦涩、收敛强的风味，使得茶叶菜肴仅在少数地方或时尚性菜肴中应用，而不被民众的日常生活所接受。彩色茶树的不同叶色和某些高氨基酸等改善风味的潜质，有利于从外观和口感等多方面提升茶用菜肴的应用价值。

金枝玉叶　　　　秋菊傲霜

彩色茶树幼嫩芽加工的菜肴

（四）食油原料应用

茶叶籽油是健康价值仅次于橄榄油的高级油料，有着较长生产历史，但当前名优茶主导的茶叶效益远高于茶树籽生产，同时缺乏高产高效的籽用品种和配套技术，导致茶树籽专用茶园少。而利用通过不同树型、生态型彩色茶树的种质与茶园模式的技术创新，可有效地提升茶树籽生产能力和效益水平。

（五）生化原料应用

茶的生化产品开发进展十分成功，涵盖食品、保健品、护理品、动物健康品、植物农药、纺织添加品等。彩色茶树可发挥不同品种的一些高含量生化物质，在提高生产效率、品质水平或新生化产品开发中发挥优势。

（六）园林园艺应用

"云想衣裳花想容"，彩色茶树在多彩茶园、景观茶园及休闲、旅游等农旅结合产业具有独特优势，尤其是随着不同树型、色彩的品种育成，将大幅度扩展茶树在茶园建设、生态美化、园林景观等作用，使茶产业画面更加生动活泼，乡村山川变得更加美丽。

不同叶色茶树品种构建的彩化茶园

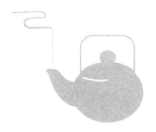

南方嘉木：茶树的生态之美

杨巍

摘要：自古以来，关于茶之色、形、香、味、韵及其品饮时所产生的审美体验与感受，人们总是不吝笔墨。然而，对于茶树最原始的生命形态，似乎并没有给予多少美学上的关注。中国是世界第一大产茶大国，拥有全球最广袤的产茶区、最丰富的茶树品种及最齐全的茶类。不同的产地环境、树型、品种，呈现出万千姿态，蕴含着天然淳朴的生态之美。

关键词：茶树；生态；树型；品种；美学

《茶经》云："茶者，南方之嘉木也。"何谓"嘉"？《说文》云："嘉，美也。"仅一"嘉"字，就道尽了茶树之美。

同其他植物或生物一样，作为大自然的一份子，茶树也必然有着自己的生存与发展状态，即生态。"天地有大美而不言"，生于天地之间的茶树亦莫不如此。不论是茶树的生物学形态，还是其生长所仰赖的自然环境以及与人类活动所发生的密切关联，都蕴藏着美的元素。

一、瑞草之国：产地环境之美

"山实东吴秀，茶称瑞草魁"。中国是世界茶树的发源地，也是世界上最早发现、利用并栽植茶的国家。从东经 94°～122°、北纬 18°～38°的广阔疆域里，分布着 18 个产茶省（自治区、直辖市）1 000 多个产茶县及 4 000 多万亩的茶园，是名副其实的"瑞草之国"。

杨巍（1983—），福建福州人，福建农林大学茶学硕士，国家二级评茶员。《茶道》杂志编辑部主任，《群言》杂志（民盟中央）特约作者。

平原、盆地、丘陵、山地、高原，皆有茶。或粗犷，或壮观，或灵秀，或精致，不一而足。山水、云雾、草木、虫鸟……与茶同框，组构出千姿百态的画图。

（一）粗犷之美：山头山寨茶园

云贵高原，是中国乃至世界茶树发源地的中心。以西双版纳为代表的茶区，原始热带雨林，郁郁葱葱，藤蔓盘错，是孕育野生茶树的秘境。

密林之中，山头山寨众多，20多万亩古茶树便错落其间，与人、草木共生共荣，自然奇观与民族风情相得益彰。知名者如勐海县的老班章、老曼娥、贺开、曼松、曼糯、薄荷糖、麻黑、刮风寨等以及勐腊县的易武（曼撒）、革登、倚邦、莽枝、蛮砖、攸乐"古六大茶山"。

南糯山800多年的茶王树有着粗壮虬曲的枝干（摄于云南勐海县）

这些古茶树，树龄从百年到数千年不等，多为乔木型。譬如，勐海县巴达贺松大黑山有一株野生古茶树，树龄超过1 700年，树高23.6米，树幅8.8米，树姿高大直立。"此物信灵味，本自出山原……喜随众草长，得与幽人言"。它们仿佛遗世而独立，在漫长的岁月里，兀自生长。于是，当它们矗立在我们面前时，就像不食人间烟火的隐者，不修边幅，却又高蹈不群，透着一种洪荒粗犷之美。

（二）壮观之美：连片茶海

置身于一片浩瀚的茶海中，极目四野，层层碧浪逼人而来，条条绿毯铺陈天地，横成波，纵成浪，近是涛，远是潮，微风徐来，清香阵阵。这一幕壮观的景致来自贵州湄潭县的"中国茶海"。它，连片面积达4.3万亩，是目前世界上连片面积最大的茶园。

在丘陵茶区，像这样的茶园还有很多。在茶产业高速发展的当代，随着茶园栽培管理水平的不断提升，越来越多的茶区涌现出规模不一、风格各异的"茶海"。这些茶园除了用于生产，还为打造乡村特色旅游添彩。譬如，在并不靠海的浙北安吉，却坐拥着一片波澜壮阔的"海景"。9万多亩白茶园、百余万亩竹林及近万亩花田，镶嵌在绿水青山之间，美轮美奂。

（三）灵秀之美：梯田茶园

以丘陵、山地居多的华南、江南茶区，梯田茶园绝对是一道清灵秀丽的风景线。

王祯《农书》云："梯田，谓梯山为田也。"梯田，是福建、四川等地先民的创举。在丘陵、山地占据总面积八成以上的福建，梯田茶园可谓俯拾皆是。层层叠叠，缠绕披拂于山，似轻轻荡开的涟漪，又似模印在大地上的指纹，活泼生动。

闽东北大山深处的周宁县，平均海拔800米，千米以上的山峰达288座。茶园依山就势而造，山高云深，雨沛雾重，宛若仙境，有"云端上的茶乡"之美誉。

凿山而田，地尽其用。梯田茶园，是茶农在山林间的杰作。

梯田茶园在福建山区俯拾皆是，田舍散落其间，如诗如画（摄于福建周宁县）

（四）精致之美：武夷山场

坐拥自然与文化双"世遗"的武夷山，除了以碧水丹山的瑰丽风光闻名于世，独具"岩骨花香"的岩茶更是独树一帜。岩茶之"岩韵"的形成，得益于武夷山的"绝版"产地环境，当地人称其为"山场"。

武夷山，可谓是"岩岩有茶，无岩不茶"，形成精致的"盆栽式"茶园景观，这在全国茶区恐怕是独一无二的。就山场类型而言，有坑、涧、峰、岩、洞、窠等，而岩茶品质优异者多产于山坑岩壑之间，如"三坑两涧"（牛栏坑、慧苑坑、大坑口、流香涧、悟源涧）。这几处山场的共性是：或山凹岩壑，或幽谷深涧，周遭林木荫翳，四季云缠雾绕。山泉滴沥，溪流涓

武夷山，一山一水处，皆有茶。微域小气候环境造就了"岩骨花香"

涓，终年不绝。其土质疏松润泽，日照时间也比平地茶园来得短。这种微域小气候环境，塑造了岩茶"香清甘活"的特质，也塑造了充满变化的"山场味"。

二、神奇之叶：茶树形神之美

"一尺二尺，乃至数十尺。其巴山峡川有两人合抱者，伐而掇之，其树如瓜芦，叶如栀子，花如白蔷薇，实如栟榈，蒂如丁香，根如胡桃。"陆羽通过比喻来描述茶树不同部位的特点，既有"全貌"，又有"特写"，让茶树的姿态在人的脑海中变得鲜活起来。此外，还有叶形、叶色、叶香等特质，亦有美可寻。

（一）树型之美：各有千秋

自然生长的茶树，因分枝部位不同，分为乔木、半乔木（又称小乔木）和灌木等类型。它们的区别主要体现在植株高矮、主干粗细显隐、叶片大小等生物特征上，树姿树态，各有千秋。

一提起乔木，我们往往会将其同野生古茶树联系起来。的确，乔木型茶树主要分布在云贵高原，而且有不少树龄都在百年甚至千年以上。人世历尽沧桑变化，而它们却安然不动，随着季节轮换而荣枯。这些乔木型茶树，有着高大的植株，其主干明显粗大，恰如《茶经》所描述的那样"一尺二尺，乃至数十尺""有两人合抱者"。事实上，在云南，一些古茶树远不止于"两人合抱"。凤庆香竹箐的茶树王，其树龄超过 3 200 年，基围须 5 个人手拉手才能合抱，是地球上最大的栽培型古茶树。这一类古茶树，亭亭如盖，给人产生的是伟岸壮观之美。人在古茶树面前，不论是高度，还是年龄，都显得卑微，无不心生感慨之情敬畏之心。

在云南勐海，随处可见古茶树（摄于南糯山）

相比之下，灌木型茶树展现出的是一种类于"小家碧玉"式的清丽灵秀。它们广泛分布于各大茶区。春来芽生，茶园里云缠雾绕，氤氲着湿润的水汽。采茶工穿梭在茶丛间采茶，范仲淹笔下"新雷昨夜发何处，家家嬉笑穿云去"

的诗境变得鲜活起来。

小乔木则介于乔木与灌木之间，多见于西南茶区，而江南、华南茶区亦有。譬如，备受人们推崇的武夷"老枞"水仙，其植株较高大，高度 2～3 米，树龄在 60 年以上，叶片也比一般灌木茶树来得大，而且主干上长满青苔树挂。它们虽不像云南野生古茶树那样伟丽，却有着"大家闺秀"的落落大方。

（二）叶形之美：栩栩如生

就鲜叶而言，茶树芽叶的形状，唐人以"笋者上，牙者次""叶卷上，叶舒次"，因而采笋芽以制的阳羡茶与顾渚紫笋茶备受推崇。宋人则以贡茶建州"龙团凤饼"为标准，"芽如雀舌谷粒者为斗品，一枪一旗为拣芽，一枪二旗次之，余斯为下茶"。但是，在茶诗词中，描写更多的是"旗枪"，"始生而嫩者为一枪，浸大而展为一旗"（宋·王得臣《麈史》），而且无论是在哪个时代，它都被奉为优质鲜叶原料的一般标准。譬如，"旗枪冉冉绿丛园"（唐·齐己《闻道林诸友尝茶因有寄注》）、"旗枪争战，建溪春色占先魁"（宋·苏轼《水调歌头·尝问大冶乞桃花茶》）等。

此外，对于至嫩的茶芽，古人又多以"雀舌""鸟嘴"等形象的比喻，如"添炉烹雀舌"（唐·刘禹锡《病中一二禅客见问因以谢之》）、"自傍芳丛摘鹰觜"（刘禹锡《西山兰若试茶歌》）、"蜀叟休夸鸟觜香"（唐·郑谷《峡中尝茶》）等。

（三）叶色之美：缤纷多彩

叶色是茶树给人们视觉带来的最直观印象。《茶经·一之源》就提到了好茶的叶色："叶色以紫为上，绿为次"，如"竹下忘言对紫茶"（钱起《与赵莒茶宴》）。

既是贡茶，就意味着只有帝王贵族才能享用，大多数人喝的则是较次的绿叶茶。因此，唐茶诗中出现更多的叶色是绿色。譬如，"绿芽十片火前春"（白居易《谢李六郎中寄新蜀茶》）、"绿嫩难盈笼"（齐己《谢人惠扇子及茶》）等。

在宋人眼中，除汤色尚白，叶色也以白为最佳。赵佶《大观茶论》云："白茶自为一种，与常茶不同，其条敷阐，其叶莹薄。"这种白叶茶，其"芽叶如纸，民间以为茶瑞，取其第一者为斗茶"（宋子安《东溪试茶录》）。此外，从宋代贡茶建州北苑贡茶那些充满诗意的名字中，窥见宋茶尚白之一斑，如"龙园胜雪""雪英""云叶""万春银叶"等。

当代，随着育种栽培技术的日新月异，茶树叶的颜色，除了常见绿色茶之外，还培育出了性状稳定的金黄、玉白、紫红等色系的茶树，这些茶树不仅可开发名优茶、茶深加工产品，还可用于园林绿化树，"给绿化区域带来异样美丽色彩"。

三、人在草木间：生态美的价值

茶，人在草木间。茶树虽为人栽植，却是山川沃壤孕养，阳光雨露润泽，无不体现了人与自然的和谐共处。

茶树以及茶丛、茶园所展露出的生态之美，在给人带来从感官到心灵的审美感受的同时，茶本身就是一种经济作物，能为茶农茶企茶区创造可观的经济价值。那么，如何在美与实用（经济价值）之间找到一个平衡点呢？

（一）保护古茶树资源

在我国广阔的茶区中，拥有丰富的茶树种质资源。其中，最珍贵的莫过于古茶树。普洱、西双版纳、临沧等地，古茶树、古茶园最多，古茶树类型齐全，树龄也是最长的。以普洱市为例，境内有栽培型、过渡型、野生型古茶园、古茶树、古茶树群落 38 处，总面积 2.4 万公顷。与云南接壤的贵州，也有着蔚为壮观的古茶树群落。据统计，在贵州，树龄百岁以上的古茶树近 120 万株，树龄在 200 年以上的古茶树有 15 万株以上，最大的古茶树地径达 180 厘米，实属罕见。此外，各茶区也都有不同类型、规模的古茶树。

这些古茶树资源，无疑是祖先留给我们的宝贵遗产。它们承载着农耕文明时代遥远的记忆，又连接着现代，以其高品质、高价值造福一方茶农。譬如，闻名遐迩的老班章，从三代寨门的变迁就可看出这个山寨的华丽蜕变。然而，古茶树又是不可再生资源。有报道指出，因过度采摘、开发及管理不善，导致云南古茶树的数量每年正以 6％的速度消失。这将是无法挽回的巨大损失，令人心痛！因此，保护古茶树才是当务之急。在保护的前提下，再进行合理地开发利用，才能永续发展。

（二）合理开发名优茶

类型、品种、栽植环境的差异，造就了变化万千的茶树形态与茶园景致。芽与叶，代表了茶叶在不同时期的生长状态，均为茶树最重要也是最有价值的生产"部位"，是产制茶叶尤其是名优茶的物质基础，而它们的形态、颜色及韵致，博得了无数爱茶人的唱咏吟哦。

中国茶产业的迅猛发展，掀起了一波又一波茶叶消费的新热潮，清香型铁观音、金骏眉红茶、普洱古树茶、白茶、武夷岩茶等，你方唱罢我方登场。但是，在经济利益的驱使下，往往会出现盲目跟风的现象。在茶乡，表现最明显的就是——不惜砍掉一些其他品种的茶树（有些甚至是古茶树），让位于那些能更快更多创收或广受消费者追崇的茶树品种。比如，武夷山。近些年来，肉桂、水仙风头正劲，以至于"四大名丛"（大红袍、铁罗汉、水金龟、白鸡冠）无人问津，有些茶农甚至砍掉部分名丛来种肉桂、水仙。毋庸置疑，这种"短视"的做法在许多茶区也普遍存在。

合理开发名优茶，应以不破坏茶园生态环境（茶园生态景观）为前提，并保持生物群落、茶树品种结构的多样性，才有利于茶产业健康可持续发展。

林茶共生的生态茶园（摄于福建松溪县）

（三）发展茶乡生态旅游

不论是茶树，还是茶园茶厂，还有茶农、采茶工、制茶师等，都是茶乡一道道动人的风景，而且有不少茶乡，本身就在风景名胜之中，这从茶名就可见一斑，如武夷岩茶、庐山云雾茶、西湖龙井、黄山毛峰等。

在"绿山青山就是金山银山"理念指引下，许多茶区都积极推进茶旅融合，发展茶乡生态旅游，将茶、文创与地方旅游资源有机结合起来，打造地域特色鲜明的茶旅景观及路线。在世界茶源云南，就着力打造寻根易武、品味勐海、览胜景迈、茶源普洱、探秘临沧、滇红之旅、魅力大理、边地腾冲、秀美德宏、茶马古道十条经典茶旅线路。既有自然生态景观，也有历史人文景观，向游客们展现了五彩斑斓的茶乡风情。

茶旅融合，既能亲身体验茶乡茶山茶园的生态之美，又能品读一地的历史文化与民俗民族风情，以一叶带百业，以一叶成大业，助推茶乡地方经济的发展。

四、结　　语

踏遍青山人未老，这边风景独好。

茶，乃南方嘉木，人间瑞草。植茶、采茶、制茶、卖茶、品茶、说茶……不论雅俗，我们都与这片神奇的树叶有着千丝万缕的联系。

它以轻轻一叶，给人类带来感官上愉悦与享受之外，还给人类带来健康的

福音。行走茶山，被茶簇拥着，芽叶是鲜翠的，连空气都是香中带甜的。若有雾岚笼罩，溪流潺潺，山静日长，宛若仙境。

茶有大美，无处不在。美在茶山，美在形态，美在韵味，美至抵心。

参考文献

蔡镇楚，2014. 茶美学. 福州：福建人民出版社.

骆耀平，2008. 茶树栽培学：第四版. 北京：中国农业出版社.

萧天禧，2014. 武夷茶经：修订本. 福州：海峡书局.

虞富莲，2018. 中国古茶树. 昆明：云南科学技术出版社.

袁正，闵庆文，2015. 云南普洱——古茶园与茶文化系统. 北京：中国农业出版社.

詹英佩，2006. 中国普洱茶古六大茶山. 昆明：云南美术出版社.

茶中大美龙井茶

陆德彪

摘要： 通过记述龙井茶的历史文化、原产地域、炒制技艺、感官品质、茶缘故事、茶诗茶词等，全方位展示龙井茶之大美。

关键词： 龙井茶；历史；文化

龙井茶，素有"中国十大名茶之首"和"绿茶皇后"之美誉，是浙江名茶乃至中国名茶之大美。2018 年，龙井茶产量 2.2 万吨、农业产值 43.5 亿元，系我国产业规模最大、区域优势最强、惠及茶农最多的地理标志第一绿茶品牌。除西湖龙井外，大佛龙井、越乡龙井已发展成为龙井茶旗下重要区域性品牌，形成了一个业界瞩目的龙井茶"品牌集群"。2019 年，西湖龙井、大佛龙井的品牌价值分别达到 67.40 亿元、43.04 亿元，位居全国茶叶区域公用品牌价值第一和第六位。

龙井茶之大美，美在历史文化，美在原产地域，美在炒制技艺，美在色香味形，美在诗情茶意。

一、源远流长的历史积淀

龙井茶，因地得名，从龙井茶产生之初，就与文人墨客结下了不解之缘。

陆德彪（1966—），浙江诸暨人。推广研究员，浙江省农技推广中心龙井茶品牌管理办公室主任，兼任浙江省茶叶学会副理事长、浙江省茶叶产业技术团队首席专家、全国茶叶标准化技术委员会委员、中国茶叶学会加工专业委员会副主任委员等职。主要从事茶产业技术研究推广、行业指导与龙井茶品牌管理工作。

元代文学家虞集作《游龙井》饮茶诗，对龙井茶、龙井水大为赞美。诗曰："徘徊龙井上，云气起晴画。……烹煎黄金芽，不取谷雨后。同来二三子，三咽不忍漱。……"明代文学家屠隆在《龙井茶》一诗中赞美龙井茶为"一漱如饮甘露液""采取龙井茶，还烹龙井水，一杯入口宿醒解，耳畔飒飒来松风"。特别是在清代，乾隆皇帝六次下江南，曾四次来到上天竺、下天竺、龙井、云栖等地观看茶叶采制，品茶赋诗，赞不绝口，并将狮峰山下胡公庙前的十八颗茶树敕封为"御茶"，引起官民朝贡御茶之风，使龙井茶身价倍增，声誉鹊起，到了登峰造极的地步。随着社会和经济的发展，经过近千年的演变和发展，龙井茶生产逐渐从"老龙井寺"逐渐向杭州、绍兴地区扩展延伸。至民国，龙井茶区已粗具规模，形成了一个相对独立的"龙井茶区"。

1949 年中华人民共和国成立后，国家十分关心和重视龙井茶生产的发展。老一辈无产阶级革命家毛泽东、刘少奇、周恩来、邓小平、朱德、陈毅等党和国家领导人曾多次视察龙井茶区，鼓励茶区人民多产龙井茶。龙井茶一直作为我国主要的外交用茶。1972 年 2 月 25 日，美国总统尼克松访华来杭，周总理用龙井茶招待贵宾，并将龙井茶作为高级礼品相赠，龙井茶招待客人成了中美建交史上一支美丽的插曲。

龙井茶在历史上留下了"龙井""十八棵御茶"等不少神奇的传说，相传乾隆皇帝曾将杭州龙井狮峰山下胡公庙前采摘过的十八棵茶树，封为御茶，派专人看管，年年岁岁采制送京，专供太后享用，并从此称之为"十八棵御茶"。如今，十八棵御茶虽经换种改植，但这块"御茶园"却一直保留至今，而且成为一个旅游景点。

"十八棵御茶"保护地

龙井茶，虎跑泉，素称"西湖双绝"，天下无人不知。用虎跑泉泡龙井茶，色香味绝佳。在现今的虎跑茶室，你就可品尝到这"双绝"佳饮。其实，虎跑泉的来历也同样有一个美丽的传说呢！

二、得天独厚的生产地域

龙井茶法定产区分为西湖产区、钱塘产区和越州产区，共涉及 18 个县（市、区），位于北纬 29.5°～30.5°、东经 118.5°～121.5°附近区域内，主要分布于富春江、曹娥江流域，西湖、千岛湖等湖泊位于其内，天目山、会稽山等山脉贯穿其中，具有多山地丘陵、多河流湖泊的地理特点和典型的亚热带季风性气候，四季分明，气候温和，热量资源丰富，雨量充沛，空气湿润，构成了独特的有利于茶树生长发育的气候、土壤、水分、植被四大要素优化组合的自然条件，为茶树芽叶的生理过程和物质代谢提供了良好的、稳定的生态环境，有利于茶叶中氨基酸等含氮化合物与芳香物质的形成和积累，为龙井茶香高味醇的品质奠定基础。

龙井茶地理标志范围：西湖产区、钱塘产区、越州产区

三、精妙绝伦的炒制工艺

人们都说龙井茶是一种工艺品，是用手和心制作出来的。龙井茶炒制的基本工艺流程为：鲜叶摊放→青锅→摊凉回潮→二青叶分筛→辉锅→干茶分筛→挺长头→归堆→贮藏收灰。各个工序既要环环扣紧，互相协调，又要"看茶做茶"，灵活掌握。不管是青锅还是辉锅，龙井茶炒制都要求动作连贯，一锅到底，一气呵成。

龙井茶炒制有"十大"传统手法，即抓、抖、搭、榻、捺、推、扣、甩、磨、压。"十大"手法在炒制时根据实际情况交替使用、有机配合，做到动作到位，茶不离锅，手不离茶。龙井茶炒制中，"十大"手法不是依次单独使用的，而是互相结合穿插进行的。当年乾隆皇帝观看了西湖龙井茶炒制后，当场写下了"火前嫩，火后老，惟有骑火品最好。……地炉文火续续添，乾釜柔风旋旋炒。慢炒细焙有次第，辛苦工夫殊不少"的诗句，为龙井茶炒制花费劳力之大和技术工夫之深而感叹不已。

2004 年，龙井茶炒茶王陈国仁，在法国巴黎演示炒制龙井茶

四、国色天香龙井茶

清代陆项云赞道："龙井茶真者，饮而不洌，啜久淡然，似乎无味，饮过之后觉有一种太和之气，弥沦于齿颊之间，此无味之味，乃至味也，有益于人不浅。"这是对龙井茶优异独特品质栩栩如生的真实写照。

龙井茶素以"色翠、香郁、味醇、形美"四绝著称于世，即色泽鲜翠，香气馥郁，滋味醇甘，外形扁平、光滑、挺直。特级龙井茶要求外形扁平光润、挺直尖削，嫩绿鲜润，匀整重实，洁净；香气清香鲜爽；滋味鲜醇甘爽；汤色嫩绿明亮、清澈；叶底芽叶细嫩成朵，匀齐，嫩绿明亮。

西湖龙井是龙井茶的精品。只有在面积为 168 平方公里的龙井茶西湖产区范围内采摘并加工的龙井茶，才有资格冠以"西湖龙井"之名。与其他产区的龙井茶相比，西湖龙井茶不但有深厚的文化积淀，更有以卓越品质而称雄绿茶武林。"十八棵御茶""龙井问茶""西湖双绝——龙井茶与虎跑泉""梅家坞茶文化村""龙井山园""中国茶叶博物馆"等都汇集于此。为了加强西湖龙井茶基地的保护和管理，杭州市专门出台了《杭州市西湖龙井茶基地保护条例》，这是迄今为止我国唯一一个茶叶方面的专门法规。

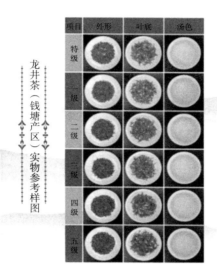
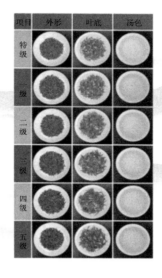

龙井茶实物标准样图

五、历代名人之龙井茶缘

（一）苏东坡与龙井茶之前身白云茶

"欲把西湖比西子""从来佳茗似佳人"。这一副大家异常熟悉的名联，神话般地将自然美景、名茶和佳人极妙地融为一体，给西湖、茶、龙井茶披上了一道绚丽的色彩。这两联分别出自苏轼的两首诗，其中"欲把西湖比西子"出自《饮湖上初晴后雨》，"从来佳茗似佳人"出自《次韵曹辅壑源试焙新茶》。

苏轼曾两次任职杭州，一共写下 30 多首诗词，他善于品茶，对茶文化颇有研究，众多咏茶诗词脍炙人口，其中"白云峰下两旗新，腻绿长鲜谷雨春"，是描写当时龙井附近所产白云茶的佳句，至今广为流传。白云茶即为今日龙井茶之前身。

（二）乾隆皇帝与龙井茶

说起龙井茶，就会想到乾隆皇帝，曾多次南巡，四到西湖茶区，并为龙井茶作了多首茶诗。乾隆十六年（1751），其第一次南巡到杭州，去天竺观看了茶叶的采制，作《观采茶作歌》："火前嫩，火后老，惟有骑火品最好。西湖龙井旧擅名，适来试一观其道，村南接踵下层椒，倾筐雀舌还鹰爪。地炉文火徐徐添，乾釜柔风旋旋炒，漫炒细焙有次第，辛苦功夫殊不少。王肃酪奴惜不知，陆羽茶经太精讨。我曾贡茗未求佳，防微犹恐开奇巧。防微犹恐开奇巧！采茶劫览民艰晓。"另有《坐龙井上烹茶偶成》《再游龙井》等多首茶诗。

（三）毛主席采摘龙井茶

1963年4月28日，毛泽东主席在杭州刘庄亲手采摘龙井茶。采下的茶叶制成干茶后，用虎跑水为主席沏上一杯龙井香茶，主席呷了一口，高兴地说："龙井茶泡虎跑水，天下一绝。"为了永久纪念毛主席，今刘庄的西湖国宾馆建有"毛泽东采茶处"。当年毛主席采摘过的龙井茶树，已移栽于西湖龙井茶叶公司园内，并由原浙江省委书记、最高人民法院院长江华同志题写碑文，建亭立碑供游客参观瞻仰。

（四）周总理情满梅家坞

周恩来总理自1957—1963年曾先后五次到龙井茶乡走访视察，了解茶事民情，并召集梅家坞干部群众座谈讨论发展茶叶生产问题。有一次，周总理遇到在梅家坞村体验茶区生产的音乐家周大风教授，周总理看到《采茶舞曲》中有一句歌词"采茶采到月儿上"，总理说，我们采茶不要采到月亮上来时才结束，要劳逸结合嘛！月亮升起时，夜露也有了，露水茶叶不好喝嘛！周大风教授接受建议，把这句歌词改为"采茶采得心花放""片片茶叶放清香。"后来总理还把《采茶舞曲》的唱片带给毛主席。不久，以《采茶舞曲》为题歌的越剧《雨前曲》曾在23个省、市先后演出。1987年联合国教科文组织将此曲编入亚太地区的教材。龙井茶与歌舞结合，随着歌声，更加驰名中外。

1990年4月26日，也就是周总理第一次访问龙井茶乡梅家梅33周年的纪念日，西湖区、乡在梅家坞村举办了首届"西湖龙井茶文化活动周"。1993年，梅家坞的村民自发筹资修建的周恩来纪念馆开馆，已成为茶区的一个旅游景点。

（五）尼克松与龙井茶

1972年，美国总统尼克松访华期间，周恩来总理在杭州"楼外楼"宴请，席面有一道别致的菜名"龙井虾仁"。但见盘中虾球白里透红，如珍珠般晶莹；龙井茶碧绿鲜润，散落其间。这哪是一道菜，简直是巧夺天工的艺术品！尼克松大饱口福，饭后又一杯龙井茶入肚，清香沁人心脾，简直妙不可言！不由翘指称赞："西湖龙井，名不虚传！"周总理还将一包西湖龙井茶送给尼克松。尼克松回国后又将龙井茶分赠亲友。以后中美关系大门打开，在美国掀起一股中国热，龙井茶亦成为美国人特别是美籍华人的热门话题。

茶山"三美"　中华之最

——以浙江宁海茶山为例

王嘉盛

摘要：本文以浙江宁海茶山为例，对其人文历史、自然风光与人工建设之美作一梳理浅析。

关键词：浙江宁海；茶山；茶文化

以茶名山的浙江宁海茶山，位于东海象山港与三门湾之间，可远眺大海。据地方志记载，宋代茶山已大量采茶，拥有千年名茶文化历史。据宁海籍茶文化学者竺济法考证，全国以茶名山的茶山不下数十处，但唯有宁海茶山拥有千年名茶历史，拥有千亩高山有机茶园，能集中体现儒、释、道与茶文化悠久历史渊源，并有丰富的旅游资源……堪称中华之最。

本文就宁海茶山人文历史、自然风光与人工建设之美作一梳理浅析。

一、人文历史之美——儒、释、道成就茶山茶

茶山系天台山脉分支，属大天台山范畴，为宁海东北部第一高山，主峰磨注峰海拔 872 米，山体广阔。西、东走向，东与象山县接壤，横跨宁海、象山两县多个乡镇，仅茶山林场管辖的就有 3.5 万亩。

茶山原名盖苍山，说明古代山上多古树乔木，浓荫如盖，山色苍翠。如宁海乡贤、大儒方孝孺等人，写过《盖苍乔木》等诗词，南宋丞相叶梦鼎（1200—1279）所作《盖苍乔木》七绝二首其一云：

王嘉盛（2000—），浙江宁海人。浙江医药高等专科学校学生，茶文化爱好者。发表、制作过茶文化随笔、视频等。

> 乔木参天历世深，盖苍峰畔旧登临。
>
> 此间幽趣谁人领，听尽风涛独赏心。

盖苍山起用今名是因为山上多茶，据宋代地方志——台州《嘉定赤城志·寺观门三》（宁海古属台州）记载，早千年之前的北宋时代，茶山已经"所产特盛"：

> 宝严院，在县北九十二里，旧名茶山，宝元（1038—1040）中建。相传开山初，有一白衣道者，植茶本于山中，故今所产特盛。治平（1064—1067）中，僧宗辨携之入都，献蔡端明襄，蔡谓其品在日铸上。为乞今额。

这一记载大意为，宁海宝严院（寺），距县北 92 里，原名茶山寺，北宋宝元（1038—1040）年间始建。相传开山初期，有一常穿白衣的道士，开始在山中种茶，修志时已经盛产。治平（1064—1067）年间，有僧人宗辨带上茶叶去京城，献给端明殿大学士、著名书法家、茶学家蔡襄。蔡襄礼贤下士，热情接待宗辨，评价茶山茶品质，高于当时越州（今绍兴）贡茶日铸茶。宗辨此行，主要是请蔡襄为寺院题额。

中国茶文化源远流长，与儒、释、道关系密不可分，有茶联写得好，千载儒释道，万古山水茶。宁海茶山道家种茶，释家送茶，儒家评茶，是茶与儒、释、道的完美契合与写照。

明崇祯《宁海县志》记载：盖苍山"极高广，地产茶，又名茶山"。

宁海茶山这一难得茶文化资源，受到了宁波茶文化促进会重视，于 2007 年春天动议策划，提请宁波市政府到茶山立碑纪念，为使无形的茶文化遗产变成有形资源。经过一年筹备，2008年 4 月 18 日，宁海县政府在茶山隆重举行茶山茶事碑揭碑仪式。碑石正面竖书"茶事碑"三字，背面碑文由多位专家、学者反复论证、推敲，言简意赅，文辞优美，记载了宋代茶山茶今日望海茶的千年茶史：

上海古籍出版社 2016 年版
《嘉定赤城志》书封

> 茶山为宁海东部之首，脉系天台，源连赤城，居高而提携港湾，瞻首以目接海宇。苍郁美如华盖，古名盖苍。南朝陶弘景游于此，有"真逸"刻石在焉。宋宝元中，有白衣道者植茶山中，自此所产特盛。

治平中，僧宗辩携呈于蔡襄，襄谓其品在日铸上。茶山茶以茶色、汤色、叶底"三绿"称世。岁月湮圮，古台州四大名茶，唯茶山以望海一品独名。今山有茶园千余亩，辟茶文化旅游景区曰东海云顶。茶之为道，入之山水，植于口碑久矣。赞曰：

> 百代茶韵，绵延盖苍；
>
> 茶兴盛世，千亩绿装；
>
> 名茶名胜，相得益彰。

茶山茶事碑为宁波市政府首批设立的三处茶事碑之一，配套建造的碑亭名曰望海亭。宁波曹厚德先生为望海亭撰联云："茶山胜地，到此皆仙客；云顶名园，登临无俗人。"

二、自然风光之美——滨海高山避暑、度假胜地

茶山以茶名山，《嘉定赤城志》记载千年之前已"所产特盛"，当代开发了千亩有机茶。2009年、2010年，在茶山西北侧约海拔600米处，发现了十多棵特大野生灌木型茶树，树桩或主干胸围周长21～100厘米不等，树龄至少数百年。这些茶树远离宝严寺遗址和当代开发的茶叶基地，与山中的多种灌木、乔木，混生在砾石或岩石缝中，枝杆刚健，没有人工栽培痕迹，完全处于野生状态。这说明茶山名副其实，非常适宜茶树生长。

遗憾的是，这些特大野生灌木型茶树没有得到很好保护，其中多棵被村民挖到家中制作盆景枯死了，尚在山中的也不知现状如何，希望能尽早得到良好保护，这是难得的自然资源。

除了茶文化，茶山还有丰富的旅游资源，因地滨东海，被称为碧海仙山。古代，这里是道家向往之地，据县志记载，南朝著名道学家、医药家陶弘景（456—536），曾随道学家张少霞到此游览，在岩壁上刻石"真逸"二字，可惜岁月流逝，今未能找到。旧有仙人洞、仙人棋盘、石船、

宁海茶山2010年发现的、主杆胸围100多厘米的特大野生灌木型大茶树（秦岭摄）

石屋，山上多悬崖绝壁、瀑布深潭，主要景点有崇岩峭壁、五鹰峰、仙人洞、

黑龙潭、水帘洞以及喜鹊瀑、美女瀑、东滴水、西滴水、月边瀑等五级瀑布，其中水帘洞已改建电站。

气象科学认为，在滨海山区，凡到雷雨季节，海上云团一旦靠近高山，冷热气流对撞，便会形造成雷暴雨，茶山就是著名的雷暴雨中心。光绪《宁海县志》记载："春夏间雷雨倾注，上仍白日，但闻足下如旋磨声。"这是一种非常奇特的天气现象，意为每年雷雨季节，有时山顶红日高照，山间局部却下起倾盆暴雨，谷底则有隆隆雷声，仿佛旋磨之声。"旋磨声"即传统的石磨盘旋之声，可能是当地山谷回声较好，雷声能在山谷中久久回荡。顾名思义，茶山主峰磨注峰之名，由此而来。附近有村民曾遭遇过这种天气，说雷雨季节在山上不幸遇到时，天气骤黑，狂风暴雨，全身湿透，冻得发抖，雷声不绝于耳，对面难见人，非常可怕，有的被吓得大哭，好在时间很短。

茶山珍稀植物有华东楠木为主的景观林、高山杜鹃林等。2005年3月，林场内桃花溪景区被命名为省级森林公园。2017年春天，宁波植物学家林海伦，还在茶山上发现较为罕见、宁波最大的金缕梅群落，总数有100多棵。金缕梅系植物界的活化石，距今已有6 000万～8 000万年，落叶灌木或小乔木，高达8米；为高山树种，一般分布在海拔600～1 600米高山。早春开花，迎雪怒放，状似蜡梅，故名，由于其耐寒能力又名"忍冬花"，花形与常见的红花檵木相似。性味甘平，含有多种单宁质，具有舒缓皮肤、收敛控油、镇静、安抚、抗菌抗衰老等功效。据报道，国际上已广泛应用于美容护肤品，可以调节皮脂分泌、具保湿及嫩白作用，促进淋巴血液循环，克服早晨眼胏和黑眼圈，去除眼袋，并对龟裂、晒伤、粉刺有改善效果。可有效帮助肌肤夜间的再生能力。具有较高的观赏、经济和科研价值。其花应该可作为代用茶，只是野生量少，寒冬季节，高山野外不便采集，需要人工栽培才能大批采集。

迎雪怒放的金缕梅

茶山林场常年平均温度为 13.5℃，最热的盛夏七八月份，平均气温为 24.5℃，与中国四大避暑胜地之一的浙江北部莫干山相仿，是比较理想的海滨高山避暑度假胜地。

登山望海，体验自然山水与胜景，品茗休闲，是茶山海滨高山的一大特色。

三、巧夺天工之美——已建大型山区风电场，抽水蓄能电站开工建设

茶山自然山水得天独厚，巧夺天工更为之增光添彩。

2013 年 5 月，茶山大型山区风电场建成发电，项目总投资约 5 亿元，共有 33 台机组，装机容量 4.95 千瓦，年发电量超过 1 亿千瓦时，可满足 4 万户城市居民年用电需求，时为本省已建最大山区风电场。

茶山千亩有机茶基地，分布于主峰之下海拔约 700 米处山坡，山麓为小盆地，中心有一个山塘。据地质学家考察，此处为数百万年前火山口。这一高山盆地与下游山地落差较大，为难得的抽水蓄能电站选址之一。经相关专家多次考察、论证，2017 年 12 月 22 日开工建设宁海抽水蓄能电站，项目总投资 79.5 亿元，装机容量 140 万千瓦，可安装 4 台 35 万千瓦可逆式水泵水轮发电机组，设计年发电量 14 亿千瓦时，以 500 千伏电压接入浙江电网，计划 2024 年竣工投产。

抽水蓄能电站原理是建造上、下两个水库，利用时间差调节电能，白天相对用电紧张，上水库放水发电，由下水库蓄水；晚上电力充裕时，将下水库蓄水翻到上水库，用于第二天发电。如此循环往复，既能增加绿色电能，又可消耗晚上部分多余的电能。

位于茶山的宁海抽水蓄能电站效果图，上水库为茶叶基地所在地

风电与抽水蓄能电站皆利国利民，尤其是后者，建成后将为茶山自然风光锦上添花，中外游客将纷至沓来，成为海内外旅游目的地。

据了解，由于风电场与抽水蓄能电站建设，千亩有机茶基地被大多被作为建设用地，望海亭与茶山茶事碑也将因上水库水线而上移，茶叶基地大概可保留 300 亩左右。好在茶山宜茶，相信会在其他合适山地再劈茶园。

期待宁海抽水蓄能电站竣工之后，到茶山登山望海，徜徉于自然山水之间，品茗休闲，实为惬意人生之乐时。

参考文献

陈耆卿，2004. 嘉定赤城志. 徐三见，点校. 北京：中国文史出版社.

宁波市林业局，2017. 宁海茶山发现宁波规模最大的金缕梅群落. 浙江林业网. http：// www. zjly. gov. cn/art/2017/3/3/art _ 1285505 _ 5850100. html

竺济法，2011. 宁海茶山秀中华. 农业考古·中国茶文化专号（5）.

浅述全国最美茶园

——奉化南山茶场的优势与特色

陈伟权　方乾勇

摘要：宁波市奉化区南山茶场系 2015 年评选的"中国 30 家最美茶园"之一，2017—2018 年度宁波市现代农业庄园，适宜旅游休闲。

关键词：宁波奉化；南山茶场；奉茶山庄；茶旅休闲

宁波市奉化区南山茶场位于奉城西南 16 公里的大雷山上，海拔 600 多米。茶场最早开发于 20 世纪 70 年代，现有有机、良种茶园 600 多亩，加上附近印家坑茶场、条宅茶场，达到近千亩规模。这里属于山顶茶场，青葱翠绿的茶园连绵数个山头，别有景致，极目俯瞰，群山逶迤，云遮雾绕，八方景色，尽收眼底，醉人心扉。最为难得是，茶场周边没有村庄，人迹罕至，生态环境独特，距离最近的杨家堰村也在山下 4 公里外，红黄色的灰砂土松软肥沃，优越的环境，肥沃的土壤，得天独厚的生态优势，最宜茶叶生长。

2015 年 10 月，在中国农业国际合作促进会茶业委员会举办的第二届茶业大会上，南山茶场荣获"中国三十家最美茶园"称号。2017—2018 年度被评为宁波市现代农业庄园。

陈伟权（1943—），浙江诸暨人。宁波东亚茶文化研究中心研究员。

方乾勇（1958—），浙江奉化人。农业技术推广研究员，宁波东亚茶文化研究中心研究员。

"中国 30 家最美茶园"——南山茶场名不虚传

一、开拓茶与美好生活新天地

南山茶场以开拓创新的精神，探索建设美好生活新天地。

那里原是奉化南部一片老茶园。2003 年当地引进茶企业家方谷龙，在山下先办香茗茶厂，一年收购、销售珠茶在 2 万担左右，为周围茶农和国家出口创汇作出贡献。2006 年下半年，在业务部门有关专家的鼓励下，方谷龙在 3 年实践基础上，迈向了茶业更高的境界，从加工销售出口老珠茶转向建设基地发展名优茶。当时他和我们来到海拔 500 多米的南山上，那里山高路远，自然条件优越可以建设有机茶生产基地，于是，以方谷龙为主和另外两位股东共同承包这片高山茶场，改造老茶园，完善配套工程，将南山茶场建成了奉化第一个有机茶园，茶场面积达到了 600 多亩，加上印家坑茶场、条宅茶场 300 多亩无公害茶园，达到近千亩规模，2007 年被列为宁波市农业龙头企业。出产的奉化曲毫名茶，多次在全国性的名茶评比中获得中绿杯、中茶杯金奖，并获得首届世界绿茶大会最高金奖。

随着奉化曲毫声名远播，南山人气渐旺。尤其是实施振兴乡村战略以来，重视生态文明建设，在经济建设、政治建设、文化建设、社会建设、生态文明建设五位一体中，南山茶场在上级领导支持下，从抓生态文明建设入手，有利推进五位一体而受人追捧。

高山云雾出好茶

二、适宜休闲旅游

人们去南山茶场，在山麓就感受到一派绿色生态气息。山麓路边有石牌楼楹联，描述两条上山之路："古道盘旋，欲去九重天；新篁摇曳，迎来四方客。"或乘小车走公路弯道，或直线步行走健身步道，两者所用时间相仿，在竹海波涛中穿行，半个小时左右都可汇合到山中奉茶山庄。

奉茶山庄更适宜休闲度假，真正是放松身心有利健康。2009年秋日，有位宁波籍郑女士带着孩子和丈夫，从德国回宁波探亲，发现她那孩子在城里家中久患感冒不愈，但又查不出大的毛病，其丈夫是外籍环保专家，提议去空气清新地方试住几天。于是寻到了南山茶场，不上两天，孩子病体痊愈，喜蹦活跳。这位宁波籍的郑姓女士由此深谙住宿空气清新。按照世界卫生组织公布的空气清新标准，每立方厘米负氧离子为1 000～1 500个。人生活在每立方厘米空气负氧离子含量达到500个左右时能满足健康和需要。若负氧离子量在200个左右则人体容易陷入亚健康，若在50个以下容易诱发心理障碍疾病甚至癌症。而南山茶场山上每立方厘米的负氧离子高达3 000个左右。这位郑女士一家回到德国后，讲到南山茶场的奇遇引起外国友好人士的兴趣。此后常有外籍人士上山。2016年4月有4位德国友人来到南山茶场，置身茶园采茶，欣赏山水风光，切实体会到"全国30家最美茶园"之一的魅力。那是2015年由中国农业国际合作促进会评选授予的。如今，上南山茶场奉茶山庄休闲的，每逢节假日，常是嘉宾盈门。外地人到溪口雪窦山浏览后也有愿意到奉茶山庄住宿的，说来不仅实惠，重在健康。

新茶勃发

三、感受名茶真谛

奉化曲毫在国内外名茶评比中屡屡获得金奖,声名远播,长盛不衰,在于其中有严格的质量标准和一套严密的管理机制。南山茶场是奉化曲毫名茶的最大基地,质量管理的举措落实,近千亩茶山分别达到了无公害、绿色、有机标准。名茶生产、加工的全过程足以让人放心,堪称货真价实。有的企业讲究用茶更是锦上添花,注重从源头做起,在南山茶场有自己的"私家茶园",在这高山云雾茶园之处,认定少量茶山面积一年花上数千元,平时不必企业自己操心,有茶场专业人员护理,还可由茶场安排采摘、加工、包装,成品打上专属印记并送货上门。当然,还可随企业领导兴致,由"私家茶园"主人带上亲朋好友以及家庭成员,在春暖花开时日,来尽情体验"私家茶园"的乐趣。据悉,南山茶场有 7 家企业认定"私家茶园",一亩茶园一般能出产 2 千克左右明前茶,10 千克等级茶。这不仅经济上划算,更重要的是吃了放心。是绝对无农药残留的好茶。在讲究生态环保、科学饮茶的今天,南山茶场有消费者信得过的好茶。

四、四季蔬果诱人

陶渊明云:"采菊东篱下,悠然见南山",描绘了美好的农家田园生活,富有诗情画意。南山茶场发展林下经济,有适当的花木间隔更宜科学种茶。南山茶场大片茶树丛中布满多条可通汽车道路,道路两旁有可赏花木、春季山花烂漫,夏有野花点缀,秋风菊花清香,冬日雪映红梅,尤其是春季道路两边的樱花斑斓。当春天第一果樱桃上市，引来游人如织；夏季，南山茶场有水蜜桃、猕猴桃，秋有柿子、栗子、蓝莓等。茶场建有高山蔬菜基地，蔬菜品质与众不同，粉糯的芋头，脆甜的萝卜，鲜美的叶菜……许多游客流连忘返，特别是中老年游客说是吃到了小时候的味道，称得上既饱眼福，又享口福的美事。人到南山茶场无论男女老少，都可得到身心调节、放松。正如南宋大词人辛弃疾所写："我见青山多妩媚，料青山见我应如是。情与貌，略相似。"

新品黄金韵四季金黄，高山自然黄茶氨基酸含量较高，色、香、味别具一格

五、登高壮观激烈

山居奉茶山庄，虽可揽得南山风光，但还是处于山中，"欲上九重天"未达山冈。同时茶场以奉茶山庄为起点，又开辟了三条健步道通往山冈。每条健步道分别在 500 米左右，方便山庄游客上健步道观日出东方。2019 年茶场在山冈上新建 5 座亭台楼阁，其中四座亭子错落有致，坐落在山冈两大清泓泉池之间，极为生态。泉池之下，更有一口泉井，藏于室内，清澈晶莹，用以品茶，大有龙井茶叶虎跑水风味，还可领略"一口井故事"的哲理：为人应该凭自己的劳动所得过日子，实实在在，清清白白。就像这口井，虽然不满，却可天天汲取，用之不竭。如果井水外溢，那是天象反常，以至地震先兆。人若陷入贪欲腐败境地，则如井水外溢相似。"奉茶相伴一卷经，闲云傍飞涤心尘。"那是亭内休憩感悟所得。

上山冈左侧那座亭阁，屹立于四亭之外最高俊处。亭设四个楼层，登斯楼也，美不胜收。俯视有茶园大观，在阳光下绿得冒油，其中又点缀着四季色如黄金的茶树新品。登楼远眺，奉化城区气象万千。奉化早由县改为市，又由市改为区，仅三年内，融入宁波城区。面貌大变，山海兴利，象山港现称宁波湾，欣欣向荣。

悠悠南山，既可修身养性，也可登高壮观天地。南山茶场建场十多年来，总投资达数千万元，如今在产业强镇建设中，正向着高山园林化茶场进军。衷心祝愿最美茶园南山茶场未来更美。

湖海风致何处有　醉美茶园福泉山

——宁波东钱湖福泉山茶场两题

舒曼

一、雾中品茶福泉山

宁波福泉山内可谓青山连绵，山谷纵横。福泉山的海拔虽然不是很高，主峰海拔只有 556 米，但它讨的却是一个"巧"字。"置身山顶，向东可远眺海上日出云蒸霞蔚，向西可俯瞰钱湖胜景粼粼波光，寻找'一山观湖海'的感叹。"听了随车陪同的在福泉山茶山工作人员的一番介绍后，愈发激起我对神秘福泉山的向往。一路上，心里始终盘算着待会儿站在福泉山顶，可以快乐地观一海一湖胜景。当车来到山脚下，抬头看山，一片雾海茫茫，湖海、茶园全被淹没。在去山顶的盘山公路上，就连身边的草木越来越无法看清楚，看来今天是老天的安排，非"雾"唱主角不可了。由于能见度只有 5 米左右，司机同志真是小心翼翼驾驶，高度集中，很是辛苦。

一片雾海朦胧，大雾剥夺了福泉山秀美的权力。叹息之中，惟与雾对话。

今晨起床，推开窗户，但见蒙蒙细雨洒向甬城。随车出行前，心里惦记着阴天还不至于影响拍一些茶山的照片。当在宁海参加完"望海""望府"两大茶品牌推介会后，天空却又下起了雨，主办方考虑因雨天路滑，取消了午饭后前往宁海茶山考察计划，改道前往福泉山。我是第一次来宁波茶区考察，迫切希望看到号称"中国最美茶山"的福泉山茶园。

汽车在宁海向福泉山途中行程过半，雨停雾来。说起"雾"，总会让人联想起山涧轻雾缭绕，茶园在雾中时隐时现，雾中青山如同羞花闭月，这种情景往往会令人陶醉。可今日之雾，雾得让人有些失望和遗憾，让人看不到福泉山龙潭和凤凰湖如造化遗珠般的美丽，让人看不到水质清洌、水鸟嬉戏的情景，让人看不到"万翠拥福泉"世外桃源般的愉悦……

雾仍在下，车却照样往山顶开。到达山顶，几乎什么山树都不见了，一片雾蒙蒙的，湿淋淋的。汽车小心翼翼停在了一处建筑旁。我下车走近一看，门头上"世外茶园"四个字依稀可见。我突然明白，我们已经来到了世外桃源里的一处"世外茶园"茶室。回头看青山，茶园何处？雾里看花般的朦朦胧胧，头有点"晕"了。

茶室里别有一番情调，一排排座椅像婴儿床似的让人生发出一种童真般的风趣。入座歇息，待大家坐定，服务人员把一杯杯"东海龙舌"端至桌前道："请用茶。"轻轻呷一口，清爽滑口，一阵甘香裹满了齿颊。拿起杯端详眼前，舞动着的"一芽一叶"仿佛也被雾气笼罩。传说当年乾隆皇帝下江南路过福泉山，品味"东海龙舌"后龙心大悦。

一阵清风携着一股雾气吹进茶室，此时的茶室也变得有些雾蒙蒙的。而品茶的人呢，若有若无地感受到人在山岚中，在草木中，在飘雾中。福泉山茶场的负责人告诉我们：福泉山中有万亩茶树环坡而栽，树形圆润成垅，依山起伏，形成"茶岭碧波"最美景观。不巧，今日雾大，虽有些遗憾，实在也是福泉山主人希望大家还有下次。

品好茶，总会使人意犹未尽，叙茶、聊天、说事、嬉笑、开怀，品茶姿态不同。乾隆品此茶，龙心大悦，当下品此茶，身心亦然。

纵情于清风中，纵情于雾霭中，纵情于世外桃源，不也是一种享受吗？

记于 2011 年 4 月 25 日

宁波东钱湖福泉山茶场凤凰湖景点

二、清风吹破福泉山

夏至刚过，再一次来到福泉山领略中国最美茶园的绚丽风光。去年曾到福泉山茶园一游，由于车行半途，突遇山中雨雾交加，人茶虽相近，却无法欣赏到茶园婀娜多姿的秀丽。话虽如此，但也领略到福泉山雨雾中别有情趣和那份惬意，于是在情景交融中，写下了《雾中品茶福泉山》一文。自此以后，心，始终停留在"落日平台上，春风啜茗时"的想象里，盼有一天能与福泉山再度牵手。

缘分使然，这次借去宁波参加"明州仙茗"研讨会，得以重上福泉山，观赏如此整齐规划、错落有致的美丽茶园。

始建于 1959 年的福泉山茶场，今属于宁波东钱湖旅游度假区管辖范围之内，它南邻象山港，北接东钱湖，长年苍绿葱翠，风光秀丽，空气清新。茶园内青山连绵、山峦起伏，由于常年云雾缭绕，为茶树生长提供了优越的生态环境。福泉山最高主峰海拔虽然只有 500 多米，但以其独特的而又多姿多彩茶园风貌赢得世人的褒扬。

春茶刚下，季节宜人。清风掠过时分，鲜艳的茶露，似乎给大山生命的每一个音符增添了美好的感受。几千亩在峰前峰后的茶树像仪仗队一样排列有序、整齐，由于地形变化丰富，陇陇茶园在山谷纵横中随坡起伏，形成与自然风光融为一体的山地空间，动静结合，茶竹安然相生。站在山上，与茶园、与清风对话，使人心情恬适、心境开朗。那种焦躁、烦闷、忧虑、抑郁等灰色心情，此时此刻在广袤茶园的抚慰中烟消云散，绷紧的神经细胞慢慢松弛舒缓，让人神清气爽。在福泉山茶园，一个叫"世外茶园"的茶馆坐落山中，透过门窗，妙曼茶园便是春天里的一幅水墨画。此时品一瓯香茶，在鲜爽滋味里深感万里清风已在眼前。

纵情于茶园深处，似有一种豁然开朗的感悟，这种感悟是心茶相合的亲昵。把福泉山茶园端起来，我们每个人都是茶园一片叶子或一缕清风，而当茶与清风相遇时，便成为一杯琼浆玉液，滋味无限。元代诗人好问说："一瓯春露香能永，万里清风意已便。"崇尚自然，升华审美，珍惜当下。此时再去品味福泉山茶园，已然成为我的精神乐园。

记于 2012 年 5 月 15 日

（注：标题为编者所加。）

大美茶文化需要发现和感悟

竺济法

　　2019年5月，宁波茶文化促进会、宁波东亚茶文化研究中心、浙江大学茶叶研究所和《农业考古·中国茶文化专号》编辑部，原定于2020年5月，联合举办2020宁波"明州茶论——茶与人类美好生活"研讨会，因新冠疫情而延迟举办。2019年10月，《农业考古·中国茶文化专号》发表征文启事，并通过各大微信群向海内外专家、学者征文。征文参考内容较为广泛，如生态之美、茶旅之美、诗文之美、艺术之美、茶艺之美、茶禅之美、茶器之美、身心兼美等，期待各美其美，美美与共，汇成美之文集。感谢宁波东亚茶文化研究中心研究员、各地专家、学者大力支持，共收到征文60多篇，从中选出40多篇汇编成本集，内容丰富多彩，富有可读性和史料性，为难得之茶文化主题文献。

　　大美茶文化，关系到人文、生态等方方面面，内涵极其丰富。欣慰之余，笔者感到仍有很多茶文化之美未被发掘，如卢仝、苏轼、林逋、唐寅等历代名家优美茶诗文书画，各地诸多茶乡原生态之美等，未见涉及。曾向某著名茶文化作家诚挚约稿数月，想着其茶著经历与身处著名茶乡，素材极为丰富，最后回复心有余而力不足；历代关于斗茶、茗战的优美诗文书画繁多，如范仲淹著名的《和章岷从事斗茶歌》，宋刘松年与元赵孟頫等多位名家《斗茶图》等，约请相关专家专题撰写，未能如愿；一位资深茶文化作者，约稿半年多，临近截稿发来一篇不合题的上万字通讯；多位学者答应来稿，最后未能如愿。《农业考古·中国茶文化专号》向海外发行，欧美国家图书馆多有订阅，笔者微信群就有多位海外学者，包括请网友向海外转发的征文启事，遗憾的是仅收到日本2篇来稿，其中一篇系不合题茶史文章。

2019 年 11 月，笔者应邀参加位于杭州的中国茶叶学会—茶文化项目论证会，下榻于著名茶乡梅家坞之梅竹山庄，从梅家坞至中国茶叶学会，公路两边丘陵尽是茶园，美不胜收。笔者油然想起，1951 年 3 月，周恩来总理夫人邓颖超到杭州疗养，她在给丈夫的书信中，说到杭州："此间湖山之地有五多：山多、庙多、泉多、花多、茶多。"周总理回复说："西湖五多，我独选其茶多。"西湖群山皆产茶，今日杭州已成为驰名中外之"茶都"，自陆羽至今，杭州茶文化底蕴丰厚，湖山寺院之中，处处浸润着优美茶文化典故，很想看到能有反映杭州茶文化之美的大作，惜未能如愿。

　　一期一会，一会一书；取法其中，只得其下。学识有限，时间仓促，错误和不足之处，敬请读者指正。

记于 2020 年 4 月 12 日